鹦鹉螺

U0258771

迷 人

的

对 称

Why Beauty Is Truth

[英] **伊恩·斯图尔特** (Ian Stewart)————著

李思尘 张秉宇————译 张秉宇————校

中信出版集团 | 北京

图书在版编目（CIP）数据

迷人的对称 /（英）伊恩·斯图尔特著；李思尘，
张秉宇译 . —北京：中信出版社，2022.9（2022.12 重印）
　　书名原文：Why Beauty Is Truth
　　ISBN 978–7–5217–4592–4

　　I. ①迷… 　II. ①伊… ②李… ③张… 　III. ①对称－
普及读物 　IV. ① O342–49

中国版本图书馆 CIP 数据核字（2022）第 133881 号

迷人的对称
著者：［英］伊恩·斯图尔特
译者：李思尘　张秉宇
出版发行：中信出版集团股份有限公司
　　　　　（北京市朝阳区惠新东街甲 4 号富盛大厦 2 座　邮编　100029）
承印者：　北京通州皇家印刷厂

开本：880mm×1230mm　1/32　　印张：11　　字数：264 千字
版次：2022 年 9 月第 1 版　　　　印次：2022 年 12 月第 2 次印刷
京权图字：01–2020–4069　　　　　书号：ISBN 978–7–5217–4592–4
　　　　　　　　　　　　　　　　定价：65.00 元

版权所有·侵权必究
如有印刷、装订问题，本公司负责调换。
服务热线：400–600–8099
投稿邮箱：author@citicpub.com

等老年摧毁了我们这一代，那时，
你将仍然是人类的朋友，并且
会遇到另一些哀愁，你会对人说：
"美即是真，真即是美"——这就是
你们在世上所知道、该知道的一切。[1]

——约翰·济慈，《希腊古瓮颂》

---

[1]　译文引自《济慈诗选》(第一版)，屠岸译，人民文学出版社，1997年11月。——译者注

目录

　　1832年5月30日。晨雾中，两个法国青年面对面拔出手枪指着对方，为一个年轻女人而决斗。一声枪响，其中一人倒在地上，受了致命伤。第二天他就死于腹膜炎，年仅21岁，被葬在一条普通的道沟里——一座无名冢。数学和科学史上最重要的理论之一差点儿随着他的死一并消失。

　　那位活下来的决斗者至今仍姓名不详，而死去的那一位，则是埃瓦里斯特·伽罗瓦（Évariste Galois），一个着迷于数学的政治革命者，把他全部的数学工作整理到一起也仅仅能写满60页纸而已。但伽罗瓦留下的遗产却引发了一场数学革命。他发明了一种语言，用来描述数学结构中的对称性，并推导出对称性带来的结果。

　　今天，这种被称为"群论"的语言已经被应用于纯数学和应用数学的方方面面，由此支配着自然界种种模式的形成。在物理学前沿研究中，对称性不论是在极小尺度的量子世界还是在极大尺度的相对论世界都居于核心地位。它甚至有可能指出一条通向"万有理论"的道路，人们对这一理论探求已久，希望能从数学上统一量子理论和相对论这两个近代物理学中最重要的分支。而这一切的开始仅仅是一个简单的代数问题，与数学方程的解有关——求解数学方程，就是根据一些数学线索来寻找一个未知数的值。

对称性不是一个单一的数或形状，而是一种特殊的变换——一种移动物体的方式。如果一个物体经过某种变换后看起来与之前相同，这一变换就关联着某种对称性。例如，一个正方形旋转90度前后看起来是相同的，说明正方形具有某种关于旋转的对称性。

　　如此简单直观的理论经过大量扩充和加工之后，成了当今科学解释宇宙及其起源的基础。爱因斯坦相对论的核心原理即为物理定律在时空中的不变性，也就是说，物理定律对于空间中的运动以及时间上的演化是对称的。而量子理论告诉我们，宇宙中的一切都是由一群微小的"基本"粒子构造而成。这些粒子的行为遵从数学公式，也就是"自然法则"，而这些法则同样具有对称性。粒子可以通过数学变换，转变为完全不同的另一种粒子，而物理定律在这些变换下同样保持不变。

　　如果对对称性没有深入的数学理解，上述的这些理论就不会发展出来，而当今物理学前沿那些更加新近的理论也不会形成。对于对称性的数学理解源自纯数学，它在物理学中的作用随后才逐渐凸显了出来。极其有用的想法能够从纯粹抽象的思考中产生，这被物理学家尤金·维格纳（Eugene Wigner）称为"数学在自然科学中不合理的有效性"。对于数学，有时我们从中得到的似乎比投入其中的更多。

　　从古巴比伦的书吏到21世纪的物理学家，《迷人的对称》通过一连串的故事讲述了数学家们如何在无意中发现了对称性的概念，以及对后来被证明不可能存在的公式看似无意义的寻找是如何打开通向宇宙的一扇窗，并彻底颠覆了科学与数学的。更广泛而言，对称性的故事说明了伟大的思想所带来的文化影响与其历史脉络如何在偶然的政治与科学巨变中得以鲜明地凸显出来。

本书的前半部分可能一眼看上去与对称性毫无关系，也几乎没有涉及自然世界。这是因为，对称性理论并不是像人们想象的那样，从几何学发展成为一种主流理论的。数学家和物理学家现在所使用的那些极其优美又不可或缺的对称性概念反而是来源于代数学。因此，本书的大部分内容描述的都是代数方程的求解问题。这可能听上去太专业了，但这场探寻之旅扣人心弦，其中的很多关键人物度过了不同寻常而又戏剧化的人生。数学家也是人，尽管他们经常陷入抽象的沉思之中。他们中有些人在一生中可能过于依赖逻辑行事，但我们会一再发现，主角们身上其实拥有太多人之为人的天性。我们会看到他们如何活着与死去，读到他们的爱情与决斗、关于成果优先权的激烈争夺、性丑闻、酗酒与疾病，而在其间，我们将会看到他们的数学思想如何展开，并如何改变了这个世界。

本书讲述的故事发端于公元前10世纪，至19世纪早期由伽罗瓦推向高潮，追溯了人们对方程一步步的征服过程。当数学家遭遇了所谓的"五次"方程，也就是包含未知数的五次幂的方程时，征服的脚步终于停了下来。是因为五次方程有什么根本上的区别导致原有的方法不再适用，还是说存在其他类似但更强有力的方法可以得出五次方程求解的公式？数学家们是遇到了真正的障碍，还是只是太迟钝了？

要强调的是，五次方程的解是已知存在的。问题是，这些解是否一定能用代数式①表示？ 1821年，年轻的挪威人尼尔斯·亨里克·阿贝尔（Niels Henrik Abel）证明五次方程无法用代数方法求解，但是他的证明晦涩而迂回。他证明了不存在一般的解法，却并没有真

---

① 即只包含有限次加、减、乘、除、乘方和开方的公式。——译者注

正解释为什么。

伽罗瓦发现，五次方程不可解，是源于方程本身所具有的对称性。可以这么说，如果方程的这些对称性通过了伽罗瓦检验——这意味着它们能以一种非常特殊的方式组合在一起，对此我现在先不做解释——那么这个方程就可以用代数式求解。如果对称性没有通过伽罗瓦检验，那么就不存在这样的代数式。

一般的五次方程都无法用代数式求解，因为它们所具有的对称性不属于可求解的类别。

✳

这一史诗级的发现引出了本书的第二个主题：群——一种数学上"关于对称性的微积分"。伽罗瓦继承了代数学这一古老的数学传统，并把它发扬光大，改造成研究对称性的工具。

到目前为止，"群"这样的词还是未经解释的专业术语。当这些词的含义在叙述中变得重要的时候，我会解释它们，但有时我们只需要一个方便的名称来代指各种各样的概念。如果你遇到了看上去像是专业术语的词，但书中对此一带而过，没有立即展开讨论，那么它的作用就只是一个实用的标签，背后的实际含义并不重要。有时只要你继续往下读，这些含义总归会逐渐呈现出来。"群"就是一个恰当的例子，作为专业术语它已经出现了，但我们直到本书的中间部分才能明白它具体的含义。

本书还会涉及数学中一些特殊的数所具有的奇妙意义。我指的并不是物理学中的基本常数，而是 π 这样的数学常数。物理学基本常数，比如光速，原则上可能是任意值，只是在我们的宇宙中碰巧等于每秒 186 000 英里（约 300 000 千米）。但是 π 永远等于比 3.141 59

稍大的一个值，这个值无法被这个世界里的任何事物改变。

　　五次方程的不可解告诉我们，5这个数就像π一样，是非常特殊的。它是使与之相关联的对称群无法通过伽罗瓦检验的最小的数。另一个奇妙的例子与下面这一列数有关：1，2，4，8。数学家发现可以对通常的实数概念进行一系列的扩张，首先得到复数，随后则是被称为四元数和八元数的东西。它们分别由2套、4套和8套实数构造而成。接下来呢？你可能很自然地会想到16，但实际上这列数已经没有更进一步的合理扩张了。这是一个非凡而深刻的事实。它告诉我们，8这个数有其特殊性。这种特殊性不是表面意义上的，而在于数学本身的潜在结构。

　　除了5和8之外，本书还着重介绍了其他几个数，尤其是14，52，78，133和248。这些奇怪的数是五个"例外李群"的维数[①]，它们的影响遍及整个数学领域以及大部分的数学物理学领域。它们是数学舞台上的主角，而其他看起来与它们相差无几的数却只不过是些小角色。

　　数学家发现这些数有多特殊的时候，正是19世纪末抽象代数建立起来的时候。重要的不是这些数本身，而是它们在代数基础中起到的作用。它们中的每一个数都关联着一个叫作李群的数学对象，具有独特而显著的特性。这些李群在近代物理学中起着基础性的作用，而且看起来与空间、时间和物质的深层结构都有关联。

　　这就引出了本书的最后一个主题：基础物理学。长久以来物理学家一直想知道，为什么空间有三个维度，而时间有一个维度——为

――――――――――
① 维数（dimension），物理学中多称维度，指独立参数或坐标的数目。——译者注

什么我们生活在四维时空之中。超弦理论是将整个物理学统一在同一套互相一致的法则中的最新尝试，物理学家由此开始思考时空是否可能存在额外的"隐藏"维度。这种想法听起来好像很荒唐，但历史上有很多这样的先例。隐藏维度的存在可能是超弦理论中争议最小的一点了。

远比隐藏维度更有争议的是，超弦理论相信构建一套新的时空理论主要需要依靠相对论和量子理论——近代物理学的两大支柱——背后的数学。人们认为，统一这两个相互矛盾的理论所需要的完全是数学上的推演，而不是新的革命性实验。数学美感被看作物理学真理的前提，这可能是个危险的假设。很重要的一点是，我们不能忽略实际的物理世界，任何从当下的深思熟虑中最终产生的理论，无论它具有多深的数学渊源，都必须与实验和观察结果进行比对。

不过眼下我们有充分的理由进行数学上的探索。原因之一是，在一个真正有说服力的统一理论建立起来之前，没有人知道应该做什么样的实验。另一个原因是，数学上的对称性在相对论和量子理论中都至关重要，而这两种理论又缺乏共同的基础，所以哪怕是再微不足道的共同点，也应该得到足够的重视。空间、时间和物质的可能结构是由它们所具有的对称性决定的，而其中一些最重要的可能结构似乎都关联着特殊的代数结构。时空之所以具备它的这些性质，也许正是因为数学只允许少数特殊的形式存在。如果是这样，着眼于数学就很有意义了。

为什么宇宙看起来这么具有数学性呢？人们提出了很多答案，但我觉得它们都不太令人信服。数学思想与物理世界之间的对称关系，就像我们眼中的美与最重要的数学形式之间的对称关系一样，是一个深奥而可能无解的谜。没有人能说清为什么美即是真，真即是美。我们能做的，只有思考其间蕴含的无限复杂性而已。

01.

巴比伦的书吏

横贯如今被称为伊拉克的地区，两条世界上最著名的河流奔腾而过，在它们的流域，一个个引人瞩目的文明由此兴起。这两条河发源于土耳其东部的山区，流经上百英里的肥沃平原，之后合流，并最终注入波斯湾。在西南方向，它们以阿拉伯高原的干旱沙漠地带为界；在东北方向，以荒凉的前托鲁斯山脉和扎格罗斯山脉为界。这两条河就是底格里斯河与幼发拉底河，4 000年前，它们流过了当时属于亚述文明、阿卡德文明与苏美尔文明的古老土地，流经的路线与今天相差无几。

对考古学家来说，位于底格里斯河与幼发拉底河之间的地区叫作美索不达米亚地区，是希腊语"河流之间"的意思。这一地区通常被称为文明的摇篮，这个称号名副其实。河流为平原带来了水源，而水源让平原变得肥沃。丰富的植被引来了羊群和鹿群，继而引来了食肉动物，包括狩猎的人类。美索不达米亚平原是狩猎采集部落的伊甸园，也是游牧部落的聚集地。

事实上，这里的土地是如此肥沃，以至于狩猎采集的生活方式最终被淘汰，取而代之的是一种更加有效的觅食策略。大约前9000

年，在新月沃地①以北不远的小山中，诞生了一项革命性的技术：农业。紧接着，人类社会发生了两个根本的变革：为照看庄稼而定居下来，以及得以维持大量人口的可能性。在二者共同的作用下，城市得以出现，而我们现在在美索不达米亚仍然能够找到当时的遗迹，它们来自一些世界上最早的强大城邦：尼尼微、尼姆鲁德、尼普尔、乌鲁克、拉格什、埃利都、乌尔，还有最重要的、建起空中花园和巴别塔的地方——巴比伦。4 000年前，在农业革命势不可当的推动下，这里形成了有组织的社会，出现了政府、官僚和军队等相关标志。前2000年到前500年，这个文明在幼发拉底河沿岸繁荣发展起来，人们笼统地依据其首都的名字称之为"巴比伦文明"。不过广义的"巴比伦文明"还包括苏美尔文明和阿卡德文明。实际上，最早提及巴比伦的已知记载出现在前2250年阿卡德萨尔贡大帝的一块泥板上，而巴比伦人的起源则可能还要再往前追溯两三千年。

"文明"一词意味着人们在定居下来的社会中有组织地生活，而对于文明的起源，我们知之甚少。尽管如此，我们现代世界中的很多方面似乎都应该归功于古巴比伦人。尤其是，古巴比伦人是优秀的天文学家，我们现在的黄道十二宫、一圈为360度，以及一分钟为60秒、一小时为60分钟这些约定俗成的单位划分，都可以追溯到他们的贡献。巴比伦人需要用这些测量单位来研究天文学，而数学服务于天文学有着悠久的历史传统。因此，他们也必须成为数学专家。

同我们一样，巴比伦人也在学校里学习数学。

---

① 指西亚、北非地区两河流域及附近一连串肥沃的土地，呈新月形。——译者注

※

　　"今天上什么课？"纳布问道，把自带的午饭放在座位旁。他妈妈总是给他准备不少面包和肉——一般是羊肉。有时候她也会放上一块奶酪来丰富一下。

　　"数学，"纳布的朋友伽美什沮丧地回答，"为什么不是法律？法律我至少能听懂。"

　　擅长数学的纳布从来不太能理解为什么同学们都觉得数学很难。"伽美什，你难道不觉得法律很枯燥吗？要把所有现有的法律用语都抄下来，还要背熟。"

　　伽美什笑了，坚强的毅力和好记性正是他的强项。"不，这很简单，你不用动脑子。"

　　"这正是我觉得它枯燥的地方啊，"纳布说，"而数学——"

　　"根本学不会，"胡姆巴巴插了进来，他才刚刚来到"泥板书舍"，一如往常地迟到了。"我说，纳布，这道题该怎么做啊？"他指着自己泥板上的一道作业题。"把一个数和它自己相乘，再加上它的两倍，结果是24。这个数是多少啊？"

　　"是4。"纳布回答。

　　"真的吗？"伽美什问。胡姆巴巴又说："是，这个我知道，但你是怎么得出来的呢？"

　　纳布艰难地带着两个朋友把上周数学老师教给他们的演算过程仔细捋了一遍。"24加上2的一半，等于25。开平方得到5——"

　　伽美什举起双手，显得很困惑。"我从来就没有真正搞明白开平方是怎么一回事，纳布。"

　　"啊哈！"纳布说，"我们有进展了！"两个朋友看他的眼神好像他疯了一样。"你的问题不是解方程，伽美什。而是开平方！"

"都有问题。"伽美什咕哝着。

"但你首先遇到的是开平方。想掌握一门知识你必须一步一步来，泥板书舍的院长一直这么告诉我们。"

"他还一直让我们不要把土弄到衣服上呢，"胡姆巴巴反驳道，"但我们从来不听——"

"这不一样。这是——"

"没有用的！"伽美什哀嚎道，"我怎么也不可能成为书吏的，我爸爸会狠狠打我，打到我屁股都坐不下去，妈妈则会用她那副乞求的表情看着我，让我为了家庭努力学习。但我就是学不进去数学！法律我就能记住。它很有意思！'一位先生的妻子因为另一个男人的原因导致其丈夫死亡，她就应该被钉在木桩上'这种才是我认为值得学的东西，不是开平方之类莫名其妙的东西。"他停下来喘了口气，双手因情绪激动而颤抖。"这些方程和数——我们何苦呢？"

"因为它们有用，"胡姆巴巴回答道，"还记得那些割掉奴隶耳朵的法律吗？"

"当然！"伽美什说，"是对侵犯的处罚。"

"毁掉平民的一只眼睛，"胡姆巴巴提示道，"你要赔偿他——"

"一个银米纳①。"伽美什说。

"打断了奴隶的一根骨头呢？"

"赔偿他的主人这个奴隶价格的一半。"

胡姆巴巴开始收网："所以，如果一个奴隶值60谢克尔，你就必须能算出60的一半是多少。如果你想执法，就得会数学！"

"是30。"伽美什立即回答道。

---

① 米纳是古代近东地区使用的一种重量和货币单位。1米纳等于50谢克尔。——译者注

"看见了吧！"纳布大喊，"你会数学啊！"

"算这个才用不着数学呢，这个怎么算是显而易见的。"这位未来的律师在空气中用力挥舞着双臂，想要发泄他激烈的情绪，"如果是关于现实生活的问题，纳布，那没问题，这样的数学我会做。但绝不是开平方这种人为制造出来的问题。"

"你测量土地的时候就需要开平方。"胡姆巴巴说。

"没错，但我上学不是为了当税务员，我爸爸希望我能当一名书吏，"伽美什指出，"就像他一样。所以我不明白为什么我必须要学这些数学知识。"

"因为它有用。"胡姆巴巴重复道。

"我觉得这不是真正的原因，"纳布轻轻地说，"我觉得数学是关于真与美的学问，是得到一个答案的同时也知道它是正确的。"但朋友们的表情告诉他，他们并不信服这个说法。

"对我来说，数学是得到一个答案的同时就知道它是错误的。"伽美什叹了口气。

"数学很重要，是因为它真实而优美。"纳布坚持道，"开平方是解方程的基础。它们可能没什么用，但是无所谓。它们本身就很重要。"

伽美什刚要说出激烈的反驳言论，就发现老师走进了教室，于是他用一声突然的咳嗽掩盖了自己的尴尬。

"同学们好！"老师欢快地说。

"老师好。"

"让我看看你们的作业。"

伽美什叹了口气。胡姆巴巴看起来也在发愁。而纳布却不动声色。还是这样更好。

我们刚刚偷听的这场谈话——暂且不管它完全是虚构的——当中最惊人的事实也许是，它发生在大约前1100年，发生在传奇中的城市巴比伦。

我只是说这番对话有可能发生。并没有关于三个名叫纳布、伽美什和胡姆巴巴的男孩存在的任何证据，更别提他们之间对话的记录了。但几千年来，人性是一样的，而且我这个故事的事实背景也有着坚如磐石的证据支持。

我们之所以对巴比伦文明了解这么多，是因为他们把各种记录都用奇怪的楔子一样的字体——被称为楔形文字——写在了潮湿的黏土泥板上。当黏土被巴比伦的阳光晒干晒硬，这些刻在上面的文字就不会被毁坏了。如果存放泥板的建筑物不小心着火——这种情况时有发生——黏土就被烧制成了陶器，甚至能保存得更加长久。

沙漠最终掩埋了一切，这些记录会被永久地保存下去。巴比伦就这样成了有文字记载的历史开始的地方。人类对于对称性的理解也始于此。对称性在这个过程中逐步演化为一套系统化、量化的理论，这套理论是关于对称性的"微积分"，在各方面都不亚于艾萨克·牛顿和戈特弗里德·威廉·莱布尼茨的微积分。如果有一台时光机，甚至只是一些更古老的泥板，我们无疑都会追溯得更早。但是就现有的历史记载揭示的情况来看，是巴比伦数学开启了人类对于对称性的探索，并且对我们如何看待物理世界也产生了深远的影响。

※

数学以数为基础，但并不局限于数。巴比伦人拥有一套行之有效的符号系统，与我们使用的"十进制"（以10的幂为基础）不同，他们使用"六十进制"（以60的幂为基础）。他们也知道直角三角形，知道类似于现在被称为毕达哥拉斯定理（即勾股定理）的东西，但是巴比伦数学家似乎并没有像他们的古希腊后人那样，用逻辑证明去支持他们基于经验的发现。他们将数学用于更崇高的天文学（大概是由于农业和宗教上的原因），也用于普通的交易与税收事务。数学思想的双重角色——既能揭示自然界的规律，又能协助人类处理事务——如一根金线般贯穿了整个数学史。

有关巴比伦数学家最重要的一点，是他们开始理解如何解方程。

方程是数学家根据间接证据求解出某个未知数值的方法。"给出关于一个未知数的已知条件，求这个未知数。"可以说，方程就是关于一个数的谜语。我们不知道这个数是多少，但知道与之相关的一些有用信息，而我们的任务就是找到这个未知数，从而解开这个谜语。这个游戏看起来好像和对称性这一几何上的概念相去甚远，但是在数学中，一种问题背景下取得的发现往往能够在完全不同的背景下产生启发。正是这种相互连通给数学赋予了如此强大的智识力量。这也是为什么，一个为商业目的而发明的计数体系也可以向古人揭示行星乃至恒星的运动规律。

这个谜语可能很简单。"一个数的两倍等于60，这个数是几？"即使你不是天才，你也一样能得出这个未知数是30。它也可能会难很多："一个数乘以它自己，再加上25，结果是这个数的10倍。这个数是几？"不断试错之后你可能会发现答案是5，但试错是一种效率很低的办法，不论是猜谜语还是解方程。如果我们把25换成23，又该怎么解呢？26呢？巴比伦数学家是不屑于试错的，因为他们已经掌握了一个更深刻、更强大的秘密。他们知道一种规则，一种解这些方程的标准步骤。就我们所知，他们是最先发现这种方法的人。

巴比伦的神秘色彩，部分来源于《圣经》中的大量引述。我们都知道"狮子洞中的但以理"的故事①，发生在尼布甲尼撒二世统治时期的巴比伦。但是后来，巴比伦几乎成了一个谜，一个消失了很久的城市，被彻底摧毁，无法挽回，甚至被认为根本就不曾存在过。直到大约200年前人们似乎一直这么认为。

　　几千年来，我们今天称之为伊拉克的那片平原上一直分布着许多奇怪的土丘，参加十字军东征的骑士们返程时会从这些残垣断壁上剥下带着花纹的砖石和刻着未知文字的碎片，将它们作为纪念品带回。这些土丘显然是古代城市的遗迹，不过除此之外，人们对这些遗迹知之甚少。

　　1811年，克劳迪乌斯·里奇（Claudius Rich）首次对伊拉克的土丘遗迹进行了科学考察，他调查了巴格达以南60英里（约100千米）处幼发拉底河畔的一处完整遗迹，很快就判定这正是巴比伦遗迹。他雇用工人进一步发掘，出土了砖、楔形文字泥板，以及精美的圆柱形印章，用这种印章在湿软的陶土上滚一圈就能够得到浮雕一般的文字和图画。他们还发现了许多令人叹为观止的艺术作品，这些作品的雕刻者能与达·芬奇和米开朗琪罗比肩。

　　但是，更有趣的是那些散落在遗址中的楔形文字泥板的碎片。

---

① 这个故事被记载在《圣经·旧约》中的《但以理书》中。大流士朝中的高官试图陷害但以理，遂求王下旨在30日内严禁人向王以外的任何神或人祷告祈求，违者必被扔在狮子坑中。但以理不理禁令，仍照常向耶和华祷告祈求。他终于被扔进狮子坑里，但耶和华施行奇迹，派天使封住狮子的口。翌日早上，大流士王十分高兴地见到但以理丝毫无损，结果那些居心不良的敌人反被扔进坑内遭狮子吞噬。——译者注

所幸的是，最初的考古学家们认识到了它们的潜在价值，把它们完好地保存了下来。在上面所刻的文字被破译之后，这些泥板成为我们了解巴比伦文明的宝藏，告诉了我们巴比伦人的生活和所思所想。

根据这些泥板和其他文物可以判断，古代美索不达米亚文明不但历史悠久，而且高度复杂，包括了许多不同的文明和城邦。人们习惯使用的"巴比伦"一词，既代表上述所有文明，也特指以巴比伦城为中心的这一特殊文明。不过，美索不达米亚文明的中心一直在不断迁移，有时集中在巴比伦，有时则转移到其他地方。考古学家把巴比伦历史分为两个主要时期，古巴比伦时期大约从前2000年持续到前1600年，新巴比伦时期则从前625年到前539年，这两个时期之间的巴比伦则被外族统治，包括古亚述时期、加喜特王朝时期、中亚述以及新亚述时期。此外，巴比伦的数学在叙利亚的塞琉古王朝又延续了5个世纪以上。

巴比伦作为一种文明比其所属的社会稳定得多，它基本上连续存在了1 200年左右，其间历次政治动荡造成的干扰都仅仅是暂时的。所以，和具体的历史事件不同，巴比伦文明的许多成就很可能在已知的最早记载之前就已经产生很久了。尤其是数学：有证据表明，尽管对一些数学技巧的现存最早记载可以追溯到前600年左右，但它们实际的出现时间远早于此。所以，本章的主角——那位我起名为纳布–沙玛什的虚构的书吏，我们从三位同学之间一段简短的对话中认识了早年间上学时的他——被认为生活在前1100年左右，出生于尼布甲尼撒一世国王统治时期。

随着故事的发展，我们接下来将会遇到的所有其他人物都是历史上真实存在的，他们的个人故事都有记载为证。但是在古巴比伦遗留下来的数以百万计的泥板中，除了贵族和军事领袖外，很少有关于其他个人的记载，所以纳布–沙玛什只能是一个根据我们已知的巴比伦人的日常生活情况合理加工合成出来的人物。我们不会把任何新的发明归功于他，但是他会接触到巴比伦文明中所有推动了对称性发展的知识，有充分证据表明，所有巴比伦书吏都接受过全面的教育，而数学是其中非常重要的一部分。

我们虚构的这位书吏的名字是两个巴比伦人的真实名字的结合。一个来自书写之神纳布，另一个来自太阳神沙玛什。在巴比伦文明中，以神的名字给普通人命名并不稀奇，当然同时用两个神的名字来命名会显得有点儿过分了。但是为了行文的需要，我们有必要给他起一个具体的、有代入感的名字，而不是仅仅称他为"书吏"。

纳布－沙玛什出生时，巴比伦的国王是尼布甲尼撒一世，这是伊辛第二王朝中最重要的一位君主。但这个国王不是《圣经》中同名的那位著名国王；《圣经》中的那一位通常被称为尼布甲尼撒二世，是那波帕拉萨尔的儿子，统治时期为前605年到前562年。

尼布甲尼撒二世的统治时期是巴比伦在物质上和地区影响力上的极盛时代。而在他之前同名的尼布甲尼撒一世的统治下，巴比伦城也同样繁荣，当时巴比伦的权力一直延伸到了阿卡德和北部山区地带。但是阿卡德在亚述－雷什－伊希一世和其儿子提格拉特－帕拉沙尔一世时期成功摆脱了巴比伦的掌控，对环绕在三个方向上的山区和荒漠部落采取了行动，加强了自身的安全实力。因此，纳布－沙玛什出生于巴比伦历史上比较稳定的时期，但等到他长成一个青年以后，巴比伦的文明之光开始暗淡，他的生活将变得更加动荡。

✳

纳布－沙玛什出生于巴比伦老城里一个典型的"上流阶级"家庭中，他的家离利比尔－希加拉运河不远，紧邻著名的伊师塔城门，城门用于仪仗，上面装饰着千奇百态的彩色瓷砖，图案有公牛、狮子甚至是龙。穿过伊师塔城门的街道十分壮观，宽度达20米，石灰岩路面铺在一层沥青上，路基则由砖块铺建。这条街道的名字叫作"愿敌人无法取胜"，是一个典型的巴比伦主街名称，但它更通俗的名字是"游行大道"，按照祭典的规定，祭司要在这条大街上巡游马杜克神。

纳布-沙玛什家的房子由泥砖建造而成，墙壁有6英尺（约1.8米）厚，以便隔绝阳光。外墙开口很少，一般只有一个临街的门，房子共三层，其中顶层由较轻的材料建成，主要是木头。家中有许多奴隶，负责日常家务。奴隶的宿舍和厨房都位于门内的右侧。家人的住处在左侧，包括一个长长的客厅以及卧室和浴室。纳布-沙玛什的时代是没有浴缸的，虽然其他时代有一些浴缸保存了下来。洗澡时，一个奴隶会往沐浴者的头顶和身上浇水，就像现代的淋浴一样。房子的中央有一个露天庭院，屋后还有储藏室。

纳布-沙玛什的父亲是国王法院的一名官员，该国王名字不详，是尼布甲尼撒一世的前任。他父亲的工作主要是处理一些行政事务、管理一整个区域、维护法律和秩序、确保农田得到及时的灌溉、保证赋税的征收。纳布-沙玛什的父亲也接受过书吏的训练，因为对于所有进入巴比伦公务系统的人来说，读写和算术能力是必须掌握的基本能力。

在一部被认为由大地和空气之神恩利尔所制定的法令中，每个人都必须继承父业，而这正是家人对纳布-沙玛什的期望。不过，读写能力同样可以开辟其他的职业道路，特别是成为一名祭司。因此他所受的教育为未来的职业选择铺平了道路。

我们之所以能够了解到纳布-沙玛什的受教育情况，是因为有许多大致来自那一时期的记载一直保存至今。这些记载由受过书吏训练的人用苏美尔语写成。这些记载明确显示，纳布-沙玛什非常幸运地拥有一个好的家庭出身，因为只有富裕家庭的儿子才有机会进入书吏学校。事实上，巴比伦的教育水平之高，吸引了许多其他国家的贵族把他们的儿子也送到这里来接受教育。

纳布的学校叫作泥板书舍，名字大概是取自用于书写和算术的泥板。学院设有一位首席教师，被称为"专家"和"校父"。每个班级有一个班主任，负责让这群男孩子遵规守纪，还有专门的教师负责教授苏美尔语和数学。书舍还设有"级长"，他们被称为"大兄长"，其职责是维持秩序。和所有其他学生一样，纳布–沙玛什住在家中，白天去上学，每月30天中大概有24天要上学，剩下的日子里有三天放假，还有三天是宗教节日。

纳布–沙玛什的学业从掌握苏美尔语开始，尤其是它的书写。他要研究词典和语法教材，还要抄写大量内容：法律术语、技术概念以及种种姓名。之后，他开始学习数学，从这时起，他的学业就成为我们故事的中心内容了。

纳布–沙玛什学了什么呢？除了哲学家、逻辑学家和专业数学家这些学究，一个数对任何人来说都只是一串数字。我写下这句话的年份是2006，2006这个数就是由四个数字组成的一串。但是学究会跳出来提醒我们，这一串数字实质上并不是这个数本身，而只是它的表示形式，而且这种表示形式还是相当复杂的一种。我们熟悉的十进制只用10个数字——符号0到9——来表示所有的数，不论这个数有多大。经过扩展后，它也可以表示非常小的数；更确切地说，它可以表示精度非常高的测量数值。例如光速，根据目前最精确的观测，它的数值大约是每秒186 282.397英里（299 792 458米）。

我们对这样的表示形式太过熟悉，以至于忘记了它其实是多么巧妙，以及我们第一次接触它时想要理解它是多么困难。一切的基础都在于这个关键的特征：一个符号的数值，比如符号2，取决于它相对其他符号所处的位置。如果脱离上下文的背景，符号2则并不具有独立的固定含义。在上面表示光速的数中，紧靠在小数点前的数字2确实表示二。但是这个数中出现在另一处的2则表示二百。在2006这个年份中，同样的2表示的则是两千。

如果我们的书面文字当中每个字母的含义也同样取决于它在词中的位置，那我们会非常痛苦的。想象一下，如果alphabet中的两个a有着完全不同的含义，我们阅读起来该有多困难。但是对于数来说，位值记数法（按位置赋予数值的表示方式）是如此方便而强大，以至于很难想象会有人真的采取其他的表示方式。

但记数方式并不一直是这样。我们目前的这种表示方式至多只有1 500年的历史，它被引进欧洲也只有800年出头的时间。即使在今天，不同的文化也在使用不同的符号来表示相同的这10个十进制的基本数字——看看埃及的纸币就知道了。而古代文明则用了各种奇怪的方式书写数字。我们最熟悉的很可能是罗马数字，2006被表示为MMVI；而在古希腊则表示为 $\overline{\beta}\zeta$。我们的2、20、200和2 000，被罗马人写作II、XX、CC和MM，而被古希腊人写作 β、κ、σ 和 $\overline{\beta}$。

巴比伦文明是已知最早使用与我们现在类似的位值记数法的文明。但二者有一个重要的区别。十进制体系中，一个数字每向左移动一位，它所表示的数值就要乘以10。所以20是2的10倍，200是20的10倍。而在巴比伦计数体系中，数字每向左移动一位则要乘以60。所以"20"表示2乘以60（我们记作120），"200"表示2乘以60再乘以60（我们记作7 200）。当然，他们用的不是"2"这个符号，而是用两个相同的细长楔形符号表示2这个数，如图1-1所示。从1到9的数就用1到9个相同的细长楔形符号组合在一起来表示。对于大于

9的数，他们增加了另一个侧放的楔形符号，这个符号表示10，并用若干个该符号组合在一起来表示20、30、40和50。所以，我们的42在他们的表示中就是四个侧放的楔形加上随后的两个细长楔形。

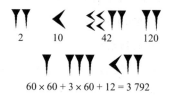

$$60 \times 60 + 3 \times 60 + 12 = 3\ 792$$

图1-1　巴比伦文明的六十进制数字

出于某些我们只能猜测的原因，这个累加的体系到59就停止了。巴比伦人并没有用6个侧放楔形表示60，而是又用回了之前表示1的细长楔形，用它来表示1乘以60。两个这样的楔形表示120，但是它们也可能表示2。它们表示的具体是哪一种含义，需要通过上下文背景以及符号之间的相对位置推断得出。例如，如果先是两个细长楔形，中间一个空格，然后又是两个细长楔形，那么前面的两个楔形表示120，而后面的表示2——就如同我们的22里面，两个2分别表示20和2一样。

这种方法可以延伸到很大的数上。一个细长楔形可以表示1，或60，或$60 \times 60 = 3\ 600$，或$60 \times 60 \times 60 = 216\ 000$，等等。图1-1中最下面的三组楔形合起来表示$60 \times 60 + 3 \times 60 + 12$，就是我们所写的3 792。但这有一个很大的问题：这种表示方式是有歧义的。如果你只看到两个细长楔形，它们表示的到底是2，是60×2，还是$60 \times 60 \times 2$？一个侧放楔形后面有两个细长楔形，它们表示的是$10 \times 60 + 2$，还是$10 \times 60 \times 60 + 2$，甚至是$10 \times 60 \times 60 + 2 \times 60$？到了亚历山大大帝时期，巴比伦人用一对对角楔形表示某个位置上没有数字，从而去掉了歧义。也就是说，他们相当于发明了表示零的符号。

为什么巴比伦人要使用六十进制，而不是我们熟悉的十进制呢？可能是60这个数的一个实用的特征影响了他们：它有很多因子。它可以被2、3、4、5、6，还有10、12、15、20和30整除。这个特征在几个人分配某些物体——比如分谷子和划田地——的时候非常好用。

最后还有一个决定性的特征：巴比伦人的计时方法。虽然他们都是优秀的天文学家，知道把一年分为365天更准确，而365$\frac{1}{4}$天又更准确，但他们似乎认为，把一年分为360天更为方便，因为360 = 6×60这种算术关系的诱惑力太强了。的确，在表示时间的时候，巴比伦人不再使用原来的规则，而是把向左移动一位乘以60换成了乘以6，因此本来在计数中表示3 600的楔形图案，实际上在计时中表示的是360。

对60和360的重视一直延续至今。一个整圆被分为360度（每一度对应着巴比伦人的一天）、一分钟被分为60秒、一小时被分为60分钟，这些都体现出过去的影响。古老的文化传统有着令人难以置信的持久力。在现在这个连计算机绘图技术都无比发达的年代，电影制作者仍然在使用罗马数字给作品标注日期，我觉得非常有趣。

✳

上述的知识，除了表示零的符号以外，纳布–沙玛什在受教育的早期阶段已经全都学过了。他已经可以熟练地把上千个小楔形快速地刻在湿泥板上。就像现在的小学生努力理解从整数到分数和小数的转变一样，纳布–沙玛什也一定会学到巴比伦人对二分之一、三分之一，或者对1进行更加复杂的分割的表示方法，这样的分割是为了满足天文观测的严苛要求。

为了避免把整个下午都花在画楔形上，研究人员结合了古今的计数方式来表示楔形数字。他们依次写下每组楔形对应的十进制数，并用逗号隔开。所以图1-1中最后一行的楔形会被记作1，3，12。这种方式节省了大量费力的排版工作，也更易读，所以我们就采用这种方式来表示楔形数字。

巴比伦书吏是怎么写数字"二分之一"的呢？

在我们的算术中有两种方式来表示二分之一。要么我们把它写成一个分数，$\frac{1}{2}$，要么就引入著名的小数点，然后把它写作0.5。分数表示法更直观，历史也更悠久；小数表示法更难掌握，但更便于计算，因为这种表示方式是从整数的位值规则自然延伸出来的。0.5中的数字5指的是"5除以10"，而0.05中的5指的是"5除以100"。数字向左移动一位就把它乘以10，向右移动一位就把它除以10。这很合理，而且成体系。

因此，小数运算与整数运算一样，只是你必须密切注意小数点的位置。

巴比伦人也有同样的想法，只不过是60进制的。分数$\frac{1}{2}$是1/60的多少倍？显然正确的答案是30/60，所以他们把"二分之一"写作0;30，其中的分号被研究人员用来表示六十进制小数点，而在楔形表示法中，小数点还是用空格来表示的。巴比伦人实现了一些相当高级的计算：例如，他们得出的2的平方根是1;24,51,10，与真实值相差不到十万分之一。他们把这种精确性很好地运用到了理论数学和天文学之中。

※

纳布-沙玛什学习到的方法中，就本书的主题而言，最令人兴奋的是二次方程的解法。关于巴比伦人解方程的方法我们知道很多。在已知的大约100万块现存的巴比伦泥板中，有大约500块是关于数学的。1930年，东方学者奥托·诺伊格鲍尔（Otto Neugebauer）发现，其中一块泥板上展现了对于今天所谓的二次方程的完整认识。上面的方程都包含一个未知数以及它的平方，还有不同的具体数字。如果没有平方项，方程就被称为"线性方程"，这种方程是最容易求解的。包含未知数的立方（未知数与自己相乘，然后再与原未知数相乘）的方程被称为"三次方程"。巴比伦人似乎掌握了一种基于数表的巧妙方法，可以求出某些类型的三次方程的近似解。但是我们能确认的就只有这些数表本身。我们只能推测这些数表的用途，而解三次方程是最有可能的。但是诺伊格鲍尔研究的泥板明确表明，巴比伦的书吏们已经掌握了求解二次方程的方法。

一块典型的4 000年前的泥板上写着这样的问题："一个正方形的面积减去边长等于14,30，求这个正方形的边长。"这个问题包含未知数的平方（正方形的面积）以及未知数本身。换句话说，这是让读者解一个二次方程。而同一块泥板上又几乎是随手写上了解答过程："取1的一半，得到0;30。0;30乘以0;30，得到0;15。把它与14,30相加，得到14,30;15。这是29;30的平方。现在把0;30与29;30相加。结果是30，正是正方形的边长。"

这是怎么回事？把每一步用现在的十进制方式写出来看一看。

- 取1的一半，得到0;30。 $\frac{1}{2}$
- 0;30乘以0;30，得到0;15。 $\frac{1}{4}$
- 把它与14,30相加，得到14,30;15。 $870\frac{1}{4}$
- 这是29;30的平方。 $870\frac{1}{4} = (29\frac{1}{2}) \times (29\frac{1}{2})$
- 现在把0;30与29;30相加。 $29\frac{1}{2} + \frac{1}{2}$
- 结果是30，正是正方形的边长。 30

最复杂的是第四步，找到一个平方等于 $870\frac{1}{4}$ 的数（就是 $29\frac{1}{2}$）。$29\frac{1}{2}$ 是 $870\frac{1}{4}$ 的平方根。平方根是求解二次方程的主要工具，当数学家想要用相似的方法求解更复杂的方程时，就诞生了近世代数。

之后我们会用现代代数的符号来阐述这个问题。但是巴比伦人并没有像后来的代数学家那样，使用这种代数公式求解每个问题。他们是针对一个典型的例子描述了得出答案的具体步骤。但他们清楚地知道，如果改变题目中的数字，完全相同的步骤也同样适用。

总而言之，他们知道如何求解二次方程，并且他们的方法正是我们现在依然在使用的方法，只是表达形式有所改变。

巴比伦人是怎么发现这种二次方程解法的呢？虽然没有直接证据，但是看起来他们是通过几何的思维方式发现的。来看一个更简单的问题，从中我们也能得出相同的解法。假设有一块泥板上写着"一个正方形的面积加上它的两条边长等于24，求这个正方形的边长"。用更现代的说法就是，未知数的平方加上未知数的两倍等于24。我们可以用图 1-2 表示这个问题。

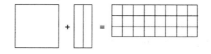

图 1-2　一个二次方程的几何示意图

图 1-2 中等号左边正方形的边长和长方形竖直方向的长度对应未知数，等号右边的小方格的边长为 1 个单位。如果我们把这个细长的长方形从中间分成两半，然后把它们分别粘到正方形的两条边上，我

们就得到了一个缺了一角的大正方形。图1-3很明显地告诉我们，应该"把大正方形补充完整"，在等式两边加上缺了的这一角（阴影正方形）。

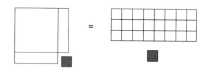

图 1-3　把大正方形补充完整

这样，等号左边就有了一个完整的正方形，而等号右边有了25个单位方格。把它们重新排列成一个5×5的正方形，见图1-4。

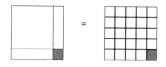

图 1-4　现在答案就很明显了

因此未知数加1，然后平方，结果等于5的平方。对25开平方，可以得到未知数加1等于5——你即使不是天才，也一样能得出这个未知数是4。

这种几何描述准确地对应了巴比伦人解二次方程的每一步过程。真实的泥板上更复杂的例子使用的也是完全相同的方法。泥板只陈述了方法，并没有说明它从何而来，不过上述的几何描述还得到了其他间接证据的支持，因此它很有可能是泥板上解法的来源。

家喻户晓的名字

很多古代最伟大的数学家都生活在古埃及的亚历山大城，一座发源于尼罗河西岸五个丰饶的绿洲之中的城市。这几个绿洲散布在埃及的西部沙漠之中，其中之一是锡瓦绿洲，因其冬涨夏落的盐湖而闻名。盐对土壤造成了污染，也给考古学家带来了很大的麻烦，因为这些盐渗入了古代的岩石和泥砖遗迹之中，逐渐毁坏了建筑物的结构。

锡瓦最著名的旅游景点是阿古米，一座从前供奉阿蒙神的神庙。阿蒙神太过神圣，以至于他的形象完全是抽象的，但他与另一个更加具象的实体——太阳有关，也是太阳神"拉"的由来。锡瓦的阿蒙神庙建于埃及第二十六王朝，在神庙中显现的著名的神谕，与两个重大的历史事件都有关联。

第一个历史事件是冈比西斯二世军团的覆灭，他是征服了埃及的波斯国王。据说前523年，冈比西斯二世想利用阿蒙神的神谕使他的统治合法化，于是向西部沙漠中派遣了一支军团。军团抵达了巴哈利亚绿洲，但却在前往锡瓦的途中被一场沙尘暴所灭。很多埃及学者怀疑"冈比西斯失落的军团"只是一个神话，但在2000年，阿勒旺大学的一支石油勘探队在这一地区发现了一些残存的纺织品、金属以及人类遗骸，猜想这些可能正是那支失落的军团的遗存。

第二个事件发生在两百年之后，是真实的历史事件：亚历山大大帝到访了锡瓦，这是一次意义重大的朝圣，他和冈比西斯二世一样，都希望通过阿蒙神的神谕来确立自己的统治合法性。

❋

亚历山大是马其顿国王腓力二世的儿子。腓力的女儿，马其顿的克莱奥帕特拉，嫁给了伊庇鲁斯的国王亚历山大一世，而腓力二世在这两人的婚礼上遇刺身亡。有人认为凶手是腓力的同性情人保萨尼亚斯，他因为国王对他的抱怨和诉求不予理睬而心怀不满。也有人认为这是波斯国王大流士三世设计的一个阴谋，假如是这样的话，这个阴谋的结果适得其反，因为马其顿军队迅速宣布亚历山大为新的国王，而今天的我们都知道，这位20岁的君主接下来征服了几乎所有的已知世界，其中包括在前332年兵不血刃地征服了埃及。

为了证明他作为法老的资格，从而巩固他在埃及的统治，亚历山大前往锡瓦朝圣，向神谕请求确认自己的神性。他独自一人拜受了神谕，在返程途中宣布了神谕的裁定：是的，神谕确认他的确是一个神。这一裁定成为他统治权力的主要来源。后来，有谣言称神谕显示他为宙斯之子。

我们并不清楚埃及人是真的信服了这种薄弱的证据，还是只是发现在亚历山大控制的庞大军队面前，赞同他的说辞是明智的。或许他们厌恶波斯人的统治，认为选择亚历山大是两害相权取其轻——在埃及前首都孟菲斯，人们正是由于这个原因对亚历山大敞开了怀抱。无论历史背后的真相如何，从那时起，埃及人便拥戴亚历山大为他们的国王。

在去锡瓦的途中，亚历山大看中了一片在地中海和后来被称为马留提斯湖的湖泊之间的埃及领土，决定在那里建造一座城市。这座城市被他"谦虚地"命名为亚历山大城，由希腊建筑师狄诺克拉底根据亚历山大自己绘制的基本蓝图设计建造。一些人认为这座城市诞生于前331年4月7日；另一些人对此提出了质疑，认为日期应该接近前334年。亚历山大没有来得及看到他创造的城市：他第二次去的时候，是被埋葬在那里的时候。

这些久负盛名的传奇就这样一直流传着，而事实真相却可能更为复杂。现在看来，那座后来变成亚历山大城的城市的绝大部分在亚历山大到来时就已经存在了。埃及学学者很早就发现，很多铭文并不是那么可靠。比如卡纳克大神庙，被拉美西斯二世到处刻满了旋涡装饰图案。但神庙的大部分都是他的父亲塞提一世建造的，而且在拉美西斯的铭文下面就能看到塞提的铭文痕迹，有时还很清晰。这种篡夺很常见，甚至并不算是失敬的行为。相反，"污损"前任的雕像——比如划坏法老雕像的面部——绝对是极其不尊重的做法，因为毁坏前任的身份象征是在故意剥夺他在死后世界的地位。

亚历山大在古亚历山大城的建筑上刻满了他的名字。可以说，他把名字刻进了城市本身。其他法老只是篡夺了过去的建筑或纪念碑，而亚历山大篡夺了整座城市。

亚历山大城成了一个重要的港口，通过尼罗河支流与一条运河连接红海，从此通往印度洋和远东地区。这里以一座著名的图书馆成为知识的中心。此外，这里还诞生了历史上影响最为深远的数学家之一：几何学家欧几里得。

我们对亚历山大的了解比对欧几里得多得多，虽然欧几里得对人类文明的长远影响可以说远大于亚历山大。如果在数学领域存在一个家喻户晓的名字，那一定是"欧几里得"。我们对欧几里得的生平所知甚少，但对他的著作却很熟悉。几个世纪当中，数学和欧几里得在整个西方世界几乎就是同义词。

为什么欧几里得如此著名？有的数学家比他更伟大，也有的比他更重要。但在将近2 000年间，整个西欧所有学数学的学生都知道欧几里得的名字，阿拉伯世界也是如此，虽然程度略小。他是有史以来最著名的数学著作之一——《几何原本》——的作者。印刷术发明后，这部著作是最早以印刷形式出版的图书之一，发行了超过1 000个不同的版本，数目仅次于《圣经》。

我们对欧几里得的了解比对荷马还是多一点儿的。欧几里得于大约前325年在亚历山大城出生，于大约前265年去世。

刚说出这些话，我便不安地意识到应该把它们收回。欧几里得是真实存在过的人，并且是《几何原本》的唯一作者，这只是三种说法中的一种。第二种说法是存在他这个人，但他并不是《几何原本》的作者，至少不是唯一的作者。他可能只是一个数学家小组的领导者，《几何原本》是这个小组合写的。第三种说法——争议很大，但仍然是有可能的——是存在这样一个写作小组，他们用"欧几里得"作为集体的笔名，与20世纪中叶那个大部分由法国的年轻数学家组成、以"尼古拉·布尔巴基"（Nicolas Bourbaki）这个名字发表作品的小组[1]类似。尽管如此，这当中最有可能的似乎还是欧几里得真实存在过，他是单独的一个人（而非小组），并且独自写作了《几何

---

[1]　尼古拉·布尔巴基是20世纪一群法国数学家的笔名，布尔巴基团体的正式称呼是"尼古拉·布尔巴基合作者协会"。他们的目的是在集合论的基础上，用最具严格性、最一般的方式来重写整个现代高等数学。——译者注

原本》。

这并不是说这本书中所有的数学内容都是欧几里得一个人的发现。他所做的其实是对古希腊大量的数学知识进行了收集和编纂。他把前人的知识借来，为后人留下丰富的遗产，也以此确立了自己在这一学科中的权威。《几何原本》一般被视为一本几何学著作，但其中也有关于数论和某种原型代数的内容——这些都是以几何学的形式呈现的。

关于欧几里得的生平我们知道的很少。后世的评注中包含了一些关于他的零星信息，但是都没有得到现代学者的证实。评注者说，欧几里得在亚历山大城教书，通常据此可以推断他出生于那里，但我们并不确切知道这一点。450年，在他去世700多年以后，哲学家普罗克洛斯在一本对欧几里得数学的详尽评注中写道：

> 欧几里得……集合了《几何原本》，按序整理了欧多克索斯的很多定理，完善了泰阿泰德的很多定理，并且对那些只经过前人松散证明的内容进行了无可辩驳的论证。欧几里得生活在托勒密一世时期；因为阿基米德生活于紧随托勒密一世之后的时代，而他曾提到过欧几里得。而且，据说国王托勒密曾经向欧几里得询问有没有除了《几何原本》之外学习几何学的捷径，欧几里得答道："在几何学中没有'御道'。"因此，他比柏拉图等人年轻，又比埃拉托色尼和阿基米德年长，因为埃拉托色尼曾在某处提到，他和阿基米德是同辈。欧几里得追求柏拉图主义，由此他将《几何原本》的最后一卷全部用来描述所谓的柏拉图立方体①的构造方法，这与他的哲学观念是一致的。

---

① 柏拉图立方体即正多面体。——译者注

《几何原本》中对一些问题的处理方法提供了不算直接但强有力的证据，表明欧几里得某个时候一定在雅典的柏拉图学园学习过。有很多知识只有在那儿才能学到，比如欧多克索斯和泰阿泰德的几何学。而对于他的性格，我们只能从帕普斯的只言片语中了解到，他笔下的欧几里得"非常公正，并且很喜欢那些不论通过何种方式推动数学发展的人，为人谨慎，从不冒犯他人，虽然是一位当之无愧的学者，却从不骄矜自负"。有一些逸事流传了下来，比如斯托比亚斯记述的这一个：欧几里得的一个学生问他学习几何能得到什么回报，他就叫来仆人说，"给他一枚硬币吧，因为他一定要从学习中获利"。

❋

古希腊人对待数学的态度与巴比伦人或古埃及人有着很大的区别。后两者很大程度上注重数学的实用性，即便"实用"可能指的是对齐金字塔的轴线，让法老的灵魂（ka）能够升向天狼星的方向。但对于古希腊的数学家来说，数学并不是偶尔用来支持神秘信仰的工具，它就是信仰的中心。

亚里士多德和柏拉图都提到过一个以毕达哥拉斯为中心的学派，他们活跃于大约前550年，认为数学，尤其是数，是万物的基础。这一学派发展出了关于宇宙和谐的神秘思想，一部分是基于他们发现了弦乐器上的和谐音符之间遵循着简单的数学模式。如果一根弦发出某个音，那么其一半长度的弦就会发出比前者高八度的音——这两个音构成的音程是最和谐的。他们研究了各种有规律的数，特别是多边形数，这些数目的物体可以排成正多边形。例如，"三角形数"1、3、6、10可以排成三角形，"正方形数"1、4、9、16可以排成正方形，见图2-1。

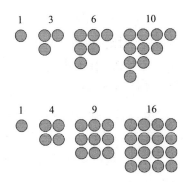

图2-1 三角形数和正方形数

毕达哥拉斯学派信奉某些狂热的数学命理学——比如认为2是雄性的，而3是雌性的——但是他们这种认为自然的深层结构具有数学性的观念一直延续至今，成为大多数理论科学的基础。虽然古希腊几何学后来不再那么神秘，但古希腊人普遍认为数学的终极目标就是它自身，它是哲学的一个分支，而非一种工具。

我们有理由相信，古希腊数学做到的还远不止这些。可以确信的是，可能曾经是欧几里得学生的阿基米德，利用他的数学才能为战争设计过功能强大的机械和引擎。极少数遗留下来的复杂的古希腊机械装置设计巧妙、制造精确，暗示着古希腊拥有高度发达的制造工艺传统——这就是"应用数学"的古老版本。最有名的例子可能是在安提基特拉小岛附近的海中发现的机械装置，它被用于天文现象的测算，由一大堆相互咬合的齿轮以复杂的方式组装而成。

欧几里得的《几何原本》很符合古希腊数学这种阳春白雪的观念——可能是因为这种观念很大程度上就是以《几何原本》为基础发展出来的。《几何原本》侧重于逻辑和证明，并没有实际应用的迹象。它对我们这本书最重要的地方不在于它已经涵盖的部分，而在于它没有涉及的内容。

※

欧几里得做出了两项伟大的创新。第一是提出了证明的概念：一个数学命题只有根据一系列逻辑步骤从一个已知为真的命题推导出来，才能被他认定为真命题。第二则是认识到任何证明过程一定都开始于某个初始命题，但这个初始命题却无法被证明。所以欧几里得预先陈述了五条基本假设（即公设）作为之后所有推论的基础。其中四条简单明了：过两点能且只能作一直线；线段可以无限延长；以任一点为圆心，任意长为半径，可作一圆；凡是直角都彼此相等。

但第五条公设却很不一样。它冗长而复杂，内容又完全称不上有多么合理或者显然。它主要的推论是平行线的存在——平行线是两条向同一方向无限延伸但永不相交的直线，永远保持相等的距离，就像无限长的笔直公路两侧的人行道一样。欧几里得实际的表述是，若两条直线都与第三条直线相交，并且在同一侧的内角之和小于两个直角之和，则这两条直线在这一侧必定相交。后来数学家发现，这一假设在逻辑上等价于通过（直线外）一点有且仅有一条该直线的平行线。

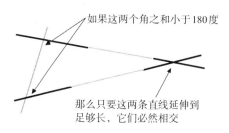

图 2-2　欧几里得第五公设

几百年来，第五公设一直被认为是一个瑕疵——要么可以通过其他四条公设推出它，从而去掉它，要么可以用更简单的、像其他公设一样显然的命题代替它。到了19世纪，数学家才认识到欧几里得加入第五公设是完全正确的，因为他们可以证明它确实无法从其他公设推导出来。

✳

对欧几里得来说，逻辑证明是几何学的基本特征，而时至今日，它也一直是整个数学的基础。一个缺少证明的命题，不论它有多少间接证据的支持，也不管它的推论可能有多么重大的意义，一定是存疑的。而物理学家、工程师和天文学家则有些瞧不起证明，觉得它学究气，而且只是皮毛而非根本，因为他们有一种十分有效的办法可以代替证明：观察。

例如，设想一个天文学家想要计算月球的运行轨迹。他会写下决定月球运动的数学方程，然后可能就会陷入僵局，因为似乎找不到精确求解的方法。因此天文学家可能会随意修改方程，引入各种用来简化的近似。数学家会担心这些近似可能会严重影响最后的结果，于是想要证明它们不会带来麻烦。而天文学家则有一种完全不同的办法来检验他的近似是否合理。他可以观测月球是否沿着他计算的轨迹运行。如果是，这就验证了他的方法是正确的（因为得到了正确的结果），同时也证实了背后的理论（同理）。这并不是循环论证，因为一种在数学上不成立的方法几乎不可能预测出正确的月球运动轨迹。

没有观察和实验这样的奢侈条件，数学家只能依靠内在逻辑验证他们的理论。一个命题的推论意义越重大，就越需要证明这一命题为真。所以当人们都希望一个命题为真，或者一个命题如果为真会导出重要推论的时候，证明就变得尤为关键。

证明不能凭空得来，也不能沿着先前的逻辑无限地回溯上去。它们必须以一个未加证明的初始假设作为起点，而按照定义，初始假设也不需要证明。如今我们把这类未被证明的初始假设称作公理。公理就是数学的游戏规则。

任何不认同公理的人只要愿意，是可以修改公理的，但修改公理以后，这部分数学就完全变成另一种游戏了。数学本身并不宣称某个命题为真：它只宣称，如果我们做出了种种假设，那么这个命题一定是来自假设的逻辑推论。但这并不是说公理是无法撼动的。数学家会争论某个公理体系是否比另外一个更适用于某种目的，或者一个公理体系是否具有本质上的优点和趣味。但是这些讨论与基于任何一个特定公理体系的数学游戏的内在逻辑无关，而是关于哪些游戏更有价值、更有趣、更好玩。

⁑

从欧几里得的公理中推出的结果——他长长的、精挑细选的逻辑推理链条——产生了无比深远的影响。例如，他以那个时代无可挑剔的逻辑，证明了但凡承认他的公理就必然可以得出以下这些结论：

- 直角三角形斜边上的正方形面积等于这个三角形另外两条边上正方形的面积之和。
- 存在无穷多个素数。
- 存在无理数（不能用分数准确表示的数），比如 2 的平方根。
- 有且仅有 5 种正多面体：正四面体、立方体、正八面体、正十二面体和正二十面体。

- 可以用尺规把任意一个角分为相等的两份。
- 可以用尺规作出3条、4条、5条、6条、8条、10条和12条边的正多边形。

我用现代的方式表述了这些"定理"——定理就是得到了证明的数学命题。不过，欧几里得采取的视角与我们有着很大区别：他并不直接研究数本身。我们眼中的数的性质在欧几里得那里都是用长度、面积和体积来表述的。

※

《几何原本》的内容主要分为两类。一类是定理，告诉你某些东西是正确的。另一类是作图，告诉你如何作出某些东西。

一个典型而著名的定理是第一卷的命题47，一般被称为毕达哥拉斯定理。这条定理告诉我们，直角三角形的最长边与另外两条边满足一种特殊关系。但是如果不做进一步的引申和解释，它并不会给出实现某个结果的方法。

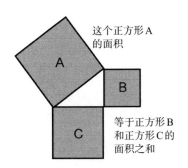

图2-3 毕达哥拉斯定理

而在本书中起到重要作用的一种作图则是第一卷的命题9，在这个命题中，欧几里得解决了"二等分角"的问题。在古代有限的技术条件下，欧几里得二等分角的方法可以说是十分简单同时又很巧妙了。

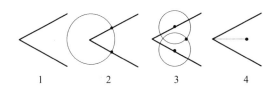

图2-4　如何用尺规二等分角

（1）给定两条线段的夹角；（2）以线段的交点为圆心用圆规作一个圆，这个圆与两条线段各自有一个交点（黑色圆点）；（3）分别以这两个交点为圆心作两个半径相等的圆，这两个圆又有两个交点（这里标出了其中一个）；（4）这两个点都在我们要作的角平分线（虚线）上。

照此步骤重复作图，就可以把一个角四等分、八等分，或者十六等分——每重复一次，等分的数目就增加一倍，于是我们就得到了2的任意次幂，即2、4、8、16、32、64等数目的等分角。

✳

我前面提到过，《几何原本》对我们的故事影响最大的地方不在于它涉及的内容，而在于它没有涉及的内容。欧几里得没有给出以下问题的解决方法：

- 把一个角分为相等的三份（"三等分角"）。
- 作一个正七边形。
- 作一条长度与给定圆的周长相等的线段（"圆周求长"）。
- 作一个与给定圆面积相等的正方形（"化圆为方"）。
- 作一个立方体，使其体积是给定立方体的两倍（"立方倍积"）。

有人说，古希腊人自己把欧几里得不朽巨著中的这些疏漏视为瑕疵，并付出了很多努力予以修补。但数学史研究者几乎没有找到支持这一说法的证据。事实上，上述问题古希腊人都能解决，但只能使用欧几里得体系之外的方法来解决。欧几里得的所有作图方法都只使用了一把没有刻度的直尺和一把圆规。而古希腊几何学家可以用一种被称为圆锥曲线的特殊曲线三等分；他们还可以用另一种被称为割圆曲线的特殊曲线化圆为方。另一方面，他们似乎并没有意识到，如果可以三等分角，就可以作出正七边形。（我指的就是正七边形。有了三等分角可以很容易地作出正九边形，但也有一种非常巧妙的方法可以作出正七边形。）事实上，他们显然完全没有跟进三等分角的后续研究。他们似乎无心于此。

后来，数学家开始用一种完全不同的视角看待欧几里得留下的这些疏漏。他们不再寻找新的工具来解决这些问题，而是开始思考如果只用欧几里得有限的工具——直尺和圆规——可以得到哪些结果（而且不允许用带刻度的直尺作弊：古希腊人早就知道，使用滑尺与两个对齐刻度的"纽西斯作图法"可以准确有效地三等分角。其中一种方法是阿基米德发明的）。搞清楚什么样的结果可以或不可以用尺规作图得到，并给出相应的证明，花费了很长时间。直到19世纪末我们才终于确认，上述的问题全部无法仅用尺规作图来解决。

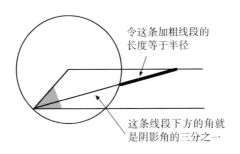

令这条加粗线段的
长度等于半径

这条线段下方的角就
是阴影角的三分之一

图 2-5　阿基米德三等分角的方法

这是一个重大的进步。数学家不再去证明某种特定方法可以解决某个特定问题，而是尝试去证明它的反面，一个很强的命题：没有任何一种这样那样的方法能解决这样那样的问题。数学家开始认识到数学中固有的局限性。数学家哪怕只是开始表述这些局限性，就标志着一种奇妙的转变，他们可以证明这些的确是真正的局限性了。

✻

为了避免误解，我想指出三等分角问题的几个重点。

首先，作图必须是精确的。这是古希腊理想化的几何形式所设定的严苛条件，在这样的理想体系中，直线没有宽度，点没有大小。要求把一个角分为严格相等的三部分，意味着这三部分不只到小数点后十位、后百位或者后十亿位的数字彼此相等，而是到无限位的数字都相等，即三等分的作图必须是无限精确的。不过也正是出于同样的原则，我们可以把圆规的一脚无限精确地放置在任何一个已经给出的，或者之后会被作出的点上；可以让圆规的半径无限精确地等于任意两点之间的距离；也可以画一条无限精确地穿过两点的直线。

但这些情况在混乱的现实中都不成立。那么欧几里得的几何学在现实生活中就没有用处了吗？当然不是。举例来说，如果你用一把真的圆规在一张真的纸上按照欧几里得的命题9作图，你会得到一条相当不错的角平分线。在计算机绘图发明以前，制图人员在工程图纸中都是这样平分角的。理想化并不是缺陷，而是数学得以指导现实生活的主要原因。在理想模型中进行逻辑推论是可能的，因为我们确切地知道对象具有哪些性质。但混乱的现实世界不是这样的。

但理想化也有其局限性，有时会让模型不适用于现实的情况。比如，无限细的直线就不如油漆刷出的粗线适合用来在马路上标记车道。模型必须针对合适的现实背景。欧几里得的模型针对的是帮助我们找出几何命题之间的逻辑依赖关系。它也有可能帮助我们理解现实世界，但这只是额外收获，绝不是欧几里得思想的核心。

下一个重点与上述讨论相关，但指向截然不同的方向。作图将一个角在百分之一或十万分之一的误差下近似地三等分，是完全没有问题的。误差水平是铅笔线宽度千分之一的话，对于工程制图来说完全足够了。但数学上的问题是要进行理想的三等分。任意一个角都能够被无限精确地三等分吗？答案是"不能"。

一个常见的说法是"无解是不能被证明的"，但数学家知道这是在胡说八道。无解自有其迷人之处，尤其是需要新的方法来证明它们的时候。那些方法往往比从正面求解更强大，也更有趣。当有人发明了一种新的方法来区分哪些图形可以用尺规作出而哪些不能的时候，你就拥有了全新的视角。随之而来的是全新的思想、全新的问题、全新的解法，以及全新的数学理论和工具。

人无法使用未被创造出来的工具。如果没有手机，你不可能用手机给朋友打电话。如果没有农业的发明或者火的发现，你也不可能吃到菠菜舒芙蕾。所以创造工具至少和解决问题一样重要。

角的等分与另一个更加优美的问题紧密相关：作正多边形。

多边形（英语polygon，来自希腊文"很多个角"的意思）是由线段构成的封闭图形。三角形、正方形、长方形、像◇这样的菱形，都是多边形。圆不是多边形，因为它的"边"是曲线，而不是一系列的线段。如果一个多边形的所有边长都相等，所有邻边组成的夹角也都相等，那么它就是一个正多边形。以下分别是3、4、5、6、7、8条边的正多边形：

图2-6　正多边形

它们的专业名称分别叫作等边三角形、正方形、正五边形、正六边形、正七边形和正八边形。而在讨论正65 537边形（我们在本书中确实会碰到它！）的时候，采用阿拉伯数字表示边数显然更为方便。

对于哪些正多边形可以由尺规作出，欧几里得和他的前辈们一定进行过大量的思考，因为他给出了很多正多边形的作图方法。这实际上是一个令人着迷而又十分棘手的问题。古希腊人知道如何作出

$$3, 4, 5, 6, 8, 10, 12, 15, 16, 20$$

条边的正多边形。而我们现在知道

$$7, 9, 11, 13, 14, 18, 19$$

条边的正多边形是无法被作出的。在上面这些数中，唯独17没有出

现。我们会在适当的时候讲到正十七边形，它的重要性是多方面的，不只体现在数学上。

在谈论几何问题的时候，什么都代替不了用真正的直尺和圆规在纸上把图形作出来的感觉。通过实际的作图，你可以体会到几何对象是如何组合在一起的。接下来我会向你介绍我最喜欢的作图过程——作正六边形（见图2-7）。这是我从20世纪50年代末我叔叔给我的一本叫作《凡人必度量》（*Man Must Measure*）的书中学到的，这本书非常有趣。

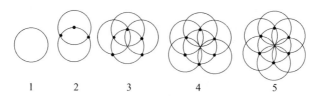

图2-7　如何作一个正六边形

把圆规的半径自始至终固定为一个值，这样所有圆的大小就都是相等的。（1）作一个圆。（2）在这个圆的圆周上任取一点，以之为圆心再作一个圆，与初始圆相交于两个新的交点。（3）以这两个新的交点为圆心再作两个圆，它们又与初始圆交于两个新的交点。（4）再以最新的这两个交点为圆心作两个圆，这两个圆与初始圆的交点是同一个点。现在，把初始圆上的这六个点相连，就可以得到一个正六边形。如果追求美感（在数学上并不必要）的话，可以再进行第（5）步把图形补充完整：以第六个交点为圆心再作一个圆。此时六个圆共同相交于初始圆的圆心，组成了花朵的图案，优美动人。

欧几里得的方法与这个很相似，更加简单，但没有这么漂亮。他还证明了他的方法的可行性，就在《几何原本》第四卷的命题15当中。

波斯的诗人

醒呀！太阳驱散了群星，

暗夜从空中逃遁，

灿烂的金箭，

射中了苏丹的高翎。[①]

对我们大多数人来说，奥马尔·海亚姆（Omar Khayyám）这个名字一直和讽刺长诗《鲁拜集》紧密地联系在一起，尤其是爱德华·菲茨杰拉德优雅的英译本。但对于数学史学家来说，海亚姆如此出名还有更重要的缘由。在西欧的学者纷纷堕入中世纪的黑暗时代，为了神学辩论而放弃了定理证明之后，是波斯和阿拉伯数学家擎起了古希腊人失掉的火把，继续推动数学向前发展，而海亚姆就是其中杰出的一位。

海亚姆的一个伟大成就，是他利用古希腊几何学的巧妙方法找

---

① 摘自《鲁拜集》，奥马尔·海亚姆著，郭沫若译，吉林出版集团有限责任公司，2009，译自菲茨杰拉德的英译本，后同。——译者注

到了三次方程的解。他的方法不可避免地超出了欧氏几何所默认的尺规作图的限制——因为尺规工具本来就不是针对这样的问题创造出来的。古希腊人已经强烈地察觉到了这一事实，但却无法证明，因为他们缺乏必要的视角：不是几何学，而是代数学的视角。不过海亚姆的方法并没有超出尺规作图太远。他依赖于一种被称为"圆锥曲线"的特殊曲线，之所以叫这个名称是因为这种曲线是由一个平面去截圆锥而得到的。

＊

科普写作中一个传统的说法是，每多一个方程，书的销量就会减半。如果真的是这样，那可不妙了，因为如果我不把个别方程展示出来，就没有人能够理解本书中一些关键的主题了。比如下一章是关于文艺复兴时期数学家的发现的，他们找到了求解任意三次和四次方程的公式。我可以不把四次方程的公式具体展示出来，但我们无论如何也要了解一下三次方程的公式。否则，我能告诉你的就只能是这样了："用某些数和另一些数相乘，再加上某些数，然后开平方，再加上一个数，然后开立方；之后换一些略微不同的数重复相同的步骤；最后，把两次的结果相加。哦，我忘记提了——你还得做一些除法。"

有些作者对科普书中不能包含方程的说法提出了挑战，他们甚至会写专门关于方程的书。他们似乎遵照了过去娱乐圈里的一句话："如果你不幸装上了假肢，就用它来跟人打招呼吧。"在某种意义上，可以说本书就是关于方程的；但就像写一本关于山的书不需要读者去爬山一样，写一本关于方程的书也不需要读者去解方程。就算如此，如果读者从来没有见过一座山，他们可能也无法理解一本关于山的书。所以在这本书里把几个我精心挑选的方程展示出来，对你我来说都是很有帮助的。

我的基本原则很大程度上是为你着想的："展示"方程。我只需要你看到方程，而不需要你对它做任何操作。必要的时候我会把方程拆分成几个部分，并且解释其中哪些特征对本书的叙述很重要。我绝不会要求你解方程或者对它做任何计算，在书中我也会尽可能地避开这些过程。

一旦熟悉了方程，你就会发现它们其实很容易理解。它们清晰、简洁，有时还很优美。关于方程的真相是，它是一种简单、明晰的语言，用来描述计算的某种流程，就像菜谱一样。我会尽量用语言来表述这些"菜谱"，或者略过不重要的细节让你明白大体上是怎么一回事。但在极少数情况下，用语言表述过于麻烦，我不得不使用一些符号。

本书中有三种重要的符号，我现在介绍其中的两种。首先是我们的老朋友 x，就是"未知数"。它代表一个我们尚且不知道的数，但我们正拼命地想要求出它的值。

第二种符号是一些小的上标数字，比如 ^{2}，^{3} 或 ^{4}。它们表示一个数与自身相乘的次数。所以 5^3 就表示 $5 \times 5 \times 5$，也就是 125，而 x^2 就表示 $x \times x$，这里的 x 就是我们前面所说的未知数。这些上标读作"平方""立方""四次方"等，统称为当前数的乘方或幂。

对于为什么要叫这样的名称，我一无所知。不过它们总要有个叫法。

✳

要么是巴比伦人解二次方程的方法流传到了古希腊人那里，要么是这方法被古希腊人重新发现了。海伦是一位生活在公元前100年到公元100年之间亚历山大城的数学家，他用古希腊术语讨论了一个典型的巴比伦式的问题。公元100年前后，尼各马可（Nichomachus）——可能是来自朱迪亚的阿拉伯后裔——写了一本《算术入门》，其中抛弃了古希腊人用诸如长度、面积等几何量来表示数的传统。对尼各马可来说，数表示的就是自己的量，而不是什么线段的长度。尼各马可属于毕达哥拉斯学派，这体现在他的著作中：他只研究整数和整数之比，并且从来不用符号来代表数。在接下来的1 000年里，这本《算术入门》被奉为算术学的圭臬。

符号的使用是在公元500年前后，通过一位名叫丢番图的古希腊数学家的工作进入代数学的。关于丢番图我们唯一知道的就是他的寿命，而且这一点的真实性还值得怀疑。在一本古希腊代数问题合集中有这样的一个问题："丢番图的童年占了他寿命的六分之一。经过十二分之一的寿命后，他长出了胡子。又过了七分之一，他结了婚，五年后他的儿子出生。儿子活了丢番图寿命的一半，而丢番图比儿子晚去世了四年。丢番图的寿命是多少？"

使用丢番图这位古代代数学家自己的方法或者更现代的方法，可以算出他活了84岁。这个岁数可以算是长寿了，如果这个代数问题是以事实为依据的话——但是这一点令人怀疑。

关于丢番图的生平，我们知道的就只有这么多。但关于他的著作，我们从后来的抄本以及其他文献的引述中知道了很多。他写过一本关于多边形数的书，其中一部分流传了下来。这本书沿用了欧几里得的形式，用逻辑推理来证明定理，不过这本书几乎没有数学上的意义。他的13卷本《算术》远比这本多边形数的书重要得多。多亏了13世纪的一份对于更早抄本的希腊文抄本，其中6卷才得以保存至今。在一份发现于伊朗的手稿中似乎出现了另外四卷的迹象，但不是所有的学者都相信它来源于丢番图。

《算术》由一系列的问题组成。丢番图在前言中说，这本书是他为一个学生写的练习册。他用一个特殊的符号代表未知数，并且用不同的符号——看上去是"dynamis"（平方）和"kybos"（立方）这两个单词的缩写——来表示这个未知数的平方和立方。丢番图的符号体系缺乏条理，他把两个符号相邻排列来表示它们相加（我们现在用这种方法来表示相乘），但又用一个特殊的符号表示减法。他甚至发明了自己的等号，虽然这可能是后来的抄录者添上的。

《算术》的内容大体上是关于解方程的。保存下来的第一卷探讨了线性方程；其他五卷研究了不同类型的二次方程（一般包含多个未知数），以及一些特殊的三次方程。一个重要的特征是，这些方程的解都是整数或有理数。现在我们把解位于整数或有理数范围内的方程称为"丢番图方程"。《算术》中一个典型的例题是："找出三个数，使它们的和以及其中任意两个数的和都是一个完全平方数。"你可以尝试一下解这个问题——这绝不容易。丢番图的答案是41、80和320。这三个数的和是 $441 = 21^2$。每两个数的和是 $41 + 80 = 121 = 11^2$，$41 + 320 = 361 = 19^2$，以及 $80 + 320 = 400 = 20^2$。这个解答非常巧妙。

丢番图方程在现代数论中非常重要。一个著名的例子是费马"最后的定理"[①]：将一个立方数分成两个立方数之和，或一个四次幂分成两个四次幂之和，或者更一般地讲，将一个高于二次的幂分成两个同次幂之和，是不可能的。对于平方来说这很简单，早在毕达哥拉斯时期人们就已经找到了很多满足条件的数：$3^2 + 4^2 = 5^2$ 或 $5^2 + 12^2 = 13^2$。但是对于立方、四次幂、五次幂，或者任何高于二次的幂来说，都找不到相应的数。大约在1650年，皮埃尔·德·费马在他自己的那本

---

① 即费马大定理。——译者注

《算术》书页的空白处潦草地记下了这一猜想（他并没有给出证明，因此这一猜想虽然名为"定理"，但名不副实）。数学界花了将近350年的时间试图证明它，直到安德鲁·怀尔斯（Andrew Wiles），一位生活在美国的英国数论学家，最终证明了费马是正确的。

数学的历史传承有时延续得非常长久。

✳

代数学真正登上数学的舞台是在830年，这时舞台中心已经从古希腊转移到了阿拉伯世界。那一年，天文学家穆罕默德·伊本·穆萨·花拉子密（Mohamed ibn Musa al-Khwarizmi）写了一本名为 *al-Jabr w'al Muqâbala* 的书，大致上可以译为《还原和化简的方法》，指的是一些标准的操作，可以把方程转换成易于求解的形式。这本书在12世纪的第一个拉丁文译本名为 *Ludus Algebrae et Almucgrabalaeque*（《还原和化简的方法》），英文中表示"代数"的词 algebra 就来自这个译名，源自阿拉伯语的 *al-jabr*。

花拉子密的著作当中既有受巴比伦与古希腊的前人影响的痕迹，也以600年前后印度数学家婆罗摩笈多（Brahmagupta）所提出的一些思想为基础。书中说明了线性方程和二次方程的解法。紧随花拉子密的后继者发现了一些特殊三次方程的解法。其中一位是塔比特·伊本·科拉（Tâbit ibn Qorra），他是医生、天文学家和哲学家，生活在巴格达，是一名异教徒；还有一位是活跃于埃及的哈桑·伊本·海什木（al-Hasan ibn al-Haitham），在后来的西方著作中通常被称作阿尔哈曾（Alhazen）。但是他们当中最著名的还是奥马尔·海亚姆。

奥马尔的全名是吉亚斯丁·阿布·法斯·奥马尔·伊本·易卜拉欣·内沙布里·海亚姆（Ghiyath al-Din Abu'l-Fath Umar ibn Ibrahim

Al-Nisaburi al-Khayyámi）。"al-Khayyámi" 的字面意思是"制造帐篷的人"，一些学者认为这正是他的父亲易卜拉欣所做的生意。奥马尔1047年出生于波斯，在乃沙不耳度过了他高产的一生中绝大部分的时光。在地图上这里现在叫作内沙布尔，是伊朗东北部霍拉桑省靠近马什哈德的一个城市，距离伊朗与土库曼斯坦的边界很近。

在一个有名的传说（并没有已知的事实依据）中，奥马尔年轻时离开家，师从生活在乃沙不耳的著名伊玛目[①]莫瓦法克（Mowaffak）学习伊斯兰教义和《古兰经》。在那里他与两个同窗哈桑·沙巴（Hasan Sabah）和尼札姆·穆勒克（Nizam al-Mulk）建立了友谊。他们三个人立下约定，如果任何一个人飞黄腾达——作为莫瓦法克的学生，这很有可能——就要与另外两个人同享他的财富和权力。

几年过得飞快，转眼间这几个学生完成了学业，而他们的约定依然有效。尼札姆去了喀布尔。奥马尔没有那么大的政治野心，做了一段时间"制造帐篷的人"——这也是他的名字的另一种可能的解释。科学和数学成为他的爱好，他把几乎所有的业余时间都花在了上面。最后，尼札姆回来了，谋得了一份稳定的政府公职，成了苏丹阿尔普·阿尔斯兰（Alp Arslan）的行政长官，在乃沙不耳有一处官署。

因为尼札姆现在富贵了，奥马尔和哈桑就去找他兑现约定。尼札姆请求苏丹允许他帮助这两个朋友，获准之后他果真履行了承诺。哈桑得到了一份俸禄丰厚的公职，而奥马尔只希望能在乃沙不耳继续他的科学研究，他会在那里祈祷尼札姆健康平安。尼札姆为奥马尔安

---

① 伊玛目是伊斯兰教教职称谓，意为领拜人、表率，在什叶派中也指宗教领袖。——译者注

排了政府俸禄，让他可以腾出时间进行研究，就这么兑现了当年的约定。

哈桑后来因试图扳倒一位上级官员而丢掉了他的闲差，而奥马尔这边则是风平浪静，被任命到一个负责改革历法的委员会中工作。波斯历法基于太阳的运行规律，而新年第一天的日期总是无法确定，非常混乱。这份工作正需要一位有能力的数学家，而奥马尔运用他的数学和天文学知识算出了任意一年的第一天应该在什么时候到来。

差不多在同一时期，他开始动笔写《鲁拜集》，大致可以翻译为"四行诗集"。"鲁拜"（rubai）这种诗体，每一首都是一个四行的诗节，有特定的押韵格式——更准确地说，每行都只能押两种韵脚中的一种——而"鲁拜集"则是把多个这样的诗节合在一起。其中有一节很明显与他改革历法的工作相关：

> 啊，人说是我的计算呀，
> 却曾把岁时改正，
> 岂知那只是从历数之中，
> 消去了未生的明日和已死的昨晨。

奥马尔的鲁拜有着鲜明的非宗教色彩。其中很多都颂扬了酒及酒的作用，比如：

> 日前，茅店之门未闭，
> 黄昏之中来了一个安琪；
> 肩着的一个土壶，他叫我尝尝；
> 土壶里原来是——葡萄的酒浆！

也有对酒的挖苦和暗讽：

> 莫问是在纳霞堡①或在巴比仑，
> 莫问杯中的是苦汁或是芳醇，
> 生命的酒浆滴滴地浸漏不已，
> 生命的绿叶叶叶地飘堕不停。

还有些诗节嘲讽了宗教信仰，其中一节想要知道苏丹对自己家仆的看法，以及伊玛目对自己讲经成果的看法。

与此同时，蒙羞的哈桑被驱逐出了乃沙不耳，与一伙土匪混在了一起，利用自己所受的上等教育当上了他们的首领。1090年，这伙土匪在哈桑的指挥下夺取了里海南岸厄尔布尔士山中的阿拉穆特堡垒。他们盘踞于此从事恐怖活动，哈桑成了臭名昭著的"山中老人"。他的手下因为吸食哈希什（大麻的浓缩物）被称为"食哈希什者"（Hashishiyun），他们在山中建了6个堡垒，经常从中突然窜出，杀害他们精心选定的宗教人士和政治人物。他们的名称就是"刺客"（assassin）一词的来源。就这样，哈桑也用自己的方式获得了作为莫瓦法克的学生应有的财富和名声，虽然他那时已经不愿意和昔日的同窗分享他的财产了。

在奥马尔计算天文表、研究三次方程解法的时候，尼札姆继续追求着他的政治事业，而极具讽刺意味的是，他最终被哈桑的匪帮暗杀。奥马尔活到76岁，据说死于1123年。哈桑则死于次年，活了84岁。匪帮的刺客不断制造政治动荡，直到蒙古人于1256年占领了阿拉穆特才把他们荡平。

---

① 乃沙不耳在诗歌中的翻译。——译者注

让我们回到奥马尔的数学成果上来：前350年前后，古希腊数学家梅内克缪斯（Menaechmus）发现了一种特殊的曲线——"圆锥曲线"，学者认为他想要用这种曲线来解决立方倍积问题。阿基米德提出了圆锥曲线的理论，而佩尔加的阿波罗尼奥斯（Apollonius of Perga）在他的著作《圆锥曲线论》中将其系统化，并进行了延伸。而让奥马尔·海亚姆特别感兴趣的是，古希腊人发现用圆锥曲线可以求解一些特定的三次方程。

这种曲线被称为圆锥曲线是因为它可以通过用平面切割圆锥而得到，用来切割的平面被称为截面。更准确地说，被切割的是对顶圆锥，就像两个尖顶相对的圆筒冰激凌那样。单个的圆锥由一系列相交于同一点的线段构成，这些线段的另一端形成一个圆，被称为圆锥的"底面"。但在古希腊几何中，线段都可以被任意延长，于是沿着通往圆锥顶点的方向延长这些线段就会得到对顶圆锥。

圆锥曲线有三种主要的类型：椭圆、抛物线和双曲线。椭圆是一种封闭的卵形曲线，在截面只截对顶圆锥中的一个圆锥时得到。（圆是一种特殊的椭圆，在截面正好垂直于圆锥的轴时得到。）双曲线包含两条对称的开口曲线，原则上可以延伸到无穷远，在截面同时经过对顶圆锥的两个圆锥时得到。抛物线是一种过渡形态，只有一条开口曲线，截面必须平行于圆锥表面的某一条从顶点到底面的线段。

在距离圆锥顶点非常远的地方，双曲线会无限接近于两条直线，被称为渐近线。用一个与当前截面平行并且经过顶点的平面截圆锥也会得到两条直线，渐近线与这两条直线互相平行。

古希腊几何学家对圆锥曲线的全面研究构成了他们在欧几里得思想之外最重要的进展。这些曲线在当今的数学中依然十分重要，但

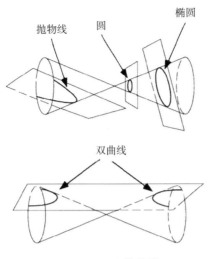

图 3-1 圆锥曲线

如今数学家的关注点却与古希腊人大相径庭。从代数的观点来看，它们是仅次于直线的最简单的曲线。圆锥曲线在应用科学中也起着重要的作用。太阳系中行星的运行轨道是椭圆，这是开普勒从第谷·布拉赫对火星的观测数据中推算出来的。牛顿确立著名的万有引力"平方反比定律"所依据的观测结果之一正是椭圆轨道。这转而又让人们认识到，宇宙的某些方面呈现出清晰的数学模式。行星运动可以被计算出来，由此开创了全新的天文学。

✳

奥马尔现存的数学研究中的绝大部分都是关于方程理论的。他研究了两种解法。第一种解法沿袭自丢番图，被他称为"代数"解法，更好的形容应该是"算术"解法。第二种他称之为"几何"解法，意思是解可以通过几何手段，由一定的长度、面积或体积构造出来。

奥马尔灵活运用圆锥曲线，得到了任意三次方程的几何解法，并写进他于1079年完成的著作《代数学》中。由于那时候人们对负数还没有认识，要保证方程每一项的系数总是正的，就要通过移项进行不同的排列，导致必须区分大量的不同情况。而现在在我们眼中，这些情况本质上都是同一个方程，只是系数的正负号不同。奥马尔根据各项在方程左右两边的位置把三次方程划分为14种，分别是：

（立方体的）体积 =（其中一个面的）面积 + 边长 + 一个数

体积 = 面积 + 一个数

体积 = 边长 + 一个数

体积 = 一个数

体积 + 面积 = 边长 + 一个数

体积 + 面积 = 一个数

体积 + 边长 = 面积 + 一个数

体积 + 边长 = 一个数

体积 + 一个数 = 面积 + 边长

体积 + 一个数 = 面积

体积 + 一个数 = 边长

体积 + 面积 + 边长 = 一个数

体积 + 面积 + 一个数 = 边长

体积 + 边长 + 一个数 = 面积

上面列出的每种情况中各项的系数都为正。你可能会觉得奇怪，为什么没有包括下面这样的情况：

体积 + 面积 = 边长

因为，在这种情况下我们可以在方程两边约去未知数，把它降为二次方程。

❋

奥马尔的解法并不是完全原创的，而是建立在先前古希腊人用圆锥曲线求解各种不同的三次方程的基础上。他系统地发展了前人的思想，并用其解出了上述所有的 14 种三次方程。奥马尔指出，以前的数学家已经找到了很多种情况下的解法，但它们都很特殊，每种情况下的解法使用的是不同的作图方法。在他之前没有人把所有可能的情况都找全，更别提求解了。"而我，正相反——我希望能精确地找出所有的情况，并区分哪些可解哪些不可解，这样的探求从来没有停止过。"他所说的"不可解"是指"没有正数解"。

为了体会一下奥马尔的方法，我们来看他如何解"一个体积，若干个边长和某数相加等于若干个面积"这一问题。我们把这个问题写作

$$x^3 + bx + c = ax^2.$$

（因为不用考虑系数的正负，我们可以把方程右边的项移到左边，并把系数 a 改成 $-a$：$x^3 - ax^2 + bx + c = 0$。）

在奥马尔的指导下，求解应按照以下的步骤。（1）作三条长度分别为 c/b、$\sqrt{b}$ 和 a 的线段，其中 c/b 与 a 在一条水平直线上，$\sqrt{b}$ 与之垂直。（2）作一个以水平线段为直径的半圆。延长竖直线段与半圆相交。用 d 表示加粗竖直线段的长度，如图作一条长度为 $cd/\sqrt{b}$ 的加粗水平线段。（3）作一条双曲线（加粗）经过刚刚作出的这个点，渐近线（双曲线会无限接近的特殊直线）用灰色线表示。（4）找到双曲线

和半圆的交点。图中两条标为 x 的加粗线段的长度，就都是这个三次方程的（正数）解。

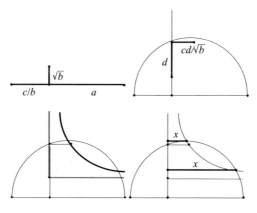

图 3-2　奥马尔·海亚姆的三次方程解法

像往常一样，我们只需关注求解的整体方式，具体细节无关紧要。无非是进行一些欧几里得式的尺规作图，加入双曲线，再来一些尺规作图——结束。

奥马尔用相似的作图方法解出了全部 14 种情况，并证明了方法的正确性。他的分析是有漏洞的：如果系数 a、b、c 的值不合适，他在作图中所需的点有时会不存在。比如上述的作图方法中，双曲线可能根本不会与半圆相交。但这些都是吹毛求疵，他的工作令人钦佩，也十分系统。

奥马尔的诗中有一些数学的意象，仿佛暗指了自己的工作，同样也是以那种我们熟悉的自我贬抑的语气：

"是"与"非是"虽用几何可以证明，

"上"与"下"虽用名学可以论定，

人所欲测的一切之中，

除酒而外呀，我无所更深。

其中有一节尤其引人注意：

我们不过是活动的幻影之群，

绕着这走马灯儿来去，

在个夜半深更，

点在幻术师的手里。

这让人想起柏拉图著名的洞穴之喻[①]。除了人类的境况，它同样很好地描述了代数学中的符号操作。对于这两者，奥马尔都是天才的记录者。

[①] 出自柏拉图的《理想国》，洞穴中的囚徒只能看到物体被火光映照在洞壁上的影子，会认为那就是真实。柏拉图明确指出囚徒与我们很像，即是说他们代表人类的状态；而囚徒被拉出洞穴的过程则类似于通过教育而获得启蒙的过程。——译者注

嗜赌的学者

"我以上帝神圣的福音书与我的名誉向你发誓，如果你把你的发现教给我，我不仅不会把它们对外发表，而且作为一位虔诚的基督徒，我愿以我的信仰对你承诺，我会将它们记为密码，这样在我死后就没有人能够看懂它们了。"

据说这个庄重的誓言是在1539年许下的。

文艺复兴时期的意大利是孕育创新的摇篮，数学也不例外。在那个时代革故鼎新的氛围中，数学家决心突破经典数学的局限。其中一位解出了神秘的三次方程。而现在，他却指控另一位窃取了他的秘密成果。

这位愤愤不平的数学家是尼科洛·丰塔纳（Niccolo Fontana），绰号叫作"塔尔塔利亚"（Tartaglia），是结巴的意思。被指控的那位窃取知识成果的小偷，是一位数学家和医生，也是一个无可救药的流氓和积习难改的赌徒。他名叫吉罗拉莫·卡尔达诺（Girolamo Cardano），也称杰尔姆·卡当（Jerome Cardan）。大约1520年，吉罗拉莫这个彻头彻尾的败家子想方设法取得了父亲的遗产。挥霍一空之后，他转向赌博，以此作为收入来源，并且有效地利用他的数学才能来估算获胜的概率。和他一起赌博的同伴并不可靠，有一次，他怀疑一个玩家作弊，就用刀划破了对方的脸。

那是一段难对付的日子，而吉罗拉莫也是个难对付的人。他还是一位很有原创力的思想家，写出了历史上最著名、最有影响力的代数学著作之一。

❋

我们之所以对吉罗拉莫有这么多的了解，是因为他在1575年把自己的一切都写进了《我的生平》这本书中。书是这样开头的：

> 我着手在写的这本生平之书，是参照哲学家皇帝马可·奥勒留的先例来写的。他被称颂为世上最聪慧、最好的人。我深知凡人所做出的任何成就都是不完美的，更难免受人诽谤；但同时我也知道，其他任何有可能实现的人生目标，虽然看上去更为诱人，但都不如认识真理来得更有价值。
>
> 我愿申明，写这本书既不是爱慕虚荣，也没有添油加醋；而是尽可能只记录我的切身经历，以及一些我的学生……知道或参与的事件。从我的一生中截取的这些瞬间，又被我用叙述的口吻写了下来，形成了这本属于我自己的书。

和当时许多数学家一样，吉罗拉莫也研习占星术，并且记下了自己出生前后的星象：

> 听说我的母亲曾经用过很多种堕胎药，但都没有成功，我还是在1500年9月24日正常出生了，时间就在入夜后的半小时

到三刻钟之间……因为各个星体的位置互相不协调，火星对每个星体都产生了不好的影响，而它与月亮的相位呈刑相[①]。

……如果不是上一次合相[②]发生在水星掌管的处女座29度位，我很可能已经是一个妖怪了。而且无论是水星、月亮还是上升星座的位置都不相同，在整个处女座第二区间中也没有出现这样的情况。所以我差点儿就成了一个妖怪，而的确就在千钧一发的时候，我从母亲的子宫里被扯了出来（确实是"扯"出来的）。

我就这么出生了，或者说是被我母亲用暴力方法弄了出来，几乎夭折。我拥有一头卷曲的黑发。我是被浸泡在热葡萄酒中苏醒过来的，要是对其他婴儿这么做可能会致命。母亲生产了整整三天才生下我，而我竟然活了下来。

《我的生平》中有一章列出了吉罗拉莫的著作，其中排在第一位的是《大术》（*The Great Art*），是他提到的三部"数学论著"中的一部。另外，他还写过天文、物理、道德、宝石、水、医药、占卜和神学方面的著作。

他的著作中只有《大术》与我们的故事有关，这本书的副标题——"代数的法则"——就说明了原因。书中，吉罗拉莫不仅集合了巴比伦人就已了解的二次方程的解法，还加入了新发现的三次和四次方程的解法。与奥马尔·海亚姆的解法不同，《大术》中的解法并不依赖圆锥曲线的几何形状，而是纯粹的代数方法。

---

① 刑相是占星学用语，指两个星体在星图中的方向成直角，又称四分相。——译者注

② 合相是占星学用语，指两个或多个星体处于星图中同一星座内，位置相近。——译者注

※

　　我之前提到过两种数学符号，它们在一些表达式中会同时出现，比如 x^3，表示未知数的三次方。第一种符号用字母（如这里的 x）来表示数——未知数，或者任意的已知数。第二种符号用上标数字来表示幂次——因此这里的上标 ^{3} 表示三次方 $x \times x \times x$。现在我们要讲到第三种符号，也是我们需要用到的最后一种符号。

　　这第三种符号非常漂亮，看上去是这样：$\sqrt{}$。这个符号表示"平方根"。比如 $\sqrt{9}$，即"9的平方根"，意思是这个数乘以自身等于9。因为 $3 \times 3 = 9$，所以 $\sqrt{9} = 3$。但不是所有平方根都这么简单。最臭名昭著的就是2的平方根，$\sqrt{2}$。在一个非常不可靠的传说中，这个平方根导致让它获得关注的数学家——米太旁登的希帕索斯（Hippasus of Metapontum）——被抛下了船[①]。要想用小数精确地表示它，数字会无限延续下去。它的开头是这样的：

$$1.414\ 213\ 562\ 373\ 095\ 048\ 8,$$

但不能在这里停下来，因为以上这个小数的平方实际上是

$$1.999\ 999\ 999\ 999\ 999\ 999\ 995\ 223\ 566\ 639\ 074\ 381\ 44,$$

显然并不完全等于2。

　　与之前介绍的符号不同，这次我们终于知道这个符号的来源了。它是字母 r 的变形，代表 radix，即"根"（root）的拉丁语。数学家就

[①]　相传，生活在前5世纪的希帕索斯发现了一个腰为1的等腰直角三角形的斜边（即2的平方根）永远无法用最简整数比来表示，从而发现了第一个无理数，推翻了毕达哥拉斯的著名理论。希帕索斯不顾毕达哥拉斯的禁止把这一发现传了出去，后被毕达哥拉斯派来的人抛入大海。——译者注

这样理解根号，并把$\sqrt{2}$读作"根号2"。

立方根、四次方根、五次方根等则是在"根号"前加一个上标的小数字来表示，即：

$$\sqrt[3]{}, \sqrt[4]{}, \sqrt[5]{}$$

一个数的立方根就是立方等于这个数的数，四次方根、五次方根等以此类推。所以8的立方根是2，因为$2^3 = 8$。同平方根的情况一样，用小数也只能近似地表示2的立方根。它是这样开头的：

$$1.259\ 921\ 049\ 894\ 873\ 164\ 8$$

并且向后延续。如果你有足够的耐心，数字可以永远地延续下去。

正是这个数出现在了古老的立方倍积问题当中。

✳

到公元400年的时候，数学的最前沿已经由希腊东移到了阿拉伯、印度和中国。欧洲堕入了"黑暗时代"，虽然不像人们描绘的那么暗无天日，但那也是足够黑暗的一段时期。基督教的传播带来的副作用是，学习和研究都集中在教堂和修道院之内，这是很不幸的。很多修士抄录了欧几里得等大数学家的著作，但几乎没有人理解他们所抄的内容。古希腊人可以从两端开凿穿山隧道，最终使隧道在中间相会；而早期的盎格鲁-撒克逊人测量土地时则必须在地上摊开图样，而且还是全尺寸的。可见，此时甚至连按比例尺制图的概念都已经失传了。如果盎格鲁-撒克逊人想要绘制一幅精确的英格兰地图，那这张地图就必须跟英格兰一样大。他们也绘制过传统尺寸的地图，但都不太精确。

而到了15世纪末，数学活动的中心再一次移回了欧洲。在中东和远东地区的创造力枯竭的时候，欧洲重新焕发了活力，努力挣脱罗马教会的控制，不再受制于教会对新事物的畏惧。讽刺的是，此次知识运动的新中心正是意大利——罗马教会起火的后院。

这场欧洲科学和数学的重大变革始于一本书的出版。1202年，比萨的莱昂纳多（Leonardo of Pisa）出版了《算盘书》（*Liber Abbaci*）。很久之后人们给他起了绰号"斐波那契"（Fibonacci）——意为波那乔的儿子，而如今他就是以这个名字闻名于世，尽管这个名字19世纪才被创造出来。莱昂纳多的父亲吉列尔莫是贝贾亚（位于今阿尔及利亚）的一名海关官员，在工作中必定接触过许多来自不同文化背景的人。他把印度人和阿拉伯人发明的新式数字符号教了儿子，这些符号正是我们如今使用的十进制数字0到9的前身。后来莱昂纳多写道，他"太喜欢这些（数学上的）教导了，以至于在前往埃及、叙利亚、希腊、西西里和普罗旺斯出差时也在继续学习数学，并且十分享受与当地学者进行辩论"。

乍看标题，莱昂纳多这本书似乎是关于算盘的，这是一种机械运算装置，通过在线上滑动的珠子，或者沙沟之中的鹅卵石进行运算。但就像拉丁语中calculus这个词起初表示这些鹅卵石中的一块，后来却获得了专业性更强的另一种含义（计算）一样，abbaco这个词也不再专指算盘，而是演变出了"计算之艺术"的含义。《算盘书》，或称《计算之书》，是第一本将印度–阿拉伯符号和方法推广到欧洲的算术著作。这本书用很大的篇幅讲了这种新式算术在实际问题，比如货币兑换中的应用。

书中有一个问题，是关于兔子繁殖数量增长的理想模型的，从中产生了这样一个引人注目的数列：1，1，2，3，5，8，13，21，34，55，如此等等，其中从2开始的每个数都是前面两个数的和。这个"斐波那契数列"是莱昂纳多赖以成名的关键——并不是因为它对兔子繁育问题有多大意义（它在这一问题上其实毫无意义），而是因为它引人注目的数学形式以及在无理数理论中所起的重要作用。莱昂纳多完全不会知道，这个小小的思维游戏足以使他一生中所有其他的工作都黯然失色。

莱昂纳多还写过其他几本书，他1220年的《实用几何》(*Practica Geometriae*) 中包含了很大一部分的欧几里得几何学，以及一些古希腊三角学的内容。欧几里得《几何原本》的第十卷讨论了由嵌套的平方根组成的无理数，其形式为 $\sqrt{a+\sqrt{b}}$。莱昂纳多证明了用这种形式的无理数不足以求解三次方程。这并不是说三次方程的解无法用尺规作出，因为把平方根用其他的形式组合起来可能能得到解。但这第一次暗示了，只用欧几里得的方法可能无法求解三次方程。

1494年，卢卡·帕乔利（Luca Pacioli）将大部分既有的数学知识汇总了一本关于算术、几何与比例的书中，其中包括了印度-阿拉伯数字、商业贸易中的数学、欧几里得理论概要，以及托勒密三角学。这本书一个贯穿始终的主题就是大自然的设计元素都以比例的形式呈现——比如人体、艺术中的透视法，以及色彩理论。

帕乔利延续了"修辞"代数的传统，使用文字而不是符号来表述数学关系。未知数叫作"东西"，在意大利语中是cosa，有一段时间，研究代数的人就被称为"东西家"（cossist）。他还使用了一些标准的缩写形式，继承了由丢番图开创的缩略代数方法（但没有改进和发展它）。对此，莫里斯·克莱因（Morris Kline）在他的杰作《古今数学思想》中做出了有力的论述："帕乔利（这本书）对1200至1500年之间算术和代数的发展只是一个很有意义的数学注解，并不比比萨的莱昂纳多的《算盘书》内容更多。事实上，（帕乔利书中的）算术和代数……是根据莱昂纳多的书而写的。"

帕乔利在他的书的末尾评论道，对于三次方程的求解，我们的理解和对化圆为方一样有限。但情况很快就会改变。第一个重大突破发生在16世纪30年代的博洛尼亚，起初并未引起人们的注意。

✳

吉罗拉莫·卡尔达诺是米兰律师法齐奥·卡尔达诺（Fazio Cardano）的私生子，他的母亲基娅拉·米凯里亚（Chiara Micheria）是一位年轻寡妇，在上一段婚姻中已经生有三个孩子。1501年，吉罗拉莫出生于帕维亚，那里隶属于米兰公国。当瘟疫传播到米兰时，怀孕的基娅拉在劝说下搬到了乡下，在那里生下了吉罗拉莫。而她另外三个年纪大一些的孩子留在了米兰，全部死于这场瘟疫。

根据吉罗拉莫的自传，

> 我的父亲穿着紫色的斗篷，这种衣服在我们周围是不常见的；他时时刻刻都戴着一顶黑色小无檐帽……他从55岁起牙齿就掉光了。他熟读欧几里得的著作；由于大量的伏案学习，他确实有些驼背，肩膀也不再舒展……我的母亲很易怒；她记忆力极强，敏捷而聪慧，是一个丰满、虔诚的小个子女人。父母两人都是急性子。

虽然法齐奥的职业是律师，但他精通数学，足以给达·芬奇提出几何方面的建议。他在帕维亚大学和米兰的皮亚蒂基金会教授几何学，也教他的私生子吉罗拉莫学习数学和占星学：

> 在我很小的时候，我的父亲就教我算术的基础知识，同时

让我接触了一些神秘的东西；我完全不知道他是从哪里学来的这些。不久之后，他又教我阿拉伯占星学的原理……我12岁之后，他开始教我欧几里得《几何原本》的前六卷。

这个孩子的健康状况不是很好，想让他继承家业的期望落空了。吉罗拉莫成功说服了持怀疑态度的父亲，让他到帕维亚大学学习医学，虽然父亲更希望让他学习法律。

1494年，法国的查理八世入侵意大利，随后的战争断断续续地持续了50年。帕维亚大学因战事爆发而关闭，吉罗拉莫转到帕多瓦继续学业。无论从哪方面讲，吉罗拉莫都是一流的好学生，法齐奥去世时他正在竞选学生代表的职位。虽然很多人不喜欢他的直言不讳，但他还是以一票的优势当选上任。

也正是在这个时候，他将遗产挥霍一空，开始赌博，在混乱的余生中一直都没能戒掉赌瘾。不止如此：

> 我从很小的时候起就醉心于剑术，认真进行各个等级的练习。直到后来，经过不懈的训练，即使在最勇武的人当中我也有了一席之地……夜里，即使违反公爵的禁令，我也会佩剑在居住的城市中潜行……我用黑色羊毛兜帽遮住自己的脸，穿着羊皮做的鞋子……我经常整夜游荡，直到天明，流着汗，冀望着用我的乐器奏响一曲小夜曲。

这简直让人不敢想象。

在1525年获得了医学学位之后，吉罗拉莫想要加入米兰的医师学会，但是被拒绝了——名义上因为他是私生子，但其实更大程度上是因为人人都知道他处事不够圆滑。由于未能加入这个有名望的学会，吉罗拉莫便到萨科附近的村庄做了医生。这给他带来了微薄的收入，但境况时好时坏。他娶了民兵队长的女儿露西娅·班达里尼（Lucia Bandarini）为妻，搬到了离米兰更近的地方，希望多挣点儿钱以维持家用，但医师学会再一次拒绝了他。由于不能合法行医，他又重新开始赌博，但连他高超的数学专业知识都没能让他富裕起来：

> 或许我压根儿就不配被赞美。由于我无疑对棋盘和骰桌有着无度的痴迷，我知道我一定只配得到最严厉的谴责。多年来我两种都赌，赌棋超过四十年，赌骰子差不多二十五年；而且不只是每年赌，而且是——说出来我自己也很羞愧——每天都赌，并且会立刻失去理智、财物和时间。

最后一家人家徒四壁，家具和露西娅的首饰早就被当掉了。"我本拥有长久而光荣的事业。但我远离了荣誉和收入，却选择了无谓的炫耀和不合时宜的欢愉！我毁掉了自己！我已经死了！"

他们的第一个孩子出生了：

> 在经历了两次流产以及生下两个只活了四个月的男婴之后，以至于我……有时怀疑是凶星作祟，我的妻子终于产下了我的第一个儿子……他右耳失聪……左脚的两个脚趾……被一块肉膜连在一起。他的背有点儿驼，但未到畸形的程度。这个男孩平静地生活了23年。后来，他恋爱了……娶了一个没有嫁妆的妻子，名叫布兰多尼亚·迪塞罗尼。

这时，吉罗拉莫过世的父亲拯救了他们，以一种迂回婉转的方式。法齐奥的大学教职还一直空缺着，而吉罗拉莫得到了这份工作。

此外，尽管没有执照，他还偶尔兼职行医。他让好几个病人起死回生——从那时的医疗状况来看，可能只是由于幸运——这给他带来了很高的名望。甚至医师学会的一些成员也向他请教医疗问题，他一度看起来终于有可能进入这个受人敬重的机构了。但是吉罗拉莫的耿直再一次让这件事打了水漂：他发表了一篇文章，尖刻抨击了学会成员的才能和素质。吉罗拉莫深知自己不善处世，但显然并不认为这是什么过错："作为一名讲师和辩论者，我的真诚和准确远胜于审时度势。"1537年，由于不够审慎，他最新的一次申请又被驳回了。

但是他的名声越来越响亮，以至于学会最后完全没有了选择的余地，两年后他就成了其中的一员。情况开始好转，在他出版了两本数学著作之后，一切都更加顺利了。吉罗拉莫的事业在好几个方面齐头并进。

✳

差不多就在这段时间，塔尔塔利亚取得了一个重要的突破——他成功求解了一大类三次方程。几经劝说，他很不情愿地把自己的重大发现透露给了吉罗拉莫·卡尔达诺。6年后，当塔尔塔利亚拿到一本卡尔达诺代数著作《大术：代数的法则》的抄本，发现里面完整揭露了他的秘密发现时，他的暴怒就完全不足为怪了。

卡尔达诺并未剽窃荣誉，因为他完全承认了塔尔塔利亚的贡献：

> 当前，博洛尼亚的希皮奥内·德尔费罗（Scipione del Ferro）解决了未知数的三次方和一次方之和等于一个常数的问题，这是一项非常优雅且了不起的成果……与之相仿的是我的朋友，布雷西亚的尼科洛·塔尔塔利亚……他在与（德尔费罗的）学生

安东尼奥·玛利亚·菲奥尔（Antonio Maria Fior）的一场竞赛中解决了同样的问题，并且在我的百般恳求之下，把结果交给了我。

尽管如此，塔尔塔利亚看到自己珍贵的秘密被公之于世还是感到恼怒，更让他恼怒的是，他发现人们只会记住书的作者，而不是这个过去的秘密真正的发现者。

这是塔尔塔利亚对此事的看法，而绝大部分现存的证据都以这样的观点作为基础。理查德·威特莫（Richard Witmer）在自己翻译的《大术》中也指出："我们几乎只依赖于塔尔塔利亚的书面描述，这无论怎么想都是不客观的。"后来，卡尔达诺的一个助手洛多维科·费拉里（Lodovico Ferrari）称两人那次会面时他在场，当时两人并没有定下任何保密协议。费拉里后来成了卡尔达诺的学生，他解出了——或者帮助别人解出了——四次方程，所以也并不能认为他比塔尔塔利亚更加客观。

对可怜的塔尔塔利亚来说，解法被公布给他带来的损失不仅仅是失去荣誉那么简单。在文艺复兴时期的欧洲，秘密的数学发现可以换来真金白银，方式不只有卡尔达诺喜爱的赌博，还包括公开竞赛。

人们常说，数学不是一种面向观众的竞技性活动，但是在16世纪却并非如此。那时的数学家通过在公开竞赛中相互挑战，可以过上还不错的生活。竞赛中，每个人都要给对手设置一系列问题，谁答对得多，谁就获胜。这种竞赛虽然不如徒手搏斗或者比剑刺激，但观众照样可以投注打赌谁会获胜，即便他们完全不懂题目是如何解出来的。除了奖金，胜者还可以吸引学生跟他学习，而这些学生都是要交学费的。所以公开竞赛实在是利润丰厚，一举两得。

＊

塔尔塔利亚并不是第一个发现三次方程代数解法的人。1515年前后，博洛尼亚的教授希皮奥内·德尔费罗就解出了若干种类型的三次方程。德尔费罗去世于1526年，他的论文和教职都由女婿安尼巴莱·德尔纳韦（Annibale del Nave）继承。我们可以确切地知道这些，是因为在E. 巴尔托洛蒂（E. Bartolotti）的努力下，这些论文于1970年前后在博洛尼亚大学图书馆重见天日。巴尔托洛蒂认为，德尔费罗可能发现了三类三次方程的解法，但是他只传下来其中一种：未知数的三次方加未知数等于一个数。

德尔纳韦，以及德尔费罗的学生安东尼奥·玛利亚·菲奥尔，把这一解法保存了下来。菲奥尔决心做一名数学老师，以此赚钱。他想到了一个有效的营销策略：1535年，他在一场求解三次方程的公开竞赛中向塔尔塔利亚发起了挑战。

有传闻说已经有人找到了三次方程的解法，而没有什么比得知一个问题有解更能鼓舞数学家的了。在没有答案的问题上白费功夫的风险已经被排除，如今的主要威胁仅仅是，你可能不够聪明，找不到那个必然存在的答案。你只需要强大的自信，而数学家极少缺乏自信——哪怕它其实是错误的。

塔尔塔利亚同样发现了德尔费罗的解法，但是他怀疑菲奥尔还知道其他类型三次方程的解法，从而拥有极大的优势。塔尔塔利亚在记录中表明，他为此十分担忧，终于在竞赛快要开始前解出了其余类型的三次方程。于是现在，塔尔塔利亚成了占优势的一方，并一举击败了倒霉的菲奥尔。

这场大胜的消息不胫而走，卡尔达诺在米兰听说了此事。当时他正在写他的代数著作，和所有真正的作者一样，卡尔达诺也决心要把所有最新的发现都写进书中，否则他的书在出版之前就已经过时了。所以卡尔达诺找到了塔尔塔利亚，希望能把他的解法套出来，写到自己的《大术》中去。但塔尔塔利亚拒绝了，他说他打算自己写一本书。

但是最终，卡尔达诺的坚持不懈有了回报，塔尔塔利亚吐露了秘密。他在得知卡尔达诺的书即将面世的情况下，究竟有没有要求卡尔达诺发誓保守秘密呢？还是说，他无法招架卡尔达诺的花言巧语，但后来又反悔了？

无疑，在《大术》出版后，塔尔塔利亚是极度愤怒的。没过一年，他就出版了自己的《各种问题和发明》一书，在其中毫不含糊地大力抨击了卡尔达诺。书中详细列出了他们之间所有的通信往来，内容应该与原件一字不差。

1547年，费拉里站出来支持他的主人。他发出了一份挑战书——在塔尔塔利亚关心的所有问题上向他发起辩论挑战。他甚至提供了200斯库多[①]作为奖金。费拉里的观点很明确："我要让人们知道，你写的东西都是造谣中伤和可耻的诽谤……与吉罗拉莫先生相比，你根本不值一提。"

费拉里将这份战书分发给了意大利的很多学者和公众人物。9天之内，塔尔塔利亚以他自己对事实的陈述作为回应，而两位数学家在18个月间你来我往，一共交换了12封挑战书。辩论似乎遵循了一场真正决斗的标准规则。受到费拉里羞辱的塔尔塔利亚被允许挑选自己的武器——辩论主题。但他坚持要和卡尔达诺辩论，而不是向他提出挑战的费拉里。

费拉里冷静地指出，无论如何都是德尔费罗而非塔尔塔利亚首

---

① 斯库多（scudo）是19世纪以前意大利的银币单位。——译者注

先解出了三次方程。既然德尔费罗都没有因为塔尔塔利亚对这一荣誉的不当索求而大惊小怪，为什么塔尔塔利亚就不能这样呢？这是一个非常有力的论点，塔尔塔利亚或许也意识到了，因为他考虑过退出辩论。但他并没有这么做，其中一个可能的原因在于他的家乡布雷西亚的几位市议员。塔尔塔利亚正在谋求那里的一个讲师职位，而这些当地的政要可能想看看他如何为自己正名。

无论如何，塔尔塔利亚终究是同意了参加辩论。这场辩论于1548年8月在米兰的一座教堂举行，观看者众多。辩论过程没有留下任何为人所知的记录，除了塔尔塔利亚曾提到，辩论在晚餐时间匆匆结束，这暗示出这场辩论可能并不太激动人心。不过似乎结果是费拉里轻松取胜，因为之后他获得了一个肥差，成了米兰总督的估税员，不久就腰缠万贯了。而塔尔塔利亚从未声称自己赢得了辩论，也没有得到布雷西亚的那份工作，并且承受了无数的反责。

塔尔塔利亚不知道的是，卡尔达诺和费拉里采取了完全不同的防守策略。他们去了博洛尼亚，翻阅了德尔费罗的论文，包括记载首个真正的三次方程解法的那一篇。后来他们两人都坚称《大术》中的内容来自德尔费罗的原始著作，并不是塔尔塔利亚出于信任告诉卡尔达诺的，而之所以提到塔尔塔利亚只是为了记录卡尔达诺自己是如何得知了德尔费罗的著作。

但故事最后峰回路转。1570年，就在《大术》第二版发行之后不久，卡尔达诺被宗教裁判所监禁了。监禁的理由在此前看起来非常无辜：并不是因为这本书的内容，而是题献。卡尔达诺决定把书献给一个名不见经传的学者安德烈亚斯·奥西安德尔（Andreas Osiander）。此人是宗教改革中的一个小人物，但人们强烈怀疑他就是尼古拉·哥白尼《天体运行论》中一篇匿名前言的作者。《天体运行论》第一次提出了行星围绕太阳而不是地球运行的日心说，而教会把这一观点视

为异端，在1600年把坚持日心说的焦尔达诺·布鲁诺活活烧死——在
罗马鲜花广场把他赤身裸体地倒挂在火刑柱上，还塞住了他的嘴。
1616年和后来的1633年，伽利略也因相同的原因遭受了很多苦难，
不过幸好对那时的宗教裁判所来说，只对他实行软禁就足够了。

※

要理解吉罗拉莫和他的同胞们的成就，我们必须回顾一下解释
二次方程解法的巴比伦泥板。如果按照他们的步骤计算并用现代符号
表示，会发现巴比伦书吏记下的二次方程 $x^2 - ax = b$ 的解实际上是

$$x = \sqrt{\left(\frac{a}{2}\right)^2 + b} + \frac{a}{2}$$

这等同于每个学生都要熟记的二次方程求根公式，现在在每一
本教科书中都能找到。

文艺复兴时期的三次方程解法与此相似，但更加复杂。用现代
符号表示是这样的：假设 $x^3 + ax = b$，那么

$$x = \sqrt[3]{\frac{b}{2} + \sqrt{\frac{a^3}{27} + \frac{b^2}{4}}} + \sqrt[3]{\frac{b}{2} - \sqrt{\frac{a^3}{27} + \frac{b^2}{4}}}$$

在不断发展的公式当中，这一个还算是相对简单的（相信
我！），但你需要事先掌握大量的代数概念才能把它描述得很简单。
这是目前我们遇到的最复杂的公式，用到了我介绍过的全部三种符
号：字母、上标数字以及 $\sqrt{\ }$ 符号，既有平方根也有立方根。你没必
要理解这个公式本身，当然也没必要对它进行计算。但你需要了解它
的一般形式。首先我要介绍几个术语，这些术语在接下来的讲述中十
分有用。

像 $2x^4 - 7x^3 - 4x^2 + 9$ 这样的代数表达式叫作多项式，意思是"很多项组成的式子"。这样的表达式是由未知数的不同次幂相加构成的。2、-7、-4和9这些与未知数的幂相乘的数叫作系数。表达式中未知数最高次幂的次数叫作多项式的次数，所以这个多项式是四次多项式。多项式对应的方程 $2x^4 - 7x^3 - 4x^2 + 9 = 0$ 的解叫作多项式的根。

现在我们可以拆分一下卡尔达诺的公式。它由系数 a 和 b 构成，进行了一些加减乘除（但只被特定整数除，即2、4和27）。其中有两个难点：首先是平方根——实际上同一个平方根出现在了两个地方，但一个是被加上，另一个是被减去；然后是两个立方根，而且是里面包含了平方根的立方根。因此，除了简单的代数运算（我指的是移项等运算）之外，这个解的结构就是"开平方，然后开立方；重复一次；把两次的结果相加"。

这就是我们所需的全部背景知识了，但我认为这些是必须要知道的。

文艺复兴时期的数学家最初没能发现，这个公式并不只能解某一种类型的三次方程，而后来者很快就意识到了这一点。这是一个适用于所有类型三次方程的完整解，只需要增减一些简单的代数运算就可以了。从最简单的开始，如果三次项从 x^3 变成 $5x^3$，你只需要把整个式子除以5——这一点文艺复兴时期聪明的数学家们肯定还是能想到的。然后是一个有些微妙的想法，要想到这一点，我们对于数的理解需要经历一场无声的革命：在必要时允许系数 a 和 b 为负，这样就可以省去很多徒劳无功的方程分类。最后，还有一个纯粹的代数技巧：如果方程含有未知数的平方，你总能把它解决掉——把 x 替换成 x 加一个仔细选定的常数，如果你选对了，平方项就会神奇地消失。在这里，不区分正数和负数同样有所帮助。文艺复兴数学家担心有些缺失的项会导致不同的情况，但是用现代的眼光来看，这显然不再是问题：缺失的项并没有真的消失，只是系数为0而已。同样的公式全都适用。

⁂

问题解决了吗？

没有完全解决。我说谎了。

我的谎言在于，我说卡尔达诺的公式可以解出所有的三次方程。但是在某种层面上，这么说是不对的，而这一层面实际上还很重要。但我这个谎言也没有十分夸张，因为这全都取决于你如何理解"解出"这个词。

卡尔达诺自己也发现了难点所在，这很能说明他是个关注细节的人。三次方程一般有三个解（如果排除负数解则会更少）或一个解。卡尔达诺发现，当方程有三个解——比如1，2，3——时，公式似乎无法以可理解的方式给出这样的三个解，因为公式中开平方的部分会包含一个负数。

具体来说，卡尔达诺发现三次方程 $x^3 = 15x + 4$ 有一个很明显的解是 $x = 4$。但当他尝试用塔尔塔利亚的公式求解时，得到了如下的"结果"：

$$x = \sqrt[3]{2 + \sqrt{-121}} + \sqrt[3]{2 - \sqrt{-121}}$$

这看起来毫无意义。

在当时的欧洲数学家中，几乎没有人有勇气去思考负数的问题，而他们的东方同行接受负数要比欧洲早得多。早在公元400年，印度的耆那教教徒就提出了基本的负数概念，而在1200年，中国的"筹算"体系就使用红色算筹表示正数，黑色算筹表示负数——虽然只限于某些特定的情况。

如果说负数是一个谜，那负数的平方根就更令人困惑了。难点在于正数和负数的平方都是正数——我不会在这里解释原因，不过只有这样，才能保证代数法则协调一致。所以即便你把负数使用得游刃有余，也必须接受它们没有合理的平方根。因此，任何含有负数的平方根的代数表达式也都是无意义的。

但是卡尔达诺根据塔尔塔利亚的公式得到的正是一个这样的表达式。如果你通过其他方式已经知道了方程的解，却无法从公式得到，那确实是极其令人不安的。

1539年，忧心忡忡的卡尔达诺向塔尔塔利亚提出了这个问题：

我已经仔细研究了很多你没有给我答案的问题的解法，其中有一题是未知数的立方等于未知数加一个常数。我确信自己已经掌握了公式，但当一次项系数的三分之一的立方在数值上大于常数项二分之一的平方时，公式给出的解就无法适用于方程了。

这里卡尔达诺所描述的正是会出现负数平方根的情况。很明显，他对整体问题的把握非常到位，并且发现了一个难关。我们不太清楚塔尔塔利亚对自己公式的理解是否也达到了同样的水平，因为他的回复是这样的：“你还没有掌握解决此类问题的正确方法……你的方法完全错误。”

可能塔尔塔利亚只是存心不愿意帮忙，也可能是他没有明白卡尔达诺指的究竟是什么。不管怎么说，卡尔达诺已经触及了在接下来250年困扰全世界数学家的难题。

＊

即使在文艺复兴时期，也已经出现了一些迹象，表明有某些重要的事正在发生。同样的难题也出现在《大术》的另一个问题之中：找出和等于10，积等于40的两个数。得出的"答案"是 $5 + \sqrt{-15}$ 和 $5 - \sqrt{-15}$。卡尔达诺发现，如果忽略-15的平方根意味着什么，而是假装它和其他的平方根一样，那么就可以验证这些"数"确实是方程的解。如果这两个数相加，平方根相互抵消，两个5相加等于10，与要求相符。如果它们相乘，会得到 $5^2 - (\sqrt{-15})^2$，等于25 + 15，正好是40。卡尔达诺不知道该如何解释这种奇怪的运算。"因此，"他写道，"算术的精微在不断发展，极致的精致也就意味着极致的无用。"

1572年，拉斐尔·邦贝利（Rafaele Bombelli）——博洛尼亚一位羊毛商人的儿子——在自己的《代数学》一书中指出，使用类似的运算，把一个"假想的"平方根当作一个真实的数来处理，就可以把卡尔达诺古怪的解变换为正确答案x = 4。他写这本书是为了打发自己的业余时间，当时他正为宗座财务署——教皇的法律和财政部门——收回一片沼泽地。邦贝利发现

$$(2 + \sqrt{-1})^3 = 2 + \sqrt{-121}$$

以及

$$(2 - \sqrt{-1})^3 = 2 - \sqrt{-121}$$

于是这两个奇怪的立方根的和就变成了

$$(2 + \sqrt{-1}) + (2 - \sqrt{-1})$$

正好等于4。无意义的平方根通过某种方式变得有意义了，并且给出

了正确答案。邦贝利或许是第一个意识到可以对负数的平方根实施代数运算，并得到可用的结果的数学家。这强烈地表明这些数存在一个合理的解释，但具体应该如何解释我们仍然不知道。

✳

卡尔达诺著作的最高数学成就并不是三次方程，而是四次方程。他的学生费拉里把塔尔塔利亚和德尔费罗的方法成功推广到了包含未知数四次方的方程上。费拉里的公式中只包含平方根和立方根——四次方根就是平方根的平方根，所以并不需要专门用到它。

《大术》中并没有涉及五次方程——含有未知数五次方的方程——的解。随着方程次数的增加，解法也越来越复杂，但大多数人还是相信，只要拥有足够精细的技巧，五次方程也能够被解决——你可能必须要用到五次方根，而且任何公式都会非常杂乱。

卡尔达诺并没有下功夫求解五次方程。1539年之后，他又回到了他广泛涉猎的其他活动中，尤其是医学。而此时，他的家庭生活以最可怕的方式分崩离析了："我的（小）儿子，在结婚后不久就被指控试图毒杀仍处于产后陪护期的虚弱的妻子。2月17日他被逮捕，53天后的4月13日，他在监狱被砍了头。"当卡尔达诺努力与苦难和解时，祸不单行。"一座房子——我的房子——在短短数日之内经历了三场葬礼，是我的儿子、我的小孙女迪亚雷吉娜，以及孩子的保姆的。我那襁褓中的孙子也快要夭折了。"

尽管经历了所有这些痛苦，卡尔达诺对于人类的境况却抱持着无可救药的乐观态度："虽然如此，我仍然拥有这么多的祝福，如果它们属于另一个人，他应该会觉得自己是幸运的吧。"

狡猾的狐狸

　　要走哪条路？要研究哪个学科？必须在热爱的两个学科间做出选择，这的确让人左右为难。那是1796年，一个才华横溢的19岁青年面临着将要影响自己一生的抉择。他必须决定未来的发展方向。虽然来自普通家庭，但卡尔·弗里德里希·高斯知道自己会成为一个了不起的人。所有人都欣赏他的才华，包括不伦瑞克公爵在内，而高斯就是在这位公爵的领地出生的，他的家人也在此生活。高斯的问题在于能力太强，不得不在自己最喜爱的两个学科中做出选择——数学和语言学。

　　但是在3月30日，这个艰难的抉择被一个神奇、非凡而且史无前例的发现终结了。这一天，高斯用欧几里得作图法作出了正十七边形。

　　这听上去有些深奥，而在欧几里得的著作中没有关于这一问题的丝毫线索。你能找到等边三角形、正方形、正五边形和正六边形的作法，也可以通过结合等边三角形和正五边形的作法作出正十五边形，还可以通过重复二等分角使边数翻倍，得到正八、正十、正十二、正十六、正二十边形……

但作出正十七边形简直是疯了。正十七边形的尺规作法是存在的，高斯也深知为什么存在。一切都源于17这个数具有的两个简单性质。它是一个素数——只能被自己和1整除。它还比2的一个幂大1，$17 = 16 + 1 = 2^4 + 1$。

如果你是高斯那样的天才，你就会明白为什么这两个平平无奇的命题就意味着能够用直尺和圆规作出正十七边形。而如果是生活在公元前500年到公元1796年之间的除高斯外的任何一位伟大的数学家，恐怕连这种关联的一点儿蛛丝马迹都找不到。我们之所以能这么说，是因为确实没人做到。

由此，高斯足以证明自己的数学天赋。他决心成为一名数学家。

✳

1740年，高斯的祖父在不伦瑞克找到了一份园丁的工作，他们便举家搬了过去。三个儿子当中，格布哈特·迪特里希·高斯也成了一名园丁，不时还干一些砌砖、修渠之类的体力活；此外，他还是一名熟练的水利工人、一位商人的助理，以及一个小保险基金的会计。行会垄断了利润更高的交易，而初代移民——甚至二代移民——都被排斥在外。1776年，格布哈特娶了第二任妻子多罗西娅·本策，她是一个石匠的女儿，做着女仆的工作。他们的儿子约翰·弗里德里希·卡尔（虽然后来他总是自称为卡尔·弗里德里希）在1777年降生。

格布哈特为人诚实，然而顽固、粗鲁，也不太聪明。多罗西娅则非常聪慧而有主见，这些特质都被高斯所发扬光大。到高斯两岁的时候，多罗西娅发现自己的孩子是个天才，于是她倾尽心力，保证高斯受到的教育能使他的天赋得到充分的发展。格布哈特原本更希望高斯做一个砖瓦匠，而多亏了母亲，高斯把朋友的预言变为了现实——几何学家沃尔夫冈·鲍耶（Wolfgang Bolyai）在高斯19岁的时候对多罗西娅预言称，她的儿子将成为"欧洲最伟大的数学家"。多罗西娅喜极而泣。

高斯报答了母亲的奉献。多罗西娅在生命的最后20年一直和他生活在一起，她的视力逐渐衰退，直至失明。这位声名卓著的大数学家坚持亲自照顾母亲，一直到她1839年去世。

高斯很早就展露出了自己的天赋。3岁时，他看着父亲给工人们发工资——格布哈特当时是工头，负责一群工人。小高斯从中发现了一个算术错误，指给格布哈特看，令他大吃一惊。从来没有人教过这个孩子任何数学，他完全是自己学会的。

几年后，一位名叫J. G. 比特纳的老师给高斯全班布置了一道题，本想让学生们就此忙上几个小时，老师可以好好休息一下。我们不清楚这道题具体是什么，但它十分类似于：把从1到100的数全部求和。老师当时实际给出的数可能不像从1到100这么简单，但其中也隐含着规律：这些数构成了一个等差数列，即每两个相邻的数之间的差都相等。对等差数列求和，有一个简单却不太容易被发现的技巧，但班上的学生们都还没有学过，所以就只能辛苦地逐个把这些数加起来。

至少，比特纳就是这么设想的。他让学生们算完之后就把写有答案的石板放到他的桌子上。当同学们坐在那里开始涂写

$$1 + 2 = 3$$
$$3 + 3 = 6$$
$$6 + 4 = 10$$

还会不可避免地出现这样的错误

$$10 + 5 = 14$$

并且发现写不下了的时候，高斯沉思了一会儿，用粉笔在石板上写了一个数，走向老师，把石板重重地扣在了他的桌子上。

"答案就在这儿。"高斯说着，走回自己的桌边坐下了。

下课的时候，老师把所有的石板收上来，其中只有一个上面写着正确答案——高斯的。

我们不知道高斯确切的思考过程，但可以提出一种合理的设想。他很有可能此前就已经思考过这类求和问题，并且发现了有效的技巧。（如果没有，就证明他有立刻想出技巧的能力。）一个简单的方法是把待求和的数两两配对：1和100，2和99，3和98，以此类推，直到50和51。1到100中的每一个数都有且仅有一次出现在了某一个数对中，因此所有数的和就等于所有数对的和。而每一个数对的和都是101，一共有50对，所以总和为 $50 \times 101 = 5\,050$。这（或本质一样的过程得出的结果）就是高斯写在石板上的答案。

讲这个故事并不是想说明高斯的算术很好，虽然情况的确如此：在后来的天文学研究中，他的例行工作就是进行大量高精度的计算，速度可以和白痴天才[1]相媲美。但他的天才并不仅仅在于举重若轻的计算能力。他还拥有一种格外突出的天赋，能够发现数学问题中隐藏的规律，并利用这些规律得到答案。

比特纳非常吃惊，高斯竟然识破了他的小把戏，于是值得称道的是，他把只要用钱能买到的最好的算术教材都给了这个男孩。不到一个星期，老师已经没有什么可以教给高斯的了。

碰巧，比特纳有一个17岁的助教约翰·巴特尔斯（Johann Bartels），工作内容是把写字用的鹅毛笔削尖，并教会孩子们如何使

---

[1]　根据精神医学家霍维茨的定义，白痴天才（idiot savant）是指"智力低于正常水平而在某些特定方面有高度发展"的人。——译者注

用。而在工作之外，巴特尔斯也痴迷于数学。他和十岁的天才少年志趣相投，两人成了终身好友。他们一起钻研数学问题，互相激励、互相启发。

巴特尔斯和不伦瑞克的一些头面人物有着不错的交情。这些人很快发现，自己的身边有一位不为人知的天才，而他的家庭却处在贫困的边缘。这些士绅当中的一位，议员、教授 E. A. W. 齐默尔曼（E. A. W. Zimmerman），在1791年把高斯引荐给了不伦瑞克公爵卡尔·威廉·斐迪南（Carl Wilhelm Ferdinand）。公爵被高斯的才华深深打动，决定承担他的教育费用。他不时会资助穷人家有天赋的孩子上学。

数学不是这个男孩的唯一天赋。15岁的时候，高斯已经熟练掌握了古典语言，于是公爵就资助当地的文理中学进行古典语言的研究。（在过去德国的教育系统中，文理中学是为了培养学生进入大学而设的。它可以大致理解成"高中"，但只接受付费的学生。）高斯许多最优秀的成果后来都是用拉丁文写成的。1792年，同样是在公爵的资助下，高斯进入了不伦瑞克的卡罗琳学院。

17岁的时候，高斯已经发现了一个惊人的定理，就是数论中的"二次互反律"。这是关于完全平方数可整除性的一个基本规律，领悟的门槛却很高。高斯在不知道莱昂哈德·欧拉已经注意到了这一规律的情况下，独立做出了发现。几乎没有人会想到要提出这样的问题。高斯对方程理论进行了深入的思考，事实上他也正是由此得以用尺规作出了正十七边形，走上了通往永恒的数学之路。

❊

1795年到1798年间，依旧是在斐迪南的资助下，高斯在哥廷根大学攻读学位。他的朋友很少，但关系都密切而持久。就是在哥廷根，高斯结识了鲍耶这位颇有成就的欧氏几何学家。

对高斯来说，数学上的想法总是来得过于迅猛，有时几乎令他承受不住。一旦有新的想法袭来，他会突然停下手上的所有事情，怔怔地凝视着不远处。他一度曾得出过一些与欧氏几何不相容的定理，"如果欧氏几何不是唯一正确的（几何学）"，这些定理就能够成立。那时他正在写作《算术研究》这本巨著，其中展现了他思想的前沿。书在1798年就差不多写成了，但高斯想要确保前人的贡献在书中都得到应有的承认，于是他拜访了黑尔姆施泰特大学，那里有一座一流的数学图书馆，由当时德国最负盛名的数学家约翰·普法夫（Johann Pfaff）负责管理。

1801年，在印刷商令人沮丧的拖延之后，《算术研究》终于出版了。高斯把这本书题献给了斐迪南公爵，献词无疑真挚诚恳，感情充沛。高斯离开大学之后，公爵的慷慨资助也一直没有停止。高斯在黑尔姆施泰特大学所做的博士论文，是由公爵出资才得以按照正规标准出版的。在高斯担心自己离开大学之后如何维持生活时，又是公爵给他提供了一笔资金，使他可以安心地继续自己的研究，而不必为钱的事情操心。

《算术研究》的一个显著特征是它毫无妥协的"硬核"写法。书中的证明仔细严密而又条理清晰，却对读者毫不迁就，也完全没有给出定理背后的直觉线索。这一态度贯穿了高斯的整个著述生涯，后来他为此辩护的理由是"瑰丽的大厦建成以后，脚手架就不应再次现身"。只是想让人们欣赏建筑的话，这样就足够了，而教人们如何建造自己的建筑其实意义不大。卡尔·古斯塔夫·雅各布·雅可比（Carl Gustav Jacob Jacobi）在复分析方面的工作以高斯的思想为基础，他在谈到这位杰出的前辈时说："他就像狐狸一样，边走边用尾巴在沙子上扫除行迹。"

＊

这时的数学家们已经逐渐意识到，尽管"复数"（即前面提到的含有$\sqrt{-1}$的数）看起来是人为制造的，含义又晦涩难懂，但它却提供了一种统一的方程解法，使代数变得更为简洁。优美与简洁是数学的试金石，新出现的概念无论一开始看起来多么奇怪，只要能让问题保持优美与简洁，长远来看都会在大浪淘沙后留存下来。

如果你仅靠传统的"实数"来解方程，解法的变幻不定可能会让你心烦意乱。方程$x^2 - 2 = 0$有两个解，分别是2的正负平方根，而与它十分相似的方程$x^2 + 1 = 0$却是无解的。但这个方程有两个复数解：i和$-$i。表示$\sqrt{-1}$的符号由欧拉在1777年引入使用，但直到1794年才对外发表。仅以"实数"方程为基础的理论充斥着种种例外与烦冗的分类。而与之相对的复数方程则在最开始就用一整个"大的复杂"避免了所有这些"小的复杂"：既包含实数，也包含复数。

到1750年，发源于文艺复兴时期意大利数学家的思想终于成熟而完整了。他们的三次和四次方程的解法被认为是对巴比伦二次方程解法的自然扩展。根与复数的关系得到了透彻的研究，而我们知道，在这个扩展了的数系中，一个数有三个（而不是一个）立方根；有四个（而不是一个）四次方根；有五个（而不是一个）五次方根。要理解这些新的根从哪里来，关键在于"单位根"所具有的一个优美的性质。单位根是1的n次方根，这些根构成了复平面上一个正n边形的顶点，其中的一个就是1，其余的单位根等距分布在以1为半径、0为圆心的圆周上。例如，图5-1左侧展示了五次单位根的位置。

更普遍来说，由某个数的任意一个五次方根都可以得出另外的四个，只需将其分别乘以单位根q，q^2，q^3和q^4就可以了。这五个数也等距分布在以 0 为圆心的圆周上。例如，图 5-1 右侧展示了 2 的五个五次方根。

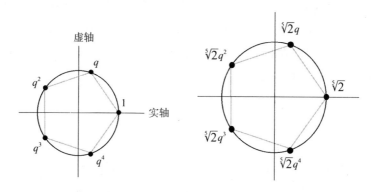

图 5-1 （左）复平面上的五次单位根；（右）2 的五次方根

这个关系很漂亮，但还暗示了一些更深层的东西。2 的五次方根可以看作方程 $x^5 = 2$ 的解。这是一个五次方程，有五个复数解，其中只有一个是实数。同样，方程 $x^4 = 2$ 的解是 2 的四次方根，它有四个解；解是 2 的 17 次方根的方程有 17 个解，以此类推。即使你不是天才，也一样能发现规律：方程解的个数等于方程的次数。

这一规律似乎并不仅仅适用于解是 n 次方根的方程，而是对任何代数方程都适用。数学家们逐渐相信，在复数的范围内，每个方程的解的个数都正好等于方程的次数（严格地说，这种说法只有按照根的"重数"来计数时才能成立①，否则根的个数就会小于或等于方程的次数）。欧拉证明了二次、三次和四次方程具有这一性质，并宣称相似的证明方法具有普适性。他的想法看似合理，但后来的数学家发现将他的证明推广到任意方程几乎不可能，甚至直到今天，为了推动欧拉

---

① 即如果一个相同的根出现了两次，就计为两个根。——译者注

的方法，人们依然在不断努力。尽管如此，数学家们仍然假设，如果要求解一个n次方程，就应该正好得到n个解。

在发展了自己的数论和分析思想后，高斯对这个没有人能够证明的假设越来越不满。按照一贯的行事风格，他给出了一个证明。证明复杂而又格外曲折：任何有能力的数学家都确信它是对的，但没有人猜得到高斯在一开始是如何切入的。数学之狐又在猛摇尾巴了。

⁜

高斯论文的拉丁文题目可以翻译为"单变量整有理函数皆可分解为实一次或二次因式的新证明"。去除掉当时的术语，题目表述的是：每一个（系数为实数的）多项式都是一次或二次多项式的乘积。

高斯用"实"一词表明自己的研究处于传统的实数系中，其中负数是没有平方根的。今天我们可以用逻辑上等价，但更简洁的方式来陈述高斯的定理：每一个n次实系数多项式都有n个实数或复数根。但高斯对于术语的使用十分严谨，所以他并没有借助尚不明晰的复数体系阐述他的结果。实系数多项式的复数根总是成对出现，每一对复数根可以产生多项式的一个实二次因式，而每一个实数根对应着多项式的一个实一次因式。通过使用这两种因式（"一次或二次因式"）作为题目的措辞，高斯绕开了可能引发争议的复数问题。

论文题目中有一个词缺乏依据：高斯说他给出的是"新"证明，说明此前已经有过"旧"的证明了。其实是高斯第一次严格证明了代数学中这个基础的定理，但为了不冒犯那些声称已经得出证明——全部都错了——的著名前辈们，他仅把自己的突破称为最新的一种证明，其中使用了新的（也就是正确的）方法。

这一定理就是后来为人熟知的代数基本定理。高斯对这个定理非常看重，以至于一生中对此一共给出了四个不同的证明，其中最后一个是在他70岁的时候给出的。他个人对复数的存在毫不怀疑：复数在他的数学思想中占有举足轻重的地位，他也在不断地发展自己对于复数意义的解读。但他厌恶争论。多年以来，他压制了许多自己最具创造性的思想——非欧几何、复分析，以及关于复数本身的严格理论——因为他实在不想引来他所说的"愚人的哭闹"。

※

高斯并没有局限于纯数学的研究。1801年年初，意大利神父、天文学家朱塞佩·皮亚齐（Giuseppe Piazzi）发现了一颗新行星，或者说他自认为如此——他在望远镜中看到一小片微弱的光斑在每一晚都与恒星的背景有相对移动，这一明确的迹象表明，它就是太阳系中的一个天体。它被正式命名为谷神星，但它实际上是第一颗被人发现的小行星[①]。但是很快，皮亚齐发现的崭新世界就隐没在了太阳的耀眼光芒中。他做的观测太少，致使天文学家们无法计算出这个新天体的运行轨道，他们担心当它从太阳背后重新出现时无法再定位到它。

这对高斯来说是个值得解决的问题，他满怀热情地投入其中。他发明了更好的方法，可以通过少量数据确定天体运行轨道，并预测了谷神星重新现身的位置。当它真的在那里出现后，高斯声名远播。探险家亚历山大·冯·洪堡有一次遇到天体力学专家皮埃尔-西

---

① 谷神星是在火星和木星轨道之间的主小行星带中最大的天体。2006年，国际天文学联合会将谷神星重新定义为矮行星，但从未解决它是不是小行星的问题。美国航空航天局（NASA）等机构则继续认定谷神星属于小行星。——译者注

蒙·德·拉普拉斯，问他谁是德国最伟大的数学家，得到的回答是"普法夫"。洪堡大吃一惊，追问道："那么高斯呢？"拉普拉斯回答道："高斯是全世界最伟大的数学家。"

不幸的是，新的名声把高斯从纯数学领域拖入了冗长乏味的天体力学计算之中——人们普遍感觉这是对他杰出天才的浪费。并不是说天体力学不重要，而是同样的工作完全可以由其他能力不那么强的数学家来完成。不过另一方面，这也终于让他没有了生活上的后顾之忧。高斯一直想谋求一个有一定影响力的职位，可以有机会从事公共服务，以此报答他的资助人斐迪南公爵。而他对谷神星的研究使他成为哥廷根天文台的台长，他在那里度过了之后的学术生涯。

1805年，高斯与约翰娜·奥斯特霍夫结婚。在给鲍耶的信中，他这样描述新婚妻子："（她有）圣母玛利亚一样美丽的脸庞，像一面映透着平静心灵的镜子，以及健康、温柔、有些梦幻的双眼，还有无可挑剔的身材——这是其一；（还有）聪明的头脑和受过良好教育的语言修养——这是其二；她那安谧、沉静、温和而纯洁的灵魂，像一位不会伤害任何生灵的天使——这是最美好的。"约翰娜为高斯生了两个孩子，但是她在1809年死于难产，悲痛欲绝的高斯"阖上了她天使般的双眼，在过去的五年中，我从这双眼睛里找到了天堂"。他陷入了孤独和抑郁，人生从此不再如昨。他确实又娶了新的妻子，正是约翰娜最好的朋友明娜·沃尔德克，但除了又生了三个孩子之外，这段婚姻并不太幸福。高斯总是要么和儿子们争吵，要么要求女儿们做事。儿子们厌倦了，于是离开欧洲去了美国，在那里发展得很成功。

担任天文台台长后不久，高斯又回头思考起了一个老问题——是否可能存在一种新的几何，满足欧几里得的所有其他公设，而唯独不满足平行公设？他最终确信，逻辑自洽的非欧几何是可行的，但却因为担心太过激进而从来没有发表这些结果。后来亚诺什·鲍耶，也就是高斯老朋友沃尔夫冈·鲍耶的儿子得到了类似的发现，但高斯却感到难以赞扬他的成果，因为其中的大部分他早已预料到了。再到后来，当尼古拉·伊万诺维奇·罗巴切夫斯基再次独立发现非欧几何时，高斯接纳他成为哥廷根科学院的通讯院士，却又一次没有公开发表称赞。

多年以后，随着数学家不断细化的研究，这种新的几何被理解为"测地线"——曲面上的最短路径——的几何。如果曲面的曲率是一个正的常数，比如球面，其中的几何就叫作椭圆几何。如果曲率是一个负的常数（比如任意一点附近都形似马鞍的曲面），其中的几何就叫作双曲几何。欧氏几何对应的是各点曲率为0的平直空间。这些不同的几何可以用它们的度量（metric，也称度规）进行区分。度量即距离函数，用来计算空间中两点间的距离。

可能是这些思想促使高斯对曲面展开了更普遍的研究。他提出了一个优美的曲率表达式，并且证明这个表达式在任何坐标系下得到的结果都相同。这种表示下的曲率不需要是一个常数：曲面上各点的曲率可以是不同的。

高斯在中年以后转向了数学的实际应用，这在数学家当中是一种常见的转变。他协助了几个测绘项目，其中规模最大的是对汉诺威地区的三角测量[①]。他也做了很多实地勘测，随后又进行了数据分析。为了辅助测绘工作，他发明了回照器（heliotrope），一种利用反射光来发信号进行远距离协作的装置。但是当他出现心力衰竭的迹象后，他就停止了测绘工作，决定在哥廷根度过余生。

---

① 三角测量是借由测量目标点与固定基准线的已知端点的角度来测量目标距离的方法。当三角形的一个边长及两个观测角度已知时，该三角形已经固定，观测目标点则可以被标定为第三个顶点。——译者注

在那段不幸的时期，年轻的挪威人阿贝尔把五次方程没有根式解的证明寄给了高斯，却没有收到回复。或许高斯当时太过心灰意冷，根本就没有读这封信。

1833年前后，高斯对磁学与电学产生了兴趣，与物理学家威廉·韦伯（Wilhelm Weber）合著了《地磁概论》，于1839年出版。他们还发明了电报机，以在高斯的天文台与韦伯的物理实验室间传送信息，但线路总是中断，而其他的发明者又提出了更实用的设计。后来，因不愿宣誓效忠汉诺威的新国王厄恩斯特·奥古斯特一世，韦伯连同其他六人被哥廷根大学解雇。高斯为此很伤心，但他在政治上十分保守，不愿惹是生非，所以并没有站出来进行任何公开抗议，不过他可能以韦伯的名义在暗中做了一些努力。

1845年，高斯撰写了关于哥廷根大学教授遗孀养老基金问题的报告，考察了人员迅速增多带来的可能后果。他还投资了铁路和政府债券，积累了一笔可观的财富。

1850年以后，由于心脏病发作，高斯减少了工作量。这一时期发生的对本书内容来说最重要的事件，是他的学生格奥尔格·伯恩哈德·黎曼完成的教授资格论文（在德国学术体系中，拿到博士学位的下一步就是争取教授资格）。黎曼把高斯对曲面的研究推广到了被他称为"流形"（manifold）的多维空间。尤其值得一提的是，他发展了度量的概念，提出了流形曲率的表达式。他实质上创造了多维弯曲空间的理论。后来，这一思想在爱因斯坦的引力理论中起到了至关重要的作用。

此时已经需要医生定期诊疗的高斯参加了黎曼以此为主题的公开讲座，很受触动。随着健康的进一步恶化，他待在床上的时间越来越长，但仍然坚持写信、阅读、管理投资。1855年年初，高斯，有史以来最伟大的数学头脑，在睡梦中平静地离开了人世。

受挫的医生与多病的天才

对卡尔达诺《大术》的首次重大突破发生在18世纪中叶。虽然文艺复兴时期的数学家可以解出三次和四次方程，但他们的方法只不过是集合了一连串的小技巧。之所以每个技巧都行得通，可能更多是出于一系列的巧合，并没有任何系统性的原因。真正的原因终于在1770年被两位数学家确定：自认为是法国人、其实来自意大利的约瑟夫–路易·拉格朗日，以及的确是法国人的亚历山大–泰奥菲勒·范德蒙（Alexandre-Théophile Vandermonde）。

范德蒙1735年出生于巴黎。他的父亲希望他成为一名音乐家，范德蒙也确实把小提琴拉得炉火纯青，走上了音乐的道路。但是在1770年，他对数学产生了兴趣。他发表的第一篇数学论文是关于多项式的根的对称函数的——像"所有根的和"这样的代数表达式就是根的一个对称函数，如果把这些根互换，对称函数保持不变。这篇论文最具原创性的贡献就是证明了方程 $x^n - 1 = 0$——它的解在复平面上构成正 n 边形——当 n 小于或等于10时，可以用根式求解。（事实上对任何的 n，方程都是根式可解的。）伟大的法国分析学家奥古斯丁–路易·柯西后来在引用时表示，是范德蒙第一个认识到可以把对称函数应用到求方程根式解的问题上。

而在拉格朗日那里，这一思想吹响了向所有代数方程发起冲击的号角。

⁂

拉格朗日出生于意大利城市都灵，受洗时得到教名朱塞佩·洛多维科·拉格朗吉亚（Giuseppe Lodovico Lagrangia）。他的家族与法国渊源深厚——他的曾祖父在前往意大利为萨伏依公爵效力前，曾担任法国骑兵上尉。朱塞佩还很小的时候就以拉格朗日（Lagrange）为姓，但总是以洛多维科（Lodovico）或路易吉（Luigi）为名，合在一起。他的父亲是都灵公共事务和防务局会计，母亲特雷莎·格罗索是一个医生的女儿，拉格朗日是他们的长子。最终他们一共生下了11个孩子，但只有两个没有夭折，活了下来。

尽管拉格朗日的家庭处于意大利社会的上层，但这家人却因为投资失败，日子过得捉襟见肘。家里人决定让拉格朗日学习法律，于是他进入了都灵大学。他很喜欢法学和古典文学，却觉得以欧几里得几何为主的数学很枯燥。但是后来，他读到一本英国天文学家埃德蒙·哈雷（Edmond Halley）所写的关于光学中的代数方法的书，对数学的看法发生了巨大的转变。自此，拉格朗日投身数学，早期主要的研究方向为数学在力学中的应用，尤其专注于天体力学。

他娶了自己的表姐妹维多利亚·孔蒂为妻。"我的妻子是我的一个表亲，她有很长一段时间都和我们全家一起生活，是个很好的家庭主妇，贤惠朴实，毫不做作。"他在给同为数学家的好友让·勒朗·达朗贝尔（Jean le Rond D'Alembert）的信中这样写道。他曾坦言自己不想要孩子，也的确做到了。

拉格朗日在柏林任职期间写了大量研究论文，还不止一次获得了法兰西科学院的年度奖章——1772年与欧拉共同获奖，1774年因对月球动力学的研究获奖，1780年因研究行星对彗星轨道运动的影响而获奖。他还爱好数论，并在1770年证明了这一领域的一个经典定理——四平方和定理，即每个正整数均可以表示为四个整数的平方和，例如 $7 = 2^2 + 1^2 + 1^2 + 1^2$，$8 = 2^2 + 2^2 + 0^2 + 0^2$ 等。

后来，拉格朗日当选为法兰西科学院院士，定居巴黎，直至去世。他认为不论是否认同所在国的法律，遵从它们都是明智的，可能正是这一观念让他在法国大革命中躲过了很多其他知识分子罹遭的不幸。1788年，拉格朗日发表了巨著《分析力学》，把力学作为分析学的一个分支来书写。他很自豪自己的鸿篇巨制当中没有一张图表，全部是数学推导，在他看来，这可以使逻辑更加严密。

1792年，拉格朗日娶了第二任妻子勒妮–弗朗索瓦丝–阿德莱德·勒莫尼耶，一位天文学家的女儿。1793年8月，法兰西科学院在恐怖统治[1]下被迫关闭，只保留了度量衡委员会[2]的活动。许多科学界的领军人物都被委员会开除，包括化学家安托万·拉瓦锡，物理学家夏尔·奥古斯汀·库仑和皮埃尔–西蒙·拉普拉斯。拉格朗日于是成了度量衡委员会的新任主席。

此时他的意大利血统成了问题。革命政府通过了一项新的法令，要求逮捕所有出生于敌对国家的外国人。当时尚有一些影响力的拉瓦

---

[1] 1793到1794年的雅各宾专政时期（即恐怖统治时期），指法国大革命中罗伯斯庇尔为首的雅各宾派掌权时期，他们为了打击国内的吉伦特派与国外的反革命势力，对无数"革命的敌人"直接宣判了死刑。——译者注

[2] 1790年，法国科学院成立了研究法国度量衡统一问题的委员会。1799年，法国完成统一度量衡工作，制定了如今被世界公认的长度、面积、体积、质量的单位，拉格朗日为此做出了巨大的努力。——译者注

锡为拉格朗日周旋，使他得以豁免。但是没过多久，革命法庭就宣判了拉瓦锡死刑，第二天他就被送上了断头台。拉格朗日痛心地评论道："砍下他的头颅只需要一瞬间，但这样的头脑一百年也不会再出现一个了。"

在后来的拿破仑时代，拉格朗日还获得了几项荣誉：1808年被授予荣誉军团勋章，并被封为伯爵，1813年被授予帝国大十字勋章。一星期后，拉格朗日与世长辞。

⁑

1770年，也就是发现四平方和定理的那一年，拉格朗日开始着手写一篇关于方程理论的长篇论文，他写道："我写这篇论文是要检验迄今为止的各种求方程代数解的方法，从中归纳出普遍的原理，并先验地推理出为什么这些方法适用于三次和四次方程，却不适用于五次方程。"正如让-皮埃尔·蒂尼奥尔（Jean-Pierre Tignol）在《伽罗瓦的代数方程理论》一书中所说，拉格朗日"目标明确，不仅要明白这些方法是如何奏效的，还要明白它们为什么奏效。"

拉格朗日对文艺复兴时期方法的理解比发现它们的数学家更加深入：他总结出了一个通用的模式，用来解释这些方法为什么能够成功求解三次和四次方程，甚至还证明了这种模式无法推广到五次和更高次的方程上。但是，他却没能进一步探讨五次和更高次方程是否存在求解的可能。不过他表示，他的结果"会对想要求解高次方程的人有所帮助，因为这为他们提供了指向这一目标的各种不同的观点，尤其是替他们节省了大量无用的步骤与尝试"。

拉格朗日发现，卡尔达诺、塔尔塔利亚和其他人使用的所有特殊技巧都基于同样的思想——把直接求解原方程转化为求解某个辅助方程，它的根与原方程的根相关，而又有所区别。

三次方程的辅助方程比原方程简单——是一个二次方程。这个"二次预解方程"用巴比伦人的方法就可以求解；然后，原三次方程的解就可以用辅助方程解的立方根构造而成。这正是卡尔达诺三次方程求根公式的结构。四次方程的辅助方程同样比原方程简单——是一个三次方程。这个"三次预解方程"可以用卡尔达诺公式求解；然后，原四次方程的解就可以用辅助方程解的四次方根——就是平方根的平方根——构造而成。这也正是费拉里四次方程求根公式的结构。

我们可以想象，发现这一点后的拉格朗日会很兴奋。如果这样的模式继续下去，那么五次方程就会有一个"四次预解方程"：用费拉里公式把它解出来，再开五次方，就可以构造出原五次方程的根。继而，六次方程会有一个五次预解方程，可以用被人们称为"拉格朗日法"的方法求解。由此，他将能够解出任意次数的方程。

可残酷的现实把他打回了原地。五次方程的辅助方程并不是四次的，而是六次的，次数更高。简化三次和四次方程的方法却把五次方程复杂化了。

把难题变得更难并不能推动数学的进步。拉格朗日的通用方法不适用于五次方程，但即便如此，他也仍旧没有证明五次方程不可解，因为可能有其他的解法存在。

为什么不去证明呢？

对拉格朗日而言，这只是个无须作答的讽刺性问题。但他的一个后继者认真研究了这个问题，并回答了它。

✳

这个人名叫保罗·鲁菲尼（Paolo Ruffini），而我说他"回答了"

对拉格朗日的反诘，其实带有些许欺骗的成分。他自认为做出了回答，而与他同时代的数学家们都没有发现他的答案有任何错误——部分原因是他的工作从未引起足够的重视，没有被真正检验过。鲁菲尼终其一生都相信自己证明了五次方程无法用根式求解。直到他死后人们才发现，其实他的证明中欠缺了关键的一步，在他一页又一页繁复的计算中很容易被忽略：这是一个他甚至从未意识到自己做出了的"显然"的假设。

每一位专业的数学工作者都有过这种惨痛的切身体会：隐含的假设很难被发现，正是由于它是隐含的。

鲁菲尼出生于1765年，是一个医生的儿子。1783年，他进入摩德纳大学学习医学、哲学、文学与数学。他师从路易吉·凡蒂尼（Luigi Fantini）学习几何，师从保罗·卡西亚尼（Paolo Cassiani）学习微积分。后来，卡西亚尼获得了埃斯特家族的任命，负责管理他们的丰厚产业，于是还是学生的鲁菲尼就接手了卡西亚尼的分析课。1788年，他拿到了哲学、医学与外科学位，1789年又拿到了数学学位。不久后，由于凡蒂尼视力下降，鲁菲尼就接任了他的教授职位。

时局变幻影响了他的学术研究。1796年，拿破仑·波拿巴打败了奥地利-撒丁联军，将目光转向都灵，并占领了米兰。很快，摩德纳也被攻陷，鲁菲尼被迫卷入了政治。1798年，他曾想重回大学，但出于宗教原因，他拒绝宣誓效忠拿破仑控制下的共和国，并由此失去了工作。不过这也让他拥有了更多的时间从事研究，集中精力攻克五次方程的难题。

鲁菲尼确信，之所以从来没有人找到过五次方程的根式解，是因为一个很直接的理由：五次方程没有根式解。具体地说，一般的五次方程绝对不可能通过一个只包含系数的加减乘除和根式的表达式来求解。在1799年出版的两卷本巨著《方程的一般理论》中，他宣称证明了这一论断，断言"高于四次的一般方程不存在代数解，这就是我相信自己可以确证的重要定理（如果我没出错的话）。展示这一定理的证明是出版本卷的主要原因。不朽的拉格朗日啊，他那超凡的思想已经为我的证明奠定了根基"。

他的证明长达500多页，绝大部分都是陌生艰涩的数学推导，令其他数学家望而却步。即使在今天，除非有很充分的理由，否则也没有人愿意耗费心力，一步步验证如此冗长而工于技巧的证明。如果鲁菲尼提出的是五次方程的一种解法，他的同行们一定会努力求证。但要为一个无解的结论花费上百个小时，他们的不情愿也是可以理解的。

尤其是，这个证明还有可能是错误的。在一本500页数学书的第499页发现一个错误，还有什么比这更让人气恼呢？

1801年，鲁菲尼将书稿的一份副本寄给了拉格朗日，等了几个月都没有回音。他又寄了一份，并附上留言："如果我的证明当中有什么错误，或者我自认为做出的新发现其实早已为前人所知，甚至这本书根本毫无意义，我都衷心地请求您可以为我指明。"但仍然杳无音信。1802年他再次尝试，还是石沉大海。

几年过去，鲁菲尼一直没有得到他认为本该属于自己的认可。相反，含糊不明的流言四起，暗示他的"证明"有错，但由于没有人指出可能是怎样的错误，鲁菲尼也无法为自己申辩。最终，他觉得，自己的证明虽然无疑是正确的，但是太复杂了，于是他决定着手寻找更简单的证明方法。1803年，他完成了新证明，在其中写道："在本篇报告中，我将用不那么艰深的推理——希望如此——完备而严格地证明同样的命题。"但是新证明依旧反响冷淡。世界还没有为此做好准备，没有人理解鲁菲尼的思想，也没有人接受他在1808年和1813年发表的进一步证明。他一直在坚持，试图让数学界认同自己的工作。预测了天王星位置的让·德朗布尔（Jean Delambre）在一篇总结自1789年以来数学发展的报告中写下了这样一句："鲁菲尼计划证明五次方程不可解。"鲁菲尼很快回应道："不仅仅是计划，事实上我已经证明了。"

平心而论，还是有几位数学家欣赏鲁菲尼的证明的，其中就包括柯西。柯西在给予研究者应得的认可方面历来十分吝啬，除非是自己的成果，但是他在1821年写信给鲁菲尼，表示："我认为，你关于求方程通解的工作一直是值得数学界广泛关注的课题，在我看来，你完全证明了高于四次的方程没有代数解。"但此时，赞扬来得已经太迟了。

1800年前后，鲁菲尼开始在摩德纳的军事学校讲授应用数学。他一直在行医，照料的病人从赤贫到巨富，来自社会的各个阶层。1814年拿破仑政权覆灭之后，他成了摩德纳大学的校长。此时的政治形势仍然极其复杂，虽然他处事有方、德高望重，又以诚信闻名，他在校长任上的时日想必仍然是十分艰难的。

作为校长，鲁菲尼还同时主持摩德纳大学应用数学、实用医学与临床医学的教学工作。1817年，摩德纳暴发了斑疹伤寒疫情，鲁菲尼坚持治疗病人，直到自己也被传染。他活了下来，但再也没能彻底恢复健康，在1819年卸任了临床医学的负责人。但他从未放弃科学研究，并基于自己同时身为医生与病人的经验写成了一篇关于斑疹伤寒的论文，于1820年发表。1822年鲁菲尼去世，距离柯西写信称赞他关于五次方程的工作只过了不到一年。

✳

鲁菲尼的工作之所以不容易被人接受，可能是因为它太过新颖了。与拉格朗日类似，他的研究也以"置换"（permutation）的概念为基础。一个置换，就是对某个序列进行重新排序的一种方式。我们最熟悉的例子就是洗牌。通常，这样做的目的是为了获得一种随机的——也就是无法预测的——排列顺序。一副牌可能拥有的不同排列顺序数目巨大，因此想要预测出随机洗牌的结果几乎是不可能的。

置换在方程理论中获得关注，是因为给定多项式的根可以被看作一个序列。方程的一些非常基本的性质都与对这个序列的"洗牌"直接相关。直觉告诉我们，方程"不知道"你如何排列它的根，所以把这些根排成怎样的顺序都不应该有什么重大的影响。具体而言，如果把方程的系数写作根的表达式，这些表达式应该是完全对称的——不会因为根的置换而发生变化。

但是，拉格朗日认识到，所有用根构造的表达式中，有一些可能只对于根的某些置换是对称的，对于其他的置换则并不对称。这些"部分对称"的表达式与用系数构造的、关于方程任何一个根的表达式都密切相关。那时的其他数学家对置换的性质都很熟悉，但他们不了解鲁菲尼对拉格朗日另一个思想的系统化运用：可以通过依次进行两个置换把它们"相乘"，从而得到另一个置换。

用现代符号来表述可以更容易地理解其中的含义。考虑 a、b、c 这三个符号，一共有6种排列方式：abc、acb、bac、bca、cab 和 cba。选择其中的一种，比如 cba。乍看之下，它只是由这三个符号所组成的一个有序列，但我们也可以把它看成对初始序列 abc 进行重排的一个规则，可以称之为 "cba 规则"。"cba 规则"就是"颠倒顺序"——初始序列 abc 在这一规则下进行重排，变成了 cba，顺序被颠倒了。我们也可以把 "cba 规则"应用到 abc 之外的序列上，比如应用到 bca 上，就会得到 acb。所以，可以将以上的操作表述为 $cba \times bca = acb$。

这一思想在本书中非常关键，用图像来解释可能更加直观。下面的两张图表示了两个置换，它们分别将 abc 重排为 cba 和 bca：

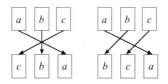

图 6-1 对符号 a, b, c 的两个置换

我们可以把两张图上下叠放在一起，来合并这两个置换。有以下两种叠放方式：

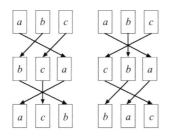

图 6-2 置换的相乘。不同的先后顺序会导致不同的结果

现在我们得到了两个置换"相乘"后的结果，就是图 6-2 中最底下的那一行，左图中是 acb。利用这种"乘积"的定义（不同于通常概念下两个数的乘积），我们就能理解 $cba \times bca = acb$ 的含义了。我们规定，乘式中的第一个置换要放在最底层——也就是说，先做第二个置换，再对所得结果做第一个置换。顺序很重要，因为如果我们交换两层的顺序，就会得到不同的结果。如右图所示，如果按相反的顺序把两个置换相乘，结果就变成了 $bca \times cba = bac$。

＊

鲁菲尼关于不可解性的证明本质在于他找到了一些条件——对于一个一般的五次方程，如果它的根能够用根式表示，它就必须满足这些条件。如果不满足，它就根本没有这样的根——因此任何对三次、四次方程解法的自然延伸，都无法适用于五次方程。

参照拉格朗日书中的做法，鲁菲尼也把目标瞄准了根的对称函数，以及它们与置换的关系。五次方程有五个根，一共有120个可能的置换方式。鲁菲尼意识到，假设五次方程存在求根公式，那么这些置换就一定具有来自公式的结构特征。如果找不到这些特征，就不存在这样的求根公式。这有点儿像在泥泞的丛林中捕虎。如果真的有老虎，它一定会在泥地上留下爪印；没有爪印，也就没有老虎。

利用这种新的乘法的数学规律，鲁菲尼证明了——至少他自己认为证明了——如果方程能够用根式求解，就必须存在一些对称函数，而它们与这120个置换的乘法结构是矛盾的。他也确实取得了重大的进展。在鲁菲尼开始研究五次方程以前，全世界的数学家几乎全都相信它是可解的，问题只在于如何求解。高斯是个例外，他曾暗示他认为五次方程没有（根式）解——但他认为这个问题没有什么意义，而罕见地，这一次他的直觉犯了错。

鲁菲尼之后，人们似乎普遍感觉到五次方程不能用根式求解。几乎没有人认为鲁菲尼成功地给出了证明——但他的工作确实让很多人对五次方程的根式可解性产生了怀疑。不幸的是，这种观念的转变带来了负面影响：对于这整个问题，数学家远不如从前那样感兴趣了。

讽刺的是，后来人们发现鲁菲尼的证明漏掉了关键的一步，当时却没有任何人指出来。从某种意义上说，他同时代数学家的怀疑最终被证实了。但真正的突破在于方法：鲁菲尼已经找到了正确的战略，只是没有采取足够恰当的战术。要解决这个问题，需要一位对琐屑的战术细节也能一丝不苟的战略家。而现在，这个人出现了。

❉

1784年，在挪威最贫穷偏远的山区任劳任怨地从事了多年神职工作后，牧师汉斯·马蒂亚斯·阿贝尔终于获得了应得的回报。他被派往靠近挪威南海岸的耶尔斯塔教区，距离奥斯陆峡湾不远。耶尔斯塔虽然不算特别富庶，但比起他之前履职的地方还是强了很多。他的家庭经济状况也将得到巨大的改善。

阿贝尔牧师在宗教层面的工作一如既往：照管他的教民，努力让他们保持幸福与善良。他来自一个小康之家，曾祖父是丹麦商人，做过为挪威军队提供补给的生意，从中大赚了一笔。他的父亲也是一名商人，担任过卑尔根的市议员。汉斯不算特别聪明但绝非愚笨，为人不卑不亢、直言不讳。

为了接济教区里穷苦的教民，他在自家的农场里引种了新的植物：用来纺织的亚麻，以及最重要的是一种新的根茎类作物——"地下苹果"，也就是后来人们所说的马铃薯。他写诗，闲时就收集当地的史料，与妻子伊丽莎白生活和睦。他家的美食很出名，而家里从来不喝酒。酗酒是挪威的一大社会问题，牧师决心以身作则，为教民树立不喝酒的榜样——不过有一次他喝得东倒西歪地来到教堂，那是为了向信众展示醉酒是件多么丢人的事。他有两个孩子：女儿玛格丽塔和儿子索伦。当时很少有人只生两个孩子。

玛格丽塔资质平平，一生未婚，大部分时光都和父母生活在一起。索伦则截然不同：他敏捷聪颖，富于创造力，对上流社会怀有憧憬。他缺乏父亲的持重与责任心，也为其所累。但他还是子承父业，从助理牧师做起，后来也成了一名牧师，与家族世交的女儿安妮·玛丽·西蒙森结了婚，到西南海岸的芬岛教区赴任。"这里的人很迷信，却对《圣经》了如指掌，"他写道，"这里所有大行其道的错误观点，都是基于他们对神圣权威的曲解。"尽管如此，他还是很喜欢这份工作。

1801年，索伦在给朋友的信中写道："家里最近又添了一桩喜事，我妻子在圣诞节的第三天给我生下了一个健康的儿子。"这个孩子就是（小）汉斯·马蒂亚斯。1802年夏天，他的弟弟尼尔斯·亨里克出生。尼尔斯自出生之日起就一直体弱多病，母亲不得不花大量时间来照顾他。

欧洲的军事形势日趋紧张，挪威-丹麦联合王国夹在英法两大势力之间身不由己。拿破仑想与之结盟，于是当英国与瑞典达成协议之后，挪威-丹麦联合王国立刻变成了英国的敌人，遭到英军的入侵。三天后，为了让哥本哈根免于战火，挪威-丹麦联合王国向拿破仑投降。后来，拿破仑的统治不再稳固，他原来的手下让-巴蒂斯特·贝尔纳多特成了瑞典国王。挪威被联合王国割让给瑞典后，挪威国会被迫承认了贝尔纳多特的君主统治。

✻

1815年，阿贝尔兄弟被送入奥斯陆的大教堂学校。数学老师彼得·巴德会用严酷的体罚逼迫学生努力，不过两兄弟的成绩很好。后来在1818年，巴德竟然把一个学生——还是一名国会议员的儿子——打死了。令人吃惊的是，巴德没有受到审讯，不过他不能再做数学老师了，接替他的是伯恩特·霍尔姆伯，曾做过应用数学教授克里斯托弗·汉斯廷（Christoffer Hansteen）的助理。这成为尼尔斯数学生涯的转折点，因为霍尔姆伯允许学生们尝试解决一些教纲之外的有趣问题。尼尔斯可以借阅经典数学教材，其中就有欧拉的著作。"从此，"霍尔姆伯后来写道，"（尼尔斯·）阿贝尔怀着最强烈的求知欲投入数学当中，以天才的速度在科学上不断进步。"

毕业前不久，尼尔斯确信自己已经解出了五次方程。不论是霍尔姆伯还是汉斯廷都找不出其中的任何错误，于是他们把求解过程递交给丹麦著名数学家费迪南德·德根（Ferdinand Degen），希望能有机会通过丹麦科学院发表这一结果。德根同样没有发现问题，但他毕竟经验丰富，对该课题也略知一二，便要求尼尔斯在一些特定的五次方程上测试他的方法。尼尔斯迅速意识到有地方出了差错，他很失望，但也庆幸这个错误的结果没有获准发表，自己不用因此出丑。

索伦的野心与棱角终究令他陷入了窘境。他公开指责两名国会议员非法囚禁其中一人名下钢铁厂的一位经理。这一指控直接质疑了议员的廉正品格，引起了轩然大波。但是后来真相大白，事实证明涉事的经理并不可靠，可索伦拒绝道歉。他灰心丧气、郁郁寡欢，终于酗酒而死。葬礼上，索伦的遗孀安妮·玛丽喝得烂醉，把自己最喜爱的仆人拉上了床。第二天早上几名官员来访时她还没有起床，情人就躺在身旁。一位姑母写道："可怜的兄弟俩，我真为他们难过。"

1821年，尼尔斯从大教堂学校毕业，考入了克里斯蒂安尼亚大学（如今的奥斯陆大学）。他拿到了算术与几何的最高分，其他数学学科的分数也不错，除此之外的成绩则一塌糊涂。由于经济上极其困难，他申请了免费宿舍和柴火的补助。他还拿到了一项针对日常开销的补助，此外，一些教授发现了他过人的天赋，共同出资为他筹措了一笔奖学金。正是这些资助让尼尔斯得以投身于数学研究，钻研五次方程求解的问题，修正先前失败的努力。

1823 年，尼尔斯正在研究椭圆积分，他在这一分析学分支的工作将产生最为深远的影响，甚至会远远超过他在五次方程上的成果。他还曾试图证明费马大定理，但既没能证明也没能证伪，不过他指出，如果存在一组数使定理不成立，其中一定包含非常大的数。

这一年夏天，他去参加舞会，遇到了一位年轻女子。他邀请她跳舞，但是试了好几次都跳不好。两个人不约而同地大笑起来——他们都对跳舞一窍不通。这名女子就是克里斯蒂娜·肯普，人们都叫她"克莱丽"，她是一位战事委员会委员的女儿。她和尼尔斯一样缺钱，靠做家庭教师为生，从针线活到科学知识什么都教。"她并不漂亮，一头红发，还有雀斑，但她是个很好的姑娘。"他们相爱了。

与克莱丽的相遇似乎推动了尼尔斯的数学事业。1823 年快要结束的时候，他证明了五次方程没有根式解——不同于鲁菲尼的功亏一篑，他的证明完美无缺。证明的战略与鲁菲尼相似，但在战术上更胜一筹。起初尼尔斯并不知道鲁菲尼的工作，但他后来一定了解到了，因为他暗示过其中存在缺陷。但就连尼尔斯也没有确切指出鲁菲尼的缺陷到底在哪儿——虽然后来事实证明，他的方法正好把那个缺陷填补上了。

尼尔斯和克莱丽订婚了。想要娶到心爱的姑娘，尼尔斯必须找到工作——这意味着他必须要让欧洲顶尖的数学家承认自己的才能。仅仅发表论文是不够的：他还要身入虎穴，当面会一会他们。为此，他需要充足的旅费。

几经周折，克里斯蒂安尼亚大学同意资助尼尔斯足够的费用，让他可以去巴黎访学，见到一些享誉世界的数学巨擘。为了这次访问，他觉得需要把自己最出色的成果印刷几份出来。他相信自己对五次方程不可解性的证明能够打动法国同行，遗憾的是，他的所有文章都是用挪威语发表的，发表的期刊也鲜为人知。于是他决定把自己关于方程理论的研究写成法文，并自费印刷出来。这篇文章题为《论代数方程，证明一般五次方程的不可解性》。

为了节省印刷费用，尼尔斯把自己的思想浓缩成精华，印刷出来只有6页纸。这比鲁菲尼的500页短得多，但在数学中，简洁的论述有时会让人更难理解其含义。文章被迫省去了很多对这一课题十分关键的推理过程。这是一篇梗概，而非证明。

尼尔斯在文章的开篇说："数学家一直致力于寻找代数方程的通用解法，也有人尝试证明这样的解法并不存在。而本文的目标正是填补方程理论的这一空白。由此，我斗胆希望数学界可以给予本文一些积极的反馈。"然而他的希望十分渺茫。虽然他在巴黎成功拜访了一些数学家，也说服他们看了他的论文，但由于论证过于精简，大多数人可能都觉得难以理解。高斯把文章归置到一旁，从来没有读过——在他死后人们找到这篇文章，发现连页边都没有裁开。

后来，也许是意识到了自己的错误，阿贝尔又给出了两个更长的证明，提供了更多的细节。此时他已经听说了鲁菲尼的工作，于是在新版的证明中写道："第一个尝试证明一般（五次）方程没有代数解的是数学家鲁菲尼，但是他的论文太过复杂，导致很难判断他的论证是否正确。在我看来，他的推导并不尽如人意。"但是和其他人一样，他也没有说出为什么。

❖

鲁菲尼和阿贝尔的论证使用的是当时的数学语言，这种语言不太适合用来进行所需的思考。那时的数学家主要关注的是具体而确切的概念，而方程理论的关键则在于要从更宏观的角度来思考——关注结构和过程，而非具体的细节。因此，他们的思想很难被同时代的人所理解，是因为这种思想超越了当时的数学语言。但即使是当今的数学家使用当今的术语，也很难理解这一论证。

幸运的是，我们可以用建筑做比喻，提炼出他们分析当中的要点。想要理解鲁菲尼几近成功的证明以及阿贝尔完美无缺的证明的一种思路是，想象你正要建造一座塔。

这座塔每层只有一个房间，其中有一架梯子通向上层的房间。每个房间里有一个大袋子。把袋子打开，就会从中涌出成千上万的代数表达式铺洒到地上。乍一看，这些表达式没有什么特殊结构，好像是从代数教科书上随便摘取出来的，有的短，有的长，有的简单，有的极其复杂。但仔细看就会发现，每个袋子都显示出"族相似性"：一个袋子里的表达式具备很多共同特征，它楼上房间袋子里的表达式则具备其他的共同特征。我们在塔上爬得越高，袋子里的表达式就越复杂。

第一层的袋子里装着所有可以由方程的系数做任意次加减乘除构造出来的表达式。对代数表达式而言，只要有了方程系数，构造这样的"无害"组合几乎不费吹灰之力。

要顺着梯子爬到第二层，就必须从第一层的袋子里拿出某个表达式，对它开某次方根得到一个根式。你可以开平方、立方、五次方等，但一定要保证开根的式子来自第一层的袋子。选择对它开素数次方一定没有问题，因为高次方根可以由素数次方根构造而成，这个关系虽然简单，却出乎意料地有用。

无论你决定开几次方，当你爬到第二层就会看到第二层的袋子，里面的表达式最初和第一层袋子里的完全相同。不过此时你要打开袋子，把新得到的根式扔进去。

新的表达式不断地孕育出来。当挪亚将方舟停在亚拉腊山上时，他让舟中所有的生物走下方舟，开始繁殖。比起生物，袋子里的表达式有更多的"交配"方式：它们除了"繁殖"——相乘[1]，还可以通过相加、相减与相除产生新的表达式。经过几秒钟的混乱"交配"，第二层的袋子已经鼓鼓囊囊地装满了"无害"运算下方程系数和新根式所有可能的组合。与第一层的袋子相比，出现了很多新的表达式——但它们都是相似的，都把新根式作为一个新的组成部分囊括进来。

从第二层到第三层的过程类似：从第二层现在的新袋子里拿出一个表达式——只拿一个——对它开（素数次方）根得到一个根式。然后带着新根式爬上梯子来到第三层，把它扔进袋子，等待里面的表达式"交配"完成。

如此这般不断重复下去：每向上爬一层，就引入一个新根式，上层的袋子里就会产生一些新的表达式。无论在哪一步，所有的表达式都是由方程系数和此前引入的任意的根式构造出来的。

最终你会攀至塔顶。如果你要完成任务——用根式求解原方程，就必须在塔顶的袋子里至少找到方程的一个根，不管它藏得有多深。

这样的塔有很多种可能性。对不同的表达式开根、开不同次数的根，都会建出一座不同的塔。其中大多数的塔都彻底失败了，所求的根在塔中全无踪影。但如果这个方程可以用根式求解，即一个逐次用根式构造出来的表达式是方程的一个解，那么我们就一定能在相应的塔顶找到它。因为这个表达式本身就在明确地告诉我们该如何把每一次的根式相连得到这个解。也就是说，它在明确地告诉我们该如何建造这座塔。

---

[1] 英语中multiply一词既有"繁殖"的含义，也有"乘"的含义，作者在这里使用了双关。——译者注

※

　　我们可以用建塔的理论重新解释三次、四次方程的经典解法，甚至是巴比伦的二次方程解法。我们从三次方程讲起，因为它一方面足够复杂，可以成为典型示例，另一方面又足够简单，易于理解。

　　卡尔达诺的塔只有三层。

　　第一层的袋子里装着方程系数以及它们的所有（加减乘除）组合。

　　通往第二层的梯子需要一个平方根。这是个特殊的平方根，必须对第一层袋子里的一个特殊的表达式开平方才可以。第二层的袋子里装着这个平方根和方程系数的所有组合。

　　通往第三层，也就是塔顶的梯子需要一个立方根——同样，这是一个特殊表达式的立方根，这个表达式中包含了方程系数和之前你用来爬上第二层的那个平方根。塔顶的袋子里有没有这个三次方程的根呢？有，卡尔达诺公式就是证明。登塔成功。

　　费拉里的塔更高一些，有五层。

　　第一层的袋子里一如既往只装着系数的组合。构造出它们的"无害"组合，再对其中一个合适的表达式开平方，这样就登上了第二层。构造出这个第二层的平方根和系数的"无害"组合，再对其中一个合适的表达式开立方，这样就登上了第三层。构造出这个第三层的立方根、前面第二层的平方根和系数的"无害"组合，再对其中一个合适的表达式开平方，这样就登上了第四层。最后，构造出这个第四层的平方根、前面第三层的立方根、第二层的平方根和系数的"无害"组合，再对其中一个合适的表达式开平方，这样就登上了第五层——塔顶。

　　现在，你要找的四次方程的根已经确凿无疑地装在塔顶的袋子里了。按照费拉里的公式，我们可以准确地知道该如何一步步建造这样一座塔。

巴别塔，也称巴比伦塔，拿它来比喻巴比伦人求解二次方程的过程也很恰当。但这其实是一座只有两层的矮塔。第一层的袋子里只装着系数的组合。细心挑选一个表达式，求出它的平方根，爬上第二层，也就到了塔顶。塔顶的袋子里装着二次方程的一个根——事实上，两个根都装在里面。这些都是巴比伦人对二次方程的求解过程，也就是你在学校里学到的求根公式所告诉我们的。

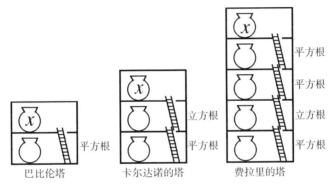

图6-3 求解二次、三次、四次方程

✳

五次方程呢？

假设五次方程真的存在一个根式解。我们不知道它是什么，但是可以做出很多推测，比如它一定对应着某一座塔。不如把这座假想的塔称作阿贝尔塔。

阿贝尔塔可能有成百上千层，层间的梯子也可能要用到各种各样的根式——19次方根，或者37次方根，完全不知道。我们唯一确定的就是第一层的袋子里只有系数的"无害"组合。我们可以畅想，在它高入云端的塔顶，袋子里装着五次方程的某个根。

我们想知道该怎样登塔，而数学告诉我们，只有一种方法能登上第二层。我们只能选择某个特定表达式的平方根，别无他途。

好吧，也不是完全没有别的办法。我们也可以用其他表达式的任意次方根，建造一座又高又大的塔。但只有在某一层的袋子里装着我脑海中的这个特定的平方根以及它与方程系数的各种组合的情况下，这样一座塔的塔顶才会有五次方程的根。而且，所有在这层以下的层都对向上登顶毫无助益，盖这些层就是在浪费时间和金钱。所以，由于第一层已经确定，任何一个明智的建筑工人都会直接把这个平方根作为第二层，从这里开始。

那么，要想沿着梯子爬到第三层，需要什么呢？

没有通往第三层的梯子。你可以登上第二层，但之后就上不去了。而如果你连这座假想塔的第三层都上不去，你当然无法登顶，在袋子里找到一个根。

简而言之，阿贝尔塔不存在。存在的只有一座修到第二层就停工的烂尾楼，又或者是一个更复杂的建筑，有很多无用的层，但最终依然会因为同样的原因、以同样的方式烂尾。这就是鲁菲尼的证明，不过他的证明有一个技术上的缺陷。大致来说，他其实没能证明：如果根式的"无害"组合在塔顶的袋子里，那么根式本身也在。

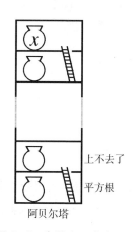

上不去了

平方根

阿贝尔塔

图6-4　为什么五次方程不可（用根式）求解

鲁菲尼的证明和阿贝尔的建塔理论有明显的相似之处。但通过塔的形式，阿贝尔改进了鲁菲尼的技巧，填补了他留下的缺陷。他们两个人共同证明了五次方程的系数和根之间无法用根式建起一座塔。这是在用建筑语言告诉我们，不存在只包含加减乘除和根式就能求解五次方程的表达式。用根式求解五次方程，就像想要靠一次次的原地踏步爬上月亮一样，全无可能。

※

1828年的圣诞节就要到了，阿贝尔准备与自己的旧友凯瑟琳和尼尔斯·泰斯库一起在弗罗兰（位于挪威南部）度过，他很想去看望住在附近的克莱丽。鉴于阿贝尔的健康状况，他的医生不赞成这次旅行。凯瑟琳在一封写给克里斯托弗·汉斯廷的妻子约翰娜的信中写道："要是你当时还在城里，他可能就愿意留在那边了。但他极力掩饰自己的病情。"12月中旬，阿贝尔动身前往弗罗兰，为了御寒把自己裹得严严实实。12月19日到达时，他把所有的衣服乃至布片都裹在了身上，甚至把袜子都套到了胳膊上。尽管咳嗽不停、冷得发抖，他依然在推进他的数学研究，在泰斯库家的客厅里愉快地工作，孩子们围绕着他。他很喜欢这样的陪伴。

阿贝尔还在努力谋求一个固定职位，尽管此时哪怕是他在奥斯陆的临时工作都可能不保。圣诞节期间他把主要精力都放在了争取柏林的职位上。他的朋友奥古斯特·克雷勒（August Crelle）一直在背后奔走，说服（德国）教育部成立了一个数学研究所，希望能让阿贝尔在那里担任教授。克雷勒获得了大科学家亚历山大·冯·洪堡的支持，还有高斯和法兰西科学院著名院士阿德利昂–玛利·勒让德（Adrien-Marie Legendre）的推荐信。他还劝说教育部长，阿贝尔是愿意接受柏林的职位的，但当局必须尽快行动，因为还有别的地方也想要聘请阿贝尔，尤其是哥本哈根。

阿贝尔原打算1月9日离开弗罗兰前往奥斯陆，但他的咳嗽和寒战都更严重了，大部分时间只能待在自己的屋子里。他未来的岳父母肯普夫妇非常担心。在原计划动身的那天早上，他剧烈地咳嗽，甚至咯出了血。肯普家立刻叫来家庭医生，医生要求阿贝尔卧床休息，并且必须有人持续看护。克莱丽当起了护士，她的温情照料与多种药物的配合让阿贝尔的病情有了明显的好转。几周之内，阿贝尔就被允许在椅子上坐一小会儿了，但被严禁进行任何数学研究。

勒让德写信给阿贝尔，表示自己对他在椭圆函数上的工作印象深刻，并敦促这位年轻人发表他对"判断方程是否根式可解"这一问题的解答："我劝你尽快将这一理论付梓，越快越好。这会给你带来极大的声誉，也会被公认为数学中前所未有的最伟大发现。"当一些著名数学家或主动或以忽视的方式被动地阻挠阿贝尔发表其意义深远的成果时，他在其他领域却已经声名鹊起。

1829年2月底，阿贝尔的医生意识到他再也无法康复了，最好的结果也只能是尽可能久地拖住病情的进程。医生给阿贝尔从前的老师伯恩特·霍尔姆伯寄了一份医疗证明，通报这个年轻人的健康状况：

> ……他来到弗罗兰钢铁厂[①]不久就患上了严重的肺炎，短期内还伴有大量咯血，不过很快就停止了。但由于长期的咳嗽和极度虚弱，直到现在他都只能卧床休息；而且，他的身体无法

---

① 阿贝尔在生命最后的几个月一直同未婚妻和朋友们一起住在弗罗兰钢铁厂老板西韦特·史密斯家中。引自 NIELS HENRIK ABEL and his Times: Called Too Soon by Flames Afar，作者 Arild Stubhaug。——译者注

承受哪怕是最轻微的气温变化。

更严重的是，干咳伴随着胸部刺痛很可能表示他患有潜伏性的胸部和支气管结核，而这又极易引发后续的肺结核，尤其对于他现在如此虚弱的体质而言。

由于病情十分危险……恐怕在春天到来之前，他无法回到奥斯陆。在那之前，即使病情恢复到最理想的情况，他也将无法履职。

克雷勒在柏林得知了这一坏消息，为了保住阿贝尔的职位，他加倍努力周旋，力劝德国教育部长将阿贝尔转移到气候温暖一些的地方。

4月8日，克雷勒终于向他极力提携的后辈寄出了好消息：

教育部已决定请你赴柏林任职……具体的职位和薪资我无法透露，因为我自己也不知道……我只希望让你尽快得知这一消息；这样你就可以放心，你的生计已经得到了充足的保障。对于未来你不必再有任何顾虑；你是我们中的一员，我们会保你无虞。

而这一切只是如果。

阿贝尔已经病得无法启程了。他只能留在弗罗兰，尽管有克莱丽的悉心照料，他还是越来越虚弱，咳嗽得越来越厉害。只有更换床单的时候他才会下床。他想要研究数学，却发现自己已经无法写字了。他开始沉湎往事，想着自己的贫穷，但他从未向自己爱的人吐露心中的感受，一直到最后的时刻都保持着配合与善良。

克莱丽逐渐发现自己越来越难以在未婚夫面前掩饰痛苦。玛丽或汉娜①就陪她一起守在床前。阿贝尔咳嗽得越来越厉害，已经无法入睡，（史密斯）家里就雇了一个护士负责夜间陪护，这样克莱丽可以休息一会儿。

4月6日早晨，在被剧烈的疼痛折磨了一夜后，阿贝尔去世了。汉娜写道："4月5日这一夜他经受了最大的痛苦。天快亮时，他变得比之前更为安静了，上午11点他咽了气。我的姐姐和他的未婚妻陪伴他度过了最后的时刻，见证了他静静地走向死亡。"

五天后，克莱丽写信给汉斯廷夫人的姐姐亨丽埃特·弗里德里希森，拜托她告知夫人这一噩耗。"是的，我最亲爱的人走了。唯有责任才能使我提出这样残忍的请求，因为我亏欠您的妹妹汉斯廷夫人太多。我用颤抖的手写下这封信，请求您告诉她，她失去了一个善良、虔诚、无比爱她的儿子。"

"我的阿贝尔走了！……我失去了世上的一切。一无所有，我已经一无所有了。原谅我，我已经无法再写下去了。请她收下随信附上的这一缕阿贝尔的头发吧。请一定以最仁慈的方式让您的妹妹准备好承受这一切。您痛苦的C.肯普。"

---

① 指玛丽和汉娜·史密斯，钢铁厂老板家的女儿。——译者注

不幸的革命者

数学家永远不会知足。

一个问题的解决只会催生出新的问题。阿贝尔死后不久，他关于一些五次方程无法用根式求解的证明开始逐渐得到承认。但阿贝尔的工作只是一个开端。虽然过去求解所有五次方程的尝试都已经逐步停止了，但有些非常聪明的数学家已经证明，某些五次方程是可以用根式求解的。除了像 $x^5 - 2 = 0$ 有解 $x = \sqrt[5]{2}$ 这样特别明显的，还有一些意想不到的五次方程也有根式解，比如 $x^5 + 15x + 12 = 0$，虽然它的解因为太复杂就不写在这里了。

这是个谜。如果一些五次方程可以用根式求解而另一些不能，那么是什么把它们区分开来的呢？

这个问题的答案改变了数学与数学物理的发展进程。虽然答案在 170 多年前就已经给出，但直到现在它还在不断地孕育出重要的新发现。回过头来看，一个单纯的关于数学内部结构的问题竟能产生如此深远的影响，这真是令人惊叹。准确求解五次方程看起来没有任何实际用途。如果在工程或天文学中遇到需要求解五次方程的问题，很多数值方法都能够给出一个足够精确的解，要精确到小数点后的任何位数都可以。五次方程的根式可解性——或者不可解性——是一个经典的"纯"数学问题，除了数学家，没有人感兴趣。

这可就大错特错了。

阿贝尔已经发现了用根式求解某些五次方程的障碍。他也证明了，这种障碍至少使一些五次方程完全不可能存在根式解。而下一步，也就是撬动我们的整个故事发生转折的支点，是由一个"得寸进尺"的人迈出的，他问出了一个一旦某个重大问题被解决后数学家们都无法抗拒的问题："是的，这些都没错……但究竟为什么呢？"

这种态度看起来可能有些吹毛求疵，但事实一次又一次地证明，这样的想法是十分宝贵的。其背后的理念在于绝大多数的数学问题都太难了，没有人能够解决。所以，当有人成功解决了困扰无数前人的问题时，仅仅赞美这个伟大的解法是不够的。能够用这一解法解决问题，要么是因为这个人运气好（数学家并不相信这种运气），要么就是存在某种特殊的原因。而如果能证明，我们可以解释背后的原因，也即可以解释为什么这一解法成立，那么很多其他的问题或许就能用相似的方法解决了。

所以，当阿贝尔速战速决，用一个明确的"不能"回答了"所有的五次方程都可以（用根式）求解吗？"这个问题时，另一个人思考得更为深刻，正在全心钻研一个更具普遍意义的问题：哪些方程可以用根式求解，哪些不能？平心而论，阿贝尔也已经开始沿着这一方向思考了，如果不是被肺结核夺去了生命，他可能已经找到了答案。

※

这个将会改变数学和科学进程的人就是埃瓦里斯特·伽罗瓦，他的一生是数学史上最具传奇和悲剧色彩的故事之一，而他辉煌的发现竟差点儿全部遗失。

毫无疑问，即使伽罗瓦没有出生，或者他的成果真的遗失了，最终也还是会有人得到同样的发现。许多数学家已经在相同的领域展开了探索，只是与重大发现失之交臂。或许在另一个平行宇宙中，某个具有与伽罗瓦相同的天赋与洞见的人（也许是一个再晚几年才得肺结核的尼尔斯·阿贝尔）最终也可以发展出同样的一系列思想。但在我们的宇宙中，这个人就是伽罗瓦。

埃瓦里斯特·伽罗瓦于 1811 年 10 月 25 日出生在拉雷讷堡（Bourg-la-Reine，在法语中意为"皇后镇"），那时还是巴黎郊区的一个小镇。这个地方现如今隶属于法兰西岛大区上塞纳省，位于 N20 和 D60 两条高速公路的交汇点，而 D60 高速公路现在就被命名为伽罗瓦大道。1792 年，拉雷讷堡改名为厄加利特堡（Bourg-l'Égalité，意为"平等镇"），这反映了那个时代的动荡政局和意识形态："皇后镇"让位于"平等镇"。1812 年，小镇的名字又被改回了拉雷讷堡，但大革命仍然余波未平。

埃瓦里斯特的父亲尼古拉斯–加布里埃尔·伽罗瓦是一个共和主义者，也是平等镇自由党的领导人，该党主要的政治主张是废除君主制。1814 年，在各方势力混乱的相互妥协下，路易十八复辟波旁王朝，尼古拉斯–加布里埃尔成了镇长，但对于具有他这样政治倾向的人而言，这不可能是一份舒心的公职。

埃瓦里斯特的母亲阿德莱德–玛丽原姓德曼特。她的父亲是一位法学专家，担任律师助理的工作，专职为案件的审理提供建议。阿德莱德–玛丽熟读拉丁语，把自己在古典学上的造诣悉数传授给了儿子。

埃瓦里斯特 12 岁以前都是在家中由母亲教育的。本来在他 10 岁时，有一所兰斯的学校录取了他，但他母亲可能认为 10 岁离家还是太早了。不过1823年10月，他入读了路易大帝学院，这是一所大学预科学校。埃瓦里斯特入学后不久，学生们就拒绝在学校教堂里唱圣歌，而年轻的伽罗瓦目睹了未来革命者的命运：100个学生被即刻开除。但对于数学非常不幸的是，这样的教训没能撼动伽罗瓦的决心。

入学的前两年，伽罗瓦都获得了拉丁语的第一名，但随后他就厌倦了学习。由于成绩下滑，学校要求他重修课程以提高成绩，但这自然进一步加深了他的厌倦，情况变得越来越糟。最后，是数学把伽罗瓦从泯然众人的下坡路上拉了回来，这门学科丰富的思想内涵足以笼络住他的兴趣。不是所有的数学都能吸引伽罗瓦：他直奔经典的大部头——勒让德的《几何学基础》。这有点儿像学习现代物理学的学生直接读爱因斯坦的研究论文来入门一样。但是数学中有一种门槛效应，一个智识上的临界点：如果一个学生能够克服最初的几道难关，掌握这门学科独特的符号表达，并且认识到进步的最佳方式是要理解其中的思想，而不只是机械地死记硬背，他或她就可以扬帆起航，在数学的海洋上乘风破浪，向更为深奥而富有挑战性的问题进发。而哪怕只是一个稍稍愚钝一点儿的学生，很可能就会被等腰三角形的几何问题难住。

关于伽罗瓦为了理解勒让德的这部意义深远的巨著付出了多少努力，一直是有争议的。但无论如何，他没有被难倒。他开始阅读拉格朗日和阿贝尔的专业论文。不出意外，他后来的工作也集中在拉格朗日与阿贝尔感兴趣的领域，尤其是方程理论。方程可能是唯一真正吸引了伽罗瓦关注的课题。不过，他越是钻研大数学家的著作，日常学业受到的影响就越严重。

在学校，伽罗瓦自由散漫，这是他从未改掉的习惯。他刁难老师，只在头脑中推理求解问题，而从来不"展示过程"。要求完整写出推导过程，这是今天的数学老师近乎迷信的一种做法，折磨了许多有天赋的年轻人。试想一下，如果一个刚刚崭露头角的年轻足球运动员每踢进一个球，教练就要求他严格写出自己所做的一系列技术动作，否则进球便会被判无效，这该有多么痛苦。其实根本就不存在这样的动作步骤。球员只是发现了一个空当，把球踢向了该踢的地方，在任何了解足球的人看来这都是一目了然的。

有能力的年轻数学家也是如此。

伽罗瓦雄心勃勃：他想去法国最负盛名的学府之一巴黎综合理工学院深造，那里是法国数学的摇篮。但是他无视了数学老师的建议——采用系统化的研究方式，规范地展示推导过程，让考官大体上能跟得上他的推理思路。埃瓦里斯特去参加了入学考试，但他的准备不足与过分自信是致命的——他落榜了。

20 年后，一位颇具影响力的法国数学家、著名学术期刊主编奥尔利·泰尔康（Orly Terquem）给出了伽罗瓦落榜的一种解释："一位智力水平高的候选人被智力水平低的考官淘汰。只是因为他们理解不了我，我就被看作一个野蛮人。"而现代的评论家由于深知沟通技巧的必要性，会对这一尖锐的批评有所保留，认为智力水平高的学生也得顾及能力没那么强的受众。伽罗瓦的毫不妥协对他的情况没有任何帮助。

因此，伽罗瓦只能继续留在路易大帝学院，而他在这里几乎碰不到什么好运气。一位名叫路易-保罗·里夏尔的老师发现了这个年轻人的才华，伽罗瓦也修读了他讲授的一门高等数学课。里夏尔认为，以伽罗瓦的天分，他应该免试保送综合理工学院。里夏尔很可能清楚一旦让伽罗瓦去参加考试会发生什么。但没有证据表明里夏尔曾向综合理工学院提出过自己的设想。如果他这样做了，那就是学院没有理会。

到了 1829 年，伽罗瓦已经发表了自己的第一篇研究论文，是一篇关于连分数^①的合格却平庸的文章。但他未发表的工作有着更大的野心：在这些工作中，他已经对方程理论做出了基础性的贡献。他把一些结果整理成文，寄给了法兰西科学院，希望能在他们的期刊发表。和现在一样，当时的所有论文投稿都需要先递交给审稿人来审稿，审稿人是论文相关领域的专家，需要针对论文的创新性、价值与关注点提出建议。伽罗瓦的审稿人是柯西，可能是当时法国最顶尖的数学家。由于柯西已经在伽罗瓦文章中涉及的相似领域发表过文章，由他审稿是非常自然的。

不幸的是，柯西非常忙。有一种流传甚广的传闻说柯西弄丢了手稿，还有消息称他是因为伽罗瓦的天才而自尊心受挫，一气之下把手稿直接扔掉了。然而，真相远比传说平淡得多。柯西曾在 1830 年 1月 18 日给法兰西科学院写过一封信，信中称他"因身体不适而必须待在家中"，所以无法参会就"年轻的伽罗瓦"的论文和自己的另一篇论文做报告，并为此表达了歉意。

这封信体现出了一些事实。首先，柯西并没有扔掉伽罗瓦的手稿，手稿在提交的 6 个月之后仍然在柯西手中。此外，柯西一定读过了这份手稿，并认为它的内容非常重要，值得法兰西科学院重视。

但当柯西出席下一次会议时，他只汇报了自己的论文。伽罗瓦的手稿发生了什么呢？

法国历史学家勒内·塔东（René Taton）认为伽罗瓦的工作深深

---

① 即 $a_0 + \cfrac{1}{a_1 + \cfrac{1}{a_2 + \cdots}}$ 形式的表达式。——译者注

打动了柯西——可能打动得太过了。所以他没有按原计划向科学院宣读这篇文章，而是建议伽罗瓦扩充内容，用更明晰的方式呈现自己的理论，然后去参评科学院的数学最高奖，这是一项极为重要的荣誉。并没有文献资料能够证明柯西有此提议，但我们可以肯定，1830年2月，伽罗瓦确实提交了这样一篇论文参加数学最高奖的评选。

我们并不清楚这篇参与评奖的论文的原始内容，但是可以通过现存的伽罗瓦遗稿大致推断出来。毫无疑问，如果他的研究中蕴藏的深远意义能够得到充分的认可，历史可能会发生翻天覆地的变化。可惜，这篇论文的手稿却消失不见了。

1831年，圣西门主义者[1]——圣西门主义是一场新基督教社会主义运动——创办的《环球》杂志刊载了一种可能的解释。《环球》报道了一桩起诉伽罗瓦公开威胁国王人身安全的案件。报道中还表示："这篇论文……理应获奖，因为它解决了拉格朗日都未能解决的难题。柯西也就此对文章的作者给予了至高的赞美。但发生了什么呢？论文遗失，大奖旁落，年轻的学者根本没能参加评选。"

这篇报道在事实依据方面大有问题。为了躲避革命派对知识分子可能的攻击，柯西已经于1830年9月逃往国外，所以报道中的内容不可能真的出自柯西之口。相反，这更像是伽罗瓦自己说的。伽罗瓦有一位名叫奥古斯特·舍瓦利耶（Auguste Chevalier）的密友，曾经邀请他加入圣西门公社。舍瓦利耶可能正是这篇报道的作者——伽罗瓦那时的全部精力都要用来应对这场决定生死的审判，应该不会写这

---

[1] 克劳德·亨利·德鲁弗鲁瓦·圣西门（1760—1825），法国哲学家、经济学家，空想社会主义的主要代表人物之一。他相信社会发展具有规律性，认为资本主义是社会的过渡阶段，必然为新的社会形态所代替。他提出了"实业制度"这一社会制度，由实业家和学者而不是贵族和军人掌管，秉承理性和道德的原则，人人自由劳动、按才取酬。——译者注

篇报道——如果是这样，这些内容一定来自伽罗瓦自己。可能他编造了这一切，也可能柯西真的赞扬了他的工作。

✳

让我们回到1829年。在数学研究的前沿，伽罗瓦感到越来越沮丧，他渴望获得数学界的认可，但数学界的同人显然没有能力领悟到他的研究的意义。随后，他的个人生活也开始分崩离析。

拉雷讷堡的情况很糟。镇长，也就是伽罗瓦的父亲尼古拉斯，卷入了一场麻烦的政治风波，触怒了镇里的牧师。牧师显然采取了残酷无情的手段，他散布了关于尼古拉斯亲属的恶毒言论，并且在上面伪造了尼古拉斯本人的签名。绝望的尼古拉斯自缢而死。

悲剧就发生在伽罗瓦又一次参加综合理工学院入学考试的前几天，这是他通过考试的最后一次机会。但考试并不顺利。一些记录显示伽罗瓦往考官的脸上扔了黑板擦——可能只是一块布而不是木头做的，但即便如此，考官也不可能对他留有什么好印象。1899年，J.伯特兰（J. Bertrand）提供了一些详细情况，表明考官问了伽罗瓦一个他没有预料到的问题，惹得他大发脾气。

不论出于什么原因，伽罗瓦没能通过考试，随即陷入了困境。年少轻狂的他原本完全确信自己会通过，因此根本不屑于准备预科学校的入学考试，而那是唯一的替代选择。如今这所学校已经更名为巴黎高等师范学校，比综合理工学院更负盛名，但在当时它只能屈居第二。伽罗瓦匆忙开始突击复习，数学和物理考得很好，文学考得乱七八糟，但终究是通过了。1829年年底，他终于拿到了科学与文学的资格证书。

我们前面提到，1830年2月伽罗瓦向科学院递交了一篇关于方程理论的论文来参评数学最高奖。当时的秘书约瑟夫·傅立叶把论文带回家中，准备浏览一遍。但是缠绕伽罗瓦一生的厄运再一次降临：傅立叶突然去世，没有来得及读这篇论文。更糟糕的是，在傅立叶的所有文件中再也找不到论文手稿了。不过，评奖委员会还有另外三位成员：勒让德、西尔韦斯特-弗朗索瓦·拉克鲁瓦（Sylvestre-François Lacroix）和路易·潘索（Louis Poinsot）。论文也可能是他们三人中的某人弄丢的。

可想而知，伽罗瓦怒不可遏。他开始相信，这是那些庸碌无能之辈扼杀天才努力的阴谋。他很快找到了替罪羊，就是残酷压迫人民的波旁王朝。他立志要为推翻王朝的统治贡献自己的力量。

6年前的1824年，国王查理十世继承了路易十八的王位，但完全不受拥戴。反对派自由党在1827年的选举中表现不错，到了1830年则更进一步成了多数党。查理十世预感自己即将被迫退位，遂发动政变：7月25日，他颁布法令，取消新闻出版自由。他毫不理解人民的情绪，因此起义迅速爆发，三天后达成妥协：查理十世退位，国王由奥尔良公爵路易-菲利普接任。

综合理工学院，也就是伽罗瓦希望就读的学校的学生们在这一系列事件中发挥了重要作用，他们在巴黎的街道上示威游行。但是在这样命运攸关的时刻，反对君主制度的排头兵伽罗瓦又在哪里呢？他和自己预科学校的同学一起被锁在学校里。校长吉尼奥选择明哲保身。

伽罗瓦对于自己被剥夺了参与历史的机会感到十分愤懑，以致他在《大学公报》撰文，猛烈抨击了吉尼奥：

> 吉尼奥先生昨天在《中学报》上发表的文章用了您报纸上的一篇文章作为基础，在我看来这极为不妥。我原以为您一定

会热切期盼以任何方式来揭穿这个人的嘴脸。

以下就是事实，46名学生可以担保作证。

7月28日上午，几名师范学校[①]的学生想要加入斗争行列的时候，吉尼奥先生两次警告他们，他有权叫警察来维护学校秩序。7月28日叫警察来！

同一天，吉尼奥先生还以他一贯迂腐守旧的做派告诉我们："（共和派与保皇派）两方都有很多勇敢的人在战斗。如果我是一名军人，我不知道该选择哪一方。为自由而牺牲，还是为正统而殉道？"

这就是这个人的真实嘴脸，第二天他还在自己的帽子上扣了一个巨大的三色帽徽（共和党人的标志）。这就是我们的自由主义！

编辑发表了这封来信，隐去了作者的名字。但校长迅速以发表匿名文章为由开除了伽罗瓦。

伽罗瓦为了报复，加入了国民自卫军的炮兵部队，这是一个准军事组织，也是培养共和主义者的温床。1830年12月21日，这支部队驻扎在卢浮宫附近，伽罗瓦很可能就是队伍中的一员。4名前国务大臣出庭受审，公众情绪十分激动：他们希望将这些人处决，否则就立即发起暴动。但是就在宣判之前，炮兵部队被撤走，由国民自卫军的正规军和其他忠于王室的部队接管。判决公布，4位大臣被判监禁，而暴动没能发生。10天后，路易-菲利普以对自身安全构成威胁为由解散了国民自卫军炮兵部队。伽罗瓦的革命生涯和他的数学生涯一样惨淡收场。

---

① 七月革命后，预科学校已经改名为师范学校（École normale）。——译者注

如今，现实问题变得比政治问题更加紧迫：他必须养活自己。伽罗瓦开始当私人数学教师。有40个学生报名了他的高等代数课。我们知道伽罗瓦不擅长文字表达，所以可想而知，他的课也不会教得太好。可能他在课上掺杂了太多的政治评论；而几乎可以肯定的是，他的课对于普通人而言太难了。不管怎样，选他的课的学生数量急剧减少。

伽罗瓦仍然没有放弃自己的数学事业，向科学院提交了自己论文的第三个版本，题为《论方程可根式求解的条件》。由于柯西已经逃离巴黎，审稿人变成了西梅翁·泊松和拉克鲁瓦。两个月过去，伽罗瓦没有收到任何回音，于是他写了一封信询问情况。无人回复。

到了1831年春天，伽罗瓦的脾气变得更加阴晴不定。4月18日，数学家索菲·热尔曼（Sophie Germain）——1804年她刚刚开始做研究时就给高斯留下了深刻印象——给古列尔莫·里布利（Guillaume Libri）写了一封有关伽罗瓦的信："他们说他会彻底发疯，恐怕这是真的。"伽罗瓦从来不是情绪稳定的人，而现在几乎成了一个彻头彻尾的偏执狂。

那个月，当局因为卢浮宫事件逮捕了炮兵部队的19名成员，并以煽动叛乱的罪名起诉他们，但陪审团宣判他们无罪。炮兵部队5月9日在勃艮第丰收餐厅举办了一场庆祝宴会，大约有200名共和党人参加。他们中的每个人都希望亲眼看到路易–菲利普被推翻。小说家亚历山大·仲马（大仲马）当时在场，他写道："这200个人下午五点在花园上方第一层的长廊里重聚，在整个巴黎都很难找出比他们更加敌视政府的人了。"随着气氛越来越狂热，有人看到伽罗瓦一手端着酒杯，另一只手拿着匕首。参加宴会的人把这一姿势理解为对国王的威胁，全力鼓吹应和，最后还大摇大摆地上街狂舞。

第二天早晨，伽罗瓦在母亲的家中被捕——这表明宴会上有警方的卧底——并被指控威胁国王的人身安全。这一次他终于有了一些政治意识，因为在审判中他承认了一切，只有一处改动：他声称自己是在为路易-菲利普敬酒，只是在加上"如果他背叛国家"这句话时才挥动了匕首。他哀叹道，自己至关重要的这句话当时被周遭的嘈杂淹没了。

但伽罗瓦明确表示，他确实认为路易-菲利普一定会背叛法国人民。当公诉人问他是否"相信国王会放弃他的执政合法性"，伽罗瓦回答道："如果他还没有这样做，他很快就会成为国家的叛徒。"公诉人进一步询问时，他还确凿无疑地表示："政府当前的所作所为会驱使人相信，路易-菲利普如果不是已经叛国，也迟早会叛国。"尽管如此，陪审团还是判他无罪。也许他们也感同身受吧。

6月15日，伽罗瓦被释放。三周之后，审稿人在科学院汇报了他的论文。泊松觉得这篇文章"难以理解"。报告原文是这样说的：

> 为了理解伽罗瓦的证明，我们想尽了办法。他的论证不够清晰，也不够成熟，无法判断其正确性，因此我们在本次报告中无法对其给出评价。作者称这篇论文的主题是一个可被广泛应用的普遍理论的其中一部分。如果把理论的所有部分都呈现出来，也许不同部分之间可以相互阐释，比单独理解每一部分更容易。因此，我们建议作者发表完整的理论，我们再据此形成明确的意见。但就目前提交给科学院的部分来看，我们不能给予通过。

最不幸的是，这篇报告很可能完全是中肯的。审稿人也指出：

> （这篇论文）并没有包含（它在）题目中所说的"方程可根式求解的条件"；事实上，即便假设伽罗瓦先生的论断是正确

的，也无法从中推出任何切实可行的方法，来判断一个给定的素数次方程是否可以用根式求解，因为首先要验证这个方程是不是不可约方程[①]，然后还要看它的根是否可以表示成另外两个根的有理分式。

其中最后一句话说到了伽罗瓦论文的最精彩之处，就是一个判断素数次方程是否可以用根式求解的极为优美的检验标准。不过我们确实不太清楚该如何将它应用到每个具体的方程上，因为在检验之前必须要知道方程的根，可是在没有求根公式的情况下，如何"知道"方程的根呢？如蒂尼奥尔所说："伽罗瓦理论并不符合人们的期待。它太新颖了，无法被轻易接受。"审稿人希望看到的是关于系数的条件，只要验证系数是否满足某种关系就能判断方程是否根式可解；伽罗瓦给出的则是关于根的条件。可审稿人的期望是不切实际的：从来就没有人发现过这种基于系数的简单标准，也绝对不可能存在这样的标准。但是，事后诸葛亮对于当时的伽罗瓦来说无济于事。

✳

7月14日巴士底日[②]，伽罗瓦和朋友埃内斯特·迪沙特莱走在共和主义者游行队伍的最前面。伽罗瓦穿着被解散的炮兵部队的制服，带着一把刀、几把手枪和一把上了膛的来复枪，而穿这身制服和携带武器都是违法的。在新桥，他们两人都被逮捕，伽罗瓦只被指控了轻一

[①] 不可约多项式，即不能写成两个次数较低的多项式之乘积的多项式。不可约方程就是令不可约多项式等于零的方程。——译者注

[②] 1789年7月14日，巴黎群众攻占巴士底狱，拉开法国大革命序幕，之后每年的7月14日就被称为巴士底日，后于1880年被确立为法国国庆日。——编者注

些的罪名——违法穿制服。他们被送进了圣佩拉吉监狱等待审判。

在监狱里，迪沙特莱把国王的脑袋画在了自己囚室的墙上，还专门让它倒在了断头台旁。这显然对他们的斗争目标毫无助益。

迪沙特莱先受审，之后是伽罗瓦。伽罗瓦于10月23日被审判、定罪，而他的上诉也于12月3日被驳回。至此，他已经被关在监狱里4个多月了，而他被判仍需服刑6个月。他在狱中做了一阵子数学研究，后来在1832年的霍乱大流行中被转移到一家医院，随后假释出狱。在重获自由的同时，他陷入了平生第一次也是唯一的一次恋爱，对方是一个叫"斯特凡妮·D"（Stéphanie D）的女孩，这是从他潦草的笔迹当中辨认出来的。

从此刻起，由于史料匮乏，我们必须要做很多的猜测以补全来龙去脉。人们一度不知道斯特凡妮的姓氏，也不知道她是个什么样的人，这种神秘色彩使她的形象愈发浪漫。伽罗瓦在自己的一份手稿中写出过她的全名，但后来又把它全部涂掉了，让人无从辨认。历史学家卡洛斯·因凡托齐（Carlos Infantozzi）对手稿进行了仔细研究，司法笔迹鉴定的结果显示这位女士名为斯特凡妮-费利西·波特林·迪莫特尔。她的父亲让-路易·奥古斯特·波特林·迪莫特尔是福特里耶精神病疗养院的住院医师，伽罗瓦在那里度过了生命中的最后几个月。

我们不知道让-路易怎么看待这两个人的关系，不过看起来他不太可能同意一个身无分文、没有工作、情绪危险而激烈、持极端政治观点并有犯罪记录的年轻人向自己女儿的求爱。

斯特凡妮的态度我们倒是了解一些，但唯一的依据只有伽罗瓦潦草写下的只言片语，想必是从她写给他的信中抄下来的。围绕着这段插曲存在很多谜团，而这段插曲又与接下来发生的事有着至关重要的关联。显然，伽罗瓦遭到了拒绝，这让他非常难过，但具体情况无法确定。是伽罗瓦一厢情愿，对方从未回应，还是斯特凡妮先鼓励了伽罗瓦的追求，而后自己又迟疑退缩了？伽罗瓦身上那些会让她父亲极为反感的特质可能对她极具吸引力。

对伽罗瓦而言，他当然十分看重这段感情。5月，他在给好友舍瓦利耶的信中写道："我该如何宽慰自己，在一个月中就将一个男人可能拥有的最丰沛的幸福源泉耗至枯竭？"他在一份文件的背面断断续续抄下了斯特凡妮的两封信。其中一封的开头是"请与我断绝这段关系吧"，这意味着他们之间确实存在着某种关系可以断绝。但接下来是，"也不要再想着那些根本不存在也不可能存在的事情了"，这又给人完全相反的感觉。另一封中包含这样几句话："我听从了你的建议，也认真想过那些……曾经……发生的事……但无论如何，先生，请你相信，（我们之间）从来就没有更多的东西。你想错了，也没有理由感到后悔。"

不论他是早已预料到整件事情的结局，知道他的感情从未得到回报，还是在一开始受到过某种形式的鼓励，但随即就被拒绝，看起来伽罗瓦都陷入了最为痛苦的单相思。又或者这整件事可能比想象中更加凶险？在与斯特凡妮分手——或者是伽罗瓦自以为的分手——之后不久，有人以反对他追求斯特凡妮为由提出要和他决斗。但这只是表面上声称的原因，真实的情况又一次隐于历史的迷雾之中。

对此标准的说法是，这是一场政治阴谋。以埃里克·坦普尔·贝尔（Eric Temple Bell）和路易斯·科尔罗斯（Louis Kollros）为代表的作家写道，伽罗瓦的政敌认为他对迪莫特尔小姐的迷恋是个完美的理由，可以借此伪造一场"荣誉决斗"把他除掉。还有一种更加离奇的看法称，伽罗瓦是被警方的卧底杀害的。

这些说法现在看来都不可信。大仲马在自己的《回忆录》中表示，杀死伽罗瓦的人是佩舍·德尔宾维尔（Pescheux D'Herbinville），也是共和党人，大仲马对他的描述为"一个有魅力的年轻人，会用绢纸制作子弹，并用丝带包好"。这就是一种早期的拉炮，现在圣诞节的时候很常见。德尔宾维尔算是农民阶级的英雄，是被指控阴谋推翻政府后又被无罪释放的19名共和党人之一。他肯定不是警方的卧底，因为1848年马克·科西迪耶尔（Marc Caussidière）[①]担任警察局长之后公布了所有间谍的名单，其中并没有德尔宾维尔。

警察关于决斗的报告显示，另一位决斗者是伽罗瓦的革命同志，决斗的真实原因与宣称的一致，就是为了爱情。这种说法很大程度上被伽罗瓦本人关于这件事的话所印证："我请求爱国者和我的朋友们不要指责我没有为国家而死。我是因一个臭名昭著的风流女人而死。我的生命将消逝于一场悲惨的争斗。天啊！为什么要死得这样微不足道，这样卑鄙可耻！……宽恕杀我的人吧，他们才是良善之人。"要么他没有察觉到自己成了政治阴谋的牺牲品，要么就根本没有什么阴谋。

看起来斯特凡妮确实至少是这场决斗的一个直接原因。在出发赴会之前，伽罗瓦在桌上留下了最后的一些笔迹。其中就有"一个女人"（Une femme），不过"女人"又被他涂掉了。但是，决斗的根本原因和他的生平中很多其他的情节一样，仍旧不为人知。

数学上的故事则清晰得多。5月29日，也就是决斗前一天，伽罗瓦写信给舍瓦利耶，概括了自己的发现。舍瓦利耶最终在《百科全书评论》杂志上发表了这封信，其简述了群与多项式方程的关系，提出了方程根式可解的一个充分必要条件。

伽罗瓦还提到了自己在椭圆函数与代数函数积分方面的思想，

---

① 马克·科西迪耶尔（1808—1861）是19世纪上半叶法国共和运动的重要人物，参加了1834年的里昂起义，1848年二月革命后任巴黎警察局局长。——译者注

以及其他的一些含义模糊的内容，实在难以识别。被潦草写在页边的一句"我没有时间了"引发了另一个错误传言：伽罗瓦在决斗前夜疯狂地写下了自己的数学发现。但这句话的旁边写着"（作者注）"，这很难与这样的画面相符。另外，这封信是对伽罗瓦被拒绝的第三份手稿的补充解释，页边还有泊松的注释。

决斗使用的是手枪。尸检报告称他们是相距25步开的枪，但事实可能更加残忍。1832年6月4日的《先驱报》上有一篇文章这样报道：

> 巴黎，6月1日——昨天，一场不幸的决斗从精确科学界[①]夺去了一个年轻人的生命，他原本前途无量，但早慧的声望却被近来的政治活动遮蔽了光彩。年轻的埃瓦里斯特·伽罗瓦……与他的一个老朋友决斗，一个和他一样的年轻人，同为"人民之友协会"的成员，曾共同在一场政治审判中出庭。据说这场决斗是由爱情引发的。双方选择了手枪作为武器，但由于过往的友谊，他们不忍直面对方开枪，于是决定把生死交给命运。两人以近距离平射的射程站定，各自用手枪指向对方开火。只有一把枪上了膛。伽罗瓦被对手的子弹射穿；他被送到科钦医院，两小时后就去世了。他只有22岁，而他的对手L. D. 比他还年轻一些。

"L. D."指的可能是佩舍·德尔宾维尔吗？有可能。字母D是可以接受的，当时存在这样的拼写变化；字母L可能是个错误。这篇文

----

① 精确科学，指原理清晰、证明严密、结果精确的科学，主要包括数学以及其他学科的严密定量化研究。——译者注

章在细节上并不可靠：决斗的日期、伽罗瓦死亡的日期和他的年龄都写错了，所以写错了首字母也是有可能的。

宇宙学家、作家托尼·罗思曼（Tony Rothman）的说法则更加令人信服。最符合这番描述的人其实是与伽罗瓦一同在新桥被捕的迪沙特莱，而非德尔宾维尔。伽罗瓦的传记作者罗贝尔·布尔涅（Robert Bourgne）和让-皮埃尔·阿兹拉（Jean-Pierre Azra）都把迪沙特莱的教名记为了"埃内斯特"（Ernest），但这很可能是错的，也有可能还是字母L错了。用罗思曼的话来说："我们得到了一个与各种资料相一致的、十分可信的情景，两位旧时好友爱上了同一个女孩，用一种比俄罗斯轮盘赌还要恐怖的方式决出了胜负。"

这种说法也与故事的最后一个令人后怕的转折相一致。伽罗瓦腹部中弹，这样的伤口几乎一定是致命的。如果决斗双方的距离是平射射程，就没什么好奇怪的；但如果相距25步，却打出了这样的伤口，那就是伽罗瓦那被诅咒的厄运最后一次找上了他。

他并没有像《先驱报》所说的那样死于两小时后，而是于第二天（5月31日）在科钦医院离世。死因是腹膜炎，并且他死前拒绝了牧师的祈祷。1832年6月2日，伽罗瓦被埋葬在蒙帕纳斯公墓的普通壕沟中。

他写给舍瓦利耶的信的结尾是这样的："请你公开请求雅可比或高斯发表自己的意见，不是针对这些定理正确与否，而是针对它们的重要意义。我希望将来会有人发现，把这些杂乱无章的情况整理出秩序，将对他们大有裨益。"

※

但伽罗瓦究竟做出了什么成就？他最后的那封信中，"杂乱无章的情况"指的又是什么？

答案就是我们故事的核心，很难用三言两语说清楚。伽罗瓦为数学引入了一个全新的视角，他改变了数学的内涵，向抽象化迈出了必不可少而不同寻常的一步。在伽罗瓦手中，数学不再研究数与形——算术、几何，以及从中发展出的其他分支，比如代数和三角学等。它开始研究结构，从对事物的研究转变为对过程的研究。

我们不应该把这一转变的实现全部归功于伽罗瓦。数学抽象化的浪潮在拉格朗日、柯西、鲁菲尼和阿贝尔的研究下已然兴起，伽罗瓦只是乘势的弄潮儿。但他以高超的技巧站上浪潮之巅，为这一转变冠上了自己的姓名。他第一个严肃地认识到：有时候，把数学问题转换到更抽象的领域去思考，能得到最好的理解。

数学界花了一段时间才逐渐认识到伽罗瓦理论的美与价值。事实上这些成果差一点儿就丢失了，是约瑟夫-路易·刘维尔（Joseph-Louis Liouville）保住了它们。刘维尔是拿破仑手下一名陆军上尉的儿子，后来成为法兰西公学院①的教授。1843年夏天，刘维尔联系了法兰西科学院——就是这个机构曾经遗失或拒绝了伽罗瓦的三篇研究报告。"我希望这封信能够引起科学院的兴趣，"他这样开头，"我在埃瓦里斯特·伽罗瓦的论文中找到了一个深刻而又同样精确的答案，它回答了下面这个优美的问题：是否存在根式解……"

刘维尔认真研读了这位不幸的革命者大多潦草难懂的手稿，并投入大量的时间和精力揣摩作者的意图。如果他没有费这番周折，手稿可能早就和垃圾一起被扔掉了，群论则只能等到将来有人重新发现

---

① 法兰西公学院是法国历史最悠久的学术机构，由法国国王弗朗索瓦一世成立于1530年，实行"开门办学"，面向社会大众传授知识，不颁发任何形式的文凭或证书。——译者注

同样的概念后才能创立了。所以，数学应该对刘维尔感激不尽。

随着对伽罗瓦方法的理解不断深化，一种崭新而强有力的数学概念——群——诞生了。群论是关于对称性的理论（可以理解成对称性的"微积分"），它成为一个完整的数学分支，自产生之时到如今，已经深入数学的每一个角落。

✳

伽罗瓦使用的是置换群——所谓置换，就是重新排列一列物体的方法。而他要重排的是代数方程的根。举一个最简单又有趣的例子：一个一般的三次方程，有 a、b、c 三个根。回想一下，这三个符号一共有 6 种置换方式，而我们可以按照拉格朗日和鲁菲尼的方法，通过依次作用把任意两个置换相乘。例如，可以看到 $cba \times bca = acb$。这样操作下去，我们就能建立起全部 6 个置换的"乘法表"。我们可以给每一个置换命名，比如 $I = abc$，$R = acb$，$Q = bac$，$V = bca$，$U = cab$，$P = cba$，这样更容易理解。得到的乘法表如图 7–1 所示。

	I	U	V	P	Q	R
I	I	U	V	P	Q	R
U	U	V	I	R	P	Q
V	V	I	U	Q	R	P
P	P	Q	R	I	U	V
Q	Q	R	P	V	I	U
R	R	P	Q	U	V	I

图 7–1　由三次方程根的 6 个置换所组成的乘法表

这里，第*X*行、第*Y*列的内容是乘积*XY*，意为"先作用*Y*，再作用*X*"。

伽罗瓦发现，这个表格有一个简单明了而至关重要的特征。表格中任意两个置换的乘积本身也是一个置换——因为其中出现的符号只有*I*、*U*、*V*、*P*、*Q*、*R*。全部6个置换的一些小的子集合也具有相同的"群的性质"：集合中任意两个置换的乘积也属于这个集合。伽罗瓦把满足这样条件的集合称为群。

例如，子集合[*I*, *U*, *V*]构成了一个小一些的表格：

	I	*U*	*V*
I	*I*	*U*	*V*
U	*U*	*V*	*I*
V	*V*	*I*	*U*

图7-2　由三个置换所组成的子群的乘法表

只有这三个符号在表格中出现。因此[*I*, *U*, *V*]也构成了一个群，而它是群[*I*, *U*, *V*, *P*, *Q*, *R*]的一部分。像这样，如果一个群是另一个群的一部分，我们就把它称为一个子群。

其他的子群，即[*I*, *P*]，[*I*, *Q*]和[*I*, *R*]，只包含两个置换。还有子群[*I*]，只包含置换*I*。可以证明，由三个符号的所有置换构成的群，只有以上列出的这6个子群[1]。

现在，伽罗瓦说（虽然他的原文不是这样表达的），选定一个三次方程，我们可以研究一下这个方程具有的对称——也就是一些特定

----

① 包含[*I*, *U*, *V*, *P*, *Q*, *R*]本身，即[*I*, *U*, *V*, *P*, *Q*, *R*]，[*I*, *U*, *V*]，[*I*, *P*]，[*I*, *Q*]，[*I*, *R*]和[*I*]。——译者注

的置换，把这样的置换作用在方程的根上，可以保持根与根之间所有的代数关系不变。例如，假设根 a 和 b 满足 $a + b^2 = 5$ 这样一个代数关系，那置换 R 是一个对称吗？对照一下上面对 R 的定义，R 是保持 a 不变，交换 b 和 c，所以想要保证 $a + b^2 = 5$ 的话，就必须保证 $a + c^2 = 5$ 也成立。如果不满足这一条件，R 当然就不是一个对称。而如果满足，你可以检查根与根之间成立的任意其他代数关系，如果进行了置换 R 之后所有这些关系都仍然成立，那么 R 就是一个对称。

准确找出哪些置换是所给方程的对称在技术上很难。但有一点是我们不用做任何计算就可以确定的：一个方程所有对称的集合一定是方程根的所有置换构成的群的子群。

为什么？举例来说，假设置换 P 和 R 都能保持根的所有代数关系在作用前后不变。如果把 R 作用在一个成立的代数关系上，得到的仍然是一个成立的代数关系。如果再把 P 作用在上面，我们就又会得到一个成立的代数关系。但作用 R 之后再作用 P，等价于直接作用 PR。所以 PR 也可以保持根的代数关系不变，它也是一个对称。那么也就是说，对称所组成的集合具有群的性质。

这一直截了当的事实是伽罗瓦所有工作的基础。它告诉我们，任何代数方程都关联着一个群，也就是它的对称所组成的群——这个群现在被称为伽罗瓦群，以纪念它的发明者。方程的伽罗瓦群一定是它的根置换群的子群。

这个重要的见解自然地揭示出了方程根式可解问题的突破口：只要搞清楚什么样的子群会在什么情况下出现就可以了。具体来说，如果一个方程是根式可解的，它的伽罗瓦群就应该具有相应的内部结构。那么，给定任意方程，你只要算出它的伽罗瓦群，检验这个群是否具有所需的结构，就可以知道方程是否根式可解了。

现在，伽罗瓦可以从一个完全不同的视角重新考虑整个问题了。他不再用梯子和袋子建塔，而是种了一棵树。

伽罗瓦自己并没有把他的方法称作一棵树，就像阿贝尔也没有提到过卡尔达诺的塔这种说法。但我们可以把伽罗瓦的理念描绘成从中心树干上不断长出树枝的过程。树干就是方程的伽罗瓦群，而上面的粗枝、细枝和树叶则是各种子群。

一旦我们开始考虑方程的对称在引入根式后如何变化，子群就自然而然地出场了。方程的对称群会发生什么样的变化呢？伽罗瓦表示，如果我们构造一个p次方根，对称群就一定会分成p个相同大小的区块（这里正如阿贝尔指出的那样，我们总可以假设p是素数）。所以，比如说，一个包含15个置换的群可能会分成5块，每块包含3个置换，或者3块，每块包含5个置换。关键的是，这些区块必须要满足一些非常严格的条件；尤其是，它们当中必须要有一块自身能够形成一个特殊的子群，被称为"指数为p的正规子群"。我们可以想象从树干上长出了p根树枝，其中的一根对应着正规子群。

由三个符号的所有6个置换组成的群有3个正规子群，分别是整个群$[I, U, V, P, Q, R]$，子群$[I, U, V]$——我们刚刚写出了它的乘法表，以及只包含一个置换的子群$[I]$。其他的3个包含两个置换的子群并不是正规子群。

举例来说，假设我们要解一个一般的五次方程。这个方程有5个根，所以是对5个符号的置换，这样的置换一共有120个。五次方程共有5个系数，可以随意置换，也就是说它们充分对称，因此方程具有一个包含所有这120个置换的群。这个群就是树干。而方程的每个根，由于完全不对称，所以（这个根）具有一个仅包含一个置换的群——平凡的、保持不变的恒等变换。所以这棵树共有120片树叶。我们的目标是用粗枝和细枝把树干和树叶连接起来，在我们把系数一点点组合成求根公式（假定是用系数的根式来表达的）的过程中会出现各种中间量，树的结构应当反映这些量所具有的对称性质。

为了方便讨论，假设求根公式的第一步是要对系数开五次方根。于是这个包含120个置换的群就被分成了5块，每块包含24个置换。所以，树上长出了五根树枝。用术语来说，这一分支过程必须对应一个指数为5的正规子群。

但是伽罗瓦仅仅通过对置换的计算就可以证明，不存在这样的正规子群。

那好吧，或许求根公式是从7次方根开始的。120个置换必须分成数目相等的7块——但这是不可能的，因为120不能被7整除。所以求根公式里不可能包含7次方根。事实上，除了2、3、5次方根，其他的素数次方根都不可能，因为120的质因数只有2、3、5[①]。而我们刚才已经把5排除了。

那从三次方根开始呢？可惜也不行：这个包含120个置换的群没有指数为3的正规子群。

现在只剩下平方根了。这个包含120个置换的群有没有指数为2的正规子群呢？的确有，而且只有一个。它叫作交错群，其中包含60个置换。应用伽罗瓦关于群的理论，我们已经确定，一般五次方程的任何求根公式都必须始于对系数的（加减乘除）表达式开平方根，这会让我们得到一个交错群。树干第一次分叉只分出了两根树枝。但这棵树有120片树叶，所以这两根树枝必须继续分叉。它们如

---

① 根据群的拉格朗日定理，子群的指数和元素个数都必须是整个群元素个数的因子。——译者注

何分叉呢？

60的质因数同样是2、3和5。所以两根新树枝只能进一步再分成两根、三根或五根细枝。也就是说，我们必须紧接着在求根公式中加入另一个平方根、立方根或者五次方根。而且，当且仅当这个交错群有一个指数为2、3或5的正规子群时，这一步骤才可以实现。

但是它有这样的正规子群吗？这个问题纯粹只与五个符号的置换有关。通过分析这些置换，伽罗瓦证明了这个交错群根本没有正规子群（除了整个群本身，以及平凡子群[I]）。这种群被称为单群，它是构造所有群的基本组件之一。

能够通过逐次把每根树枝分成素数个分枝的方式连接树干和树叶的正规子群太少了。因此，在第一步加入了一个平方根之后，用根式求解五次方程的过程就突然停了下来。到这一步就已经无路可走了。不存在一棵可以从树干一直长到树叶的树，也就意味着没有用根式来表达的求根公式。

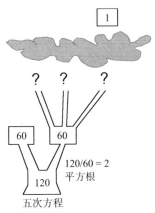

图7-3　伽罗瓦对五次方程不可根式求解的证明

这一思想同样适用于六次、七次、八次和九次方程——所有五次以上的方程都是如此。这就让我们疑惑，为什么二次、三次和四次方程有根式解。为什么它们是例外呢？事实上，群论明确地告诉了我们应该如何求解二次、三次和四次方程。接下来我会省略具体的技术细节，只展示伽罗瓦的树。图7-4中的三棵树与经典公式形成了准确的相互对应。

现在就让我们来领略伽罗瓦思想之美。它不仅证明了一般的五次方程无法用根式求解，还解释了为什么一般的二次、三次和四次方

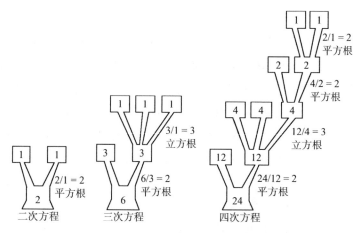

图 7-4 用群解二次、三次和四次方程

程存在根式解，并且告诉了我们这些解大致是什么样的。再通过一些额外的计算，就可以确切知道这些解的样子了。最后，它还对可求（根式）解和不可求（根式）解的五次方程做出了区分，并给出了可求解的方程的解法。

对一切我们可能想要知道的关于方程的解的问题，方程的伽罗瓦群都能给出答案。那么为什么泊松、柯西、拉克鲁瓦和其他专家看到伽罗瓦的成果时没有欣喜若狂呢？

因为伽罗瓦群隐藏着一个可怕的秘密。

※

这个秘密是这样的。想要得到一个方程的（伽罗瓦）群，最简单的方式就是利用方程根的性质。但是显然，问题在于，我们一般是不会知道方程的根的。别忘了，我们是在解方程，也就是在找方程的根。

假设有人给我们一个特定的五次方程，比如

$$x^5 - 6x + 3 = 0$$

或者

$$x^5 + 15x + 12 = 0$$

然后要求我们用伽罗瓦的方法确定它是否能用根式求解，这个问题看起来合情合理。

但糟糕的事实是，用伽罗瓦的方法无法回答这个问题。我们可以断定，与这个方程相关联的群很有可能包含了所有120个置换——如果是这样，这个方程就无法（用根式）求解。但我们不能保证所有120个置换都出现在伽罗瓦群中。可能这五个根必须满足某种特殊的约束条件，但我们如何辨别呢？

伽罗瓦理论虽然美，却有着严格的限制。它针对的是根而不是系数。换言之，它需要根据未知量进行操作，而不是已知量。

如今，你可以去一个合适的数学网站，输入你的方程，网站就会计算出这个方程的伽罗瓦群。我们现在知道，上文中的第一个方程不能用根式求解，第二个则可以。我想讲的并不在于计算机的威力，而是有人发现了解决这一问题应该遵循的步骤。自伽罗瓦之后，这一领域的一个重大进展就是得出了任意方程伽罗瓦群的计算方法。

伽罗瓦不具备这样的技巧。伽罗瓦群的程序化计算方式在伽罗瓦去世后一个世纪才得以实现。但因为当年做不到这一点，柯西和泊松就有了推卸责任的借口。他们完全有理由抱怨，伽罗瓦的方法并没有解决一个给定的方程在何种条件下根式可解的问题。

但是他们没能认识到，伽罗瓦的方法解决了与此相关但略有区别的另一个问题：根式可解的方程的根具有怎样的性质。这个问题有一个优美而且深刻的答案。而柯西他们期待伽罗瓦解决的那个问题则没有理由会有一个简洁的答案。通过简单计算方程系数得到的性质来判断方程是否根式可解，是不可能用简洁的方式做到的。

＊

到目前为止，我们用对称性解释群的概念时主要都是在做比喻。现在我们要以更贴近字面意义的方式来讲解它，这需要更多的几何视角。伽罗瓦的后继者很快意识到，群与对称的关系在几何背景下更好理解。事实上，这也正是教师在教学中介绍这些概念时通常使用的方式。

为了让你对这种关系有所体会，我们会简单地分析一下我最喜欢的一个群：等边三角形的对称群。我们最终会提出一个非常基本的问题：到底什么是对称？

在伽罗瓦之前，对这个问题的所有回答都是含糊不清、过于简略的，总是会涉及"比例优美"这种感性的特征。这不是一个可以用严格理智的数学语言来描述的概念。而在伽罗瓦之后——在数学界花了一段时间整理出伽罗瓦理论在根式可解这一特殊应用背后蕴含的普遍思想之后——这个问题有了一个简单而明确的答案。首先，"对称"这个词必须被重新解释为"一个对称"。数学对象不只是具有单一的、抽象的对称概念，通常它们都会具有很多个不同的对称。

那么，什么是"一个对称"呢？数学对象的一个对称是能够保持其结构不变的一个变换。我马上就会仔细解释这个定义，但首先要关注的一点是，对称是一个过程，而不是一个具体的事物。伽罗瓦的这些对称是（对方程根的）置换，而一个置换就是对一系列事物的重排方式。严格地说，它也并不是这个重排本身，而是你实施重排时遵循的规则。不是菜，而是菜谱。

这样的区分听起来有些斤斤计较，但这是我们讨论一切问题的基础。

在对称的定义中，有三个关键词："变换"（transformation）、"结构"（structure）以及"保持"（preserve）。让我以等边三角形为例来解释它们。根据定义，这种三角形的三条边长度相等，三个角大小相等，都是60°。这样的特征让人很难把它的三条边区分开来，"最长的边"这种说法毫无意义。三个角之间也无法区分。我们会看到，这种无法区分各边或各角的情况正是由等边三角形所具有的对称造成的。事实上，正是这种"无法区分"定义了对称。

我们来逐一思考一下这三个关键词。

变换：我们可以对这个三角形进行一些操作。原则上来说，我们可以做的有很多：把它弯曲、旋转（或翻转）一定的角度、折皱、像皮筋一样拉伸、涂成粉红色。但我们的选择范围被第二个词限制住了。

结构：我们这个三角形的结构是由被认为非常重要的数学特征组成的。三角形的结构包括诸如"它有三条边""边是直的""每条边的长度是7.32英寸（约18.6厘米）""它位于当前这个平面内"等内容。（在其他的数学分支中，重要的特征可能会有所不同。比如在拓扑学中，唯一重要的就是三角形构成了一个简单封闭曲线，至于它有三个转角、它的边是直的这些特征就不再重要了。）

保持：变换后对象的结构必须与原来一致。变换后的三角形必须同样有三条边，所以弄皱是不行的。边必须仍然是直的，所以弯曲也不可以。每条边的长度必须还是7.32英寸，所以拉伸也是禁止的。位置也要保持在原地，所以把它往旁边移动10英尺（约3米）也不允许。

颜色在结构中并没有被明确提及，所以把三角形涂成粉红色和我们要探讨的对称是不相关的。这种做法并没有被明确排除，它只是对几何上的结果没有影响罢了。

而把三角形旋转一定的角度，则至少可以保持一些结构特征不变。如果你用硬纸板做一个等边三角形，把它放在桌子上旋转一下，它看起来依然是个三角形。它依然有三条边，边依然是直的，长度也没有变化。但三角形在平面当中的位置看上去改变了，这取决于旋转的角度有多大。

比如说，如果我把三角形旋转一个直角，结果看起来就不同了。各边指向了与原来不同的方向。如果你在我转动三角形时蒙上了眼睛，睁开眼时你会知道我动过它。

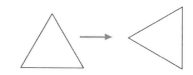

图 7-5　旋转 90°不是等边三角形的一个对称

但如果我把这个三角形旋转120°，你就看不出"前""后"的变化了。为了更好地表达我的意思，我会悄悄地给各个角标上不同类型的圆点，这样我们就可以看出它被旋转到了哪儿。这些圆点只作标记之用，并不属于需要保持的结构。如果不看这些圆点，如果这个三角形和任何良好的欧几里得几何对象一样毫无特征，那么旋转后的三角形看起来就和原来完全一样。

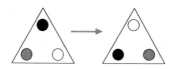

图 7-6　旋转 120°是等边三角形的一个对称

换句话说，"旋转120°"是等边三角形的一个对称。它是一个保持了结构（形状和位置）的变换——"旋转"。

可以证明，等边三角形一共有6个不同的对称。其中另一个是"旋转240°"。还有3个都是反射：把三角形整个翻转，让一个角固定不变，另外两个角对换位置。第6个对称是什么呢？是什么都不做。不去管这个三角形，让它保持不变。这是一个平凡的变换，却符合对称的定义。事实上，无论我们想对什么样的对象进行操作，或者想要保持什么样的结构不变，这都是一个符合对称定义的变换。如果你什么都不做，就不会有任何改变。

这个平凡的对称叫作恒等变换。它可能看上去无关紧要，但如果没有它，对称之间的运算会变得非常麻烦。这就像是做加法时没有0，或者做乘法时没有1一样。有了恒等变换，一切都可以保持简洁干净。

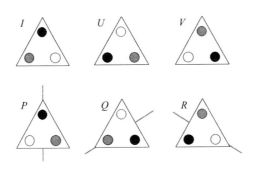

图7-7　等边三角形的6个对称

对等边三角形来说，你可以把恒等变换理解为旋转0°角。图7-7展示了把6个对称作用在等边三角形上所得的结果，它们正是你把硬纸板做的三角形拿起来，再按照原来的轮廓摆放回去的6种不同的方式。灰色线指的是要得到我们需要的反射，镜子应该放的位置。

现在我希望能让你相信，对称是代数的一部分，所以我下面要做任何一个代数学家都会做的事：把所有的东西都用符号来表示。如图7-7所示，我们会把这6个对称分别叫作I、U、V、P、Q、R。恒等变换是I；另外的两个旋转是U和V；剩下的三个反射则是P、Q和R。我之前标记三次方程根的置换时使用的也是同样的符号。使用同样的符号是有原因的，一会儿我就会讲到。

伽罗瓦充分地挖掘了他的置换所具有的"群的性质"。依次做任意两个置换，就相当于直接做了另一个置换。这对我们该如何操作这6个对称带来了巨大的启示。我们应该把它们结对"相乘"，再观察结果。可以回想一下之前约定的顺序：如果X和Y是两个对称变换，那么乘积XY作用的结果就是先做Y变换，再做X变换所得的结果。

举例来说，假设我们想要知道VU是怎样的一个变换。这就意味着我们要先对三角形做U变换，然后做V变换。U把三角形旋转了120°，而V在此基础上接着旋转240°了。所以VU一共把三角形旋转了120° + 240° = 360°。

哎呀，忘了把这个变换也加入等边三角形的对称当中了。

其实并没有忘。如果把一个三角形旋转360°，一切都会和开始时一样毫无变化。而在群论中，只有最终结果才有意义，实现结果的途径不重要。用对称性的语言来说，如果两个对称带来的最终结果是相同的，它们就被认为是同一个对称。由于VU和恒等变换的结果相同，我们可以得出结论，$VU = I$。

再举一个例子，UQ会对三角形造成怎样的变化？变换的过程如图7-8所示。

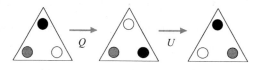

图7-8　如何将对称相乘

我们会发现最终的结果就是变换 P 带来的结果。所以 $UQ = P$。

用我们的这 6 个对称一共可以构造出 36 个乘积，而所有的计算都可以归纳到一张乘法表中。这正是由三次方程根的 6 个置换所组成的那一张乘法表（图 7–1）。

﹡

后来，事实证明，这一明显的巧合体现了整个群论中最为强大的工具之一。对它的研究始于法国数学家卡米尔·若尔当（Camille Jordan），可以说是他将群论变成了一门独立学科，而不再只是分析方程根式可解问题的一种方法。

1870 年前后，若尔当的研究引发了对现在被称为"表示论"的理论的关注。对伽罗瓦来说，群的组成元素是置换——对符号进行重排的方式。若尔当则开始思考对更加复杂的空间进行重排的方式。多维空间是数学中最基本的空间之一，而它们最重要的特征就是其中直线的存在。对于这样的空间，自然的变换方式就是保持直线在变换后依然是直线，没有弯曲，没有扭转。存在很多这样的变换——旋转、反射和伸缩。它们被称作"线性"变换。

英国的律师–数学家阿瑟·凯莱（Arthur Cayley）发现，任何线性变换都与一个矩阵——一个方形的数表——相关联。例如，任何三维空间的线性变换，都可以具体地写成一个三行三列的实数表。因此，变换可以归结为代数运算。

利用表示论，你可以把一个不由线性变换组成的群转换为线性变换群。把群的元素都转换为矩阵的优势在于，矩阵代数是一套非常深入而强大的理论，而若尔当第一个发现了这一点。

让我们以若尔当的眼光再来看一下等边三角形的对称。我们不再给三角形的各角标上圆点，而是标上a、b、c，对应于一般三次方程的三个根。于是很明显，三角形的每个对称也对这三个符号做了置换。比如，旋转U就把abc变成了cab。

三角形的6个对称自然地对应着方程根a、b、c的6种置换。而且，两个对称的乘积也对应着相应置换的乘积。但平面中的旋转和反射是线性变换——它们会让直线仍保持直线。由此，我们也就把置换群重新解释——表示——成了一个线性变换群，或者等价地说，一个矩阵群。这一思想对数学和物理学均产生了深远影响。

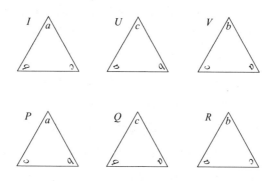

图7-9　等边三角形的对称和置换的对应关系

平庸的工程师与卓越的教授

对称性不再是某种对规律性的模糊印象，或者对优雅与美的艺术感受了。它成了明确的数学概念，具有严格的逻辑定义。你可以对对称进行运算，证明关于对称的定理。一个新的学科诞生了：群论。这是人类探求对称性的转折点。只有当人们愿意进行更加概念化的思考后，这一进步才得以实现。群的概念是抽象的，从数和几何图形这些传统的原材料到它之间，隐去了很多个阶段的思想提炼。

通过解决五次方程根式可解这个古老的难题，群已经证明了自己的价值。很快人们发现，同样的一套理论也可以解决其他一些古老难题。你不会经常需要用到群论的内容本身，但你应该像阿贝尔、伽罗瓦和他们的后继者那样思考。而且即使你觉得自己并没有用到群，群也经常隐藏在背后发挥作用。

※

在古希腊几何学者留给后人的尚未解决的问题当中，有三个问题以棘手著称：三等分角、立方倍积、化圆为方。即使到了今天，三等分角和化圆为方仍然深深吸引着众多数学爱好者，他们似乎不理解数学家宣布一个问题"不可能"被解决，就说明它真的无法被解决。而立方倍积似乎对他们没有那么大的诱惑力。

这三个问题常常被称为"古代三大难题"，但这种说法夸大了它们的重要性，显得它们能与费马大定理这样重大的历史谜题相提并论似的，后者在超过350年的时间里悬而未决①。但费马大定理是被明确公认过的尚未解决的问题，我们能够在数学文献中找到它被首次提出的准确出处。所有的数学家都不仅清楚这一问题本身，也清楚它假定的答案——以及是谁首先提出了它。

古希腊三大几何问题却与此不同。在欧几里得列出的需要关注的未解决问题当中并没有它们。它们基本上是默认存在的：它们是对一些正面结果的自然推广，但出于某种原因欧几里得对它们只字未提。为什么？因为没有人知道该如何解决它们。古希腊人发现了这些问题可能根本无解吗？即使发现了，也没有人把它太当回事。毫无疑问，阿基米德这样的人一定意识到了用尺规作图解决这些问题的作法不存在，因为他研究出了另外的技巧来解决，但没有证据表明阿基米德认为可作图性本身是重要的。

后来，这一性质变得重要了。这些问题的悬而未决，揭示出了人类在理解几何与代数上的重大缺陷。它们作为"民间数学"问题广泛传播，又通过某种文化渗透为专业人士所关注。到尘埃落定的时候，它们已经拥有了一道在历史与数学上都意义重大的光环。对这些问题的回答被视为重要的突破——尤其是化圆为方。所有三个问题的答案都是一样的："无解。"用传统的尺规作图法是不可能解决它们的。

---

① 费马于1637年提出费马大定理，它于1995年被英国数学家安德鲁·怀尔斯解决。——译者注

这看起来是个让人灰心丧气的答案。绝大部分行业的人们都会用一切能想到的方法来寻求答案或者克服困难。如果一座高楼无法用砖头和灰泥砌成，工程师就会换用钢架和钢筋混凝土。没有人会因为证明了不能用砖头盖楼而出名。

数学则不太一样。工具的局限性常常和它们所能达成的目标一样重要。数学问题的重要性通常并不取决于答案本身，而是在于为什么这个答案是正确的。对于古代三大难题也是如此。

＊

三等分角的克星于1814年在巴黎出生，名叫皮埃尔·洛朗·旺策尔（Pierre Laurent Wantzel）。他的父亲起初是一名军官，后来成为商业专门学校①的一名应用数学教授。皮埃尔很早熟，熟悉他的阿代马尔·让·克洛德·巴雷·德圣韦南（Adhémard Jean Claude Barré de Saint-Venant）写道：这个男孩显示出了"惊人的数学天赋，抱着极大的兴趣钻研这门学科"。"他甚至很快就超过了自己的老师。有一次老师遇到了一个困难的测绘问题，结果叫来当时只有9岁的小旺策尔帮忙。"

1828年，皮埃尔申请成功，入读查理大帝学院。1831年，他获得了法语和拉丁语两科的第一名，而且在巴黎综合理工学院和现在的巴黎高师理学院的入学考试中都取得了第一名，这是史无前例的。他的兴趣几乎无所不包——数学、音乐、哲学、历史——而他最喜欢的莫过于一场酣畅淋漓的激烈辩论。

---

① 即现在的欧洲高等商学院（ESCP）。——译者注

1834年，他转向了工程学，进入桥路学院①。但不久他就对朋友坦言，他"只能成为一名平庸的工程师"，于是决定去做自己真正想做的事——教数学，向学院申请了休假。数学很适合他：1838年，他成为综合理工学院的一名分析学讲师，1841年，他又成了自己原来所在的桥路学院的一名应用力学教授。德圣韦南告诉我们，皮埃尔"通常在晚上工作，直到深夜才上床，然后开始读书，再极不安稳地睡上几个小时，滥用咖啡或者鸦片，在奇怪、不规律的时间吃饭，直到结婚才有所改变"。他娶了自己以前拉丁语老师的女儿为妻。

旺策尔研读了鲁菲尼、阿贝尔、伽罗瓦和高斯的著作，对方程理论产生了强烈兴趣。1837年，他的论文《论确定几何问题能否通过尺规作图法解决的方法》发表在刘维尔主编的《纯粹与应用数学杂志》上。这篇文章重新拾起了被高斯搁置的可作图性问题。旺策尔去世于1848年，时年33岁——可能是由繁重的教学和行政事务造成的劳累过度所致。

✳

旺策尔对三等分角和立方倍积问题无解的证明，与高斯对正多边形的划时代研究相似，只是要容易得多。我们先来看看清楚易懂的立方倍积问题：有可能用尺规作出一条长度为 $\sqrt[3]{2}$ 的线段吗？

高斯对正多边形的分析基于这一思想：任何的几何作图都可以归结为求解一系列的二次方程。他基本上默认这一命题是成立的，因为它在代数上体现了线段和圆的性质。一些比较简单的代数运算表明，任何可用尺规作出的长度的"极小多项式"——这个长度所满足

的最简单的方程——次数都是 2 的幂。这个方程可能是一次方程、二次方程、四次方程、八次方程、16 次方程、32 次方程、64 次方程……但无论次数是多少，它都是 2 的幂。

另一方面，$\sqrt[3]{2}$ 满足三次方程 $x^3 - 2 = 0$，这就是它的极小多项式。这个方程的次数是 3，不是 2 的幂。因此，假设可以用尺规作出两倍体积的立方体，经过无懈可击的逻辑推理，一定会推出 3 是 2 的幂。这显然是不对的。因此，通过反证法可以证明，无法用尺规作图实现立方倍积。

✳

无法三等分任意角的原因与此类似，但证明中涉及的内容会稍微复杂一些。

首先，有的角是可以被精确三等分的。180° 就是一个很好的例子，它的三等分是 60°，而 60° 可以通过作一个正六边形得到。所以想要证明无法三等分任意角，需要先选择另外一个角，再证明这个角无法被三等分。最简单的选择就是 60° 本身。它的三分之一是 20°，下面我们就来说明无法用尺规作出 20° 角。

这个想法发人深省。我们可以观察一下测量角度的工具——量角器，上面明确标示着 10°、20° 等刻度。但这些角度并不精确——至少刻度线就是有粗细的。我们可以作出满足建筑或工程图纸要求的 20° 角，但却无法用欧几里得的方法作出一个完全精确的 20° 角，而这正是我们接下来要证明的。

解决这一难题的关键在于三角学，也就是针对角的定量研究。假设我们有一个内接于半径为 1 的圆的正六边形，这样我们就能找到一个 60° 角，而如果可以将其三等分，我们就可以在图形中作出如图 8-1 所示的这条粗线。

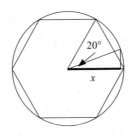

图 8-1　三等分 60° 角等价于作出长度为 x 的线段

假设这条线段的长度是 x。根据三角学可以得知，x 满足方程 $8x^3 - 6x - 1 = 0$。和立方倍积问题当中一样，这也是一个三次方程，而且也是 x 的极小多项式。但如果 x 可以用尺规作出，那么它的极小多项式的次数必须是 2 的幂。同样的矛盾导出同样的结论：假设的尺规作图无法实现。

以上我给出证明的方式隐藏了其中的深层结构，从更抽象的视角来看，旺策尔对这两大古代难题无解的证明都可以归结为对于对称性的论证：与问题的几何形式相对应的方程的伽罗瓦群不具备尺规作图所需的结构。旺策尔对伽罗瓦群非常熟悉，1845 年，他曾提出对一些代数方程不可根式求解的一个新的证明。这一证明紧随鲁菲尼和阿贝尔的思路，同时又把其中的重要思想阐释得简洁明了。旺策尔在引言中表示：

> 虽然（阿贝尔的）证明最终是正确的，但其表现形式太过复杂晦涩，很难被普遍接受。很多年前，鲁菲尼……曾经用更加难以理解的方式处理过同一问题……通过思考这两位数学家的研究……我们得到了一个严格形式的证明，足以消除围绕着方程理论中这一重要组成部分的所有疑问。

※

古代三大难题中，现在只剩下化圆为方了，这个问题相当于要作一条长度完全等于π的线段。事实表明，证明这样的作法不可能存在，要比之前的问题难得多。为什么？因为问题不再是π的极小多项式次数不满足条件，而是π根本就没有极小多项式。不存在根等于π的有理系数多项式方程。有理系数多项式的根可以无限趋近，但永远不可能完全等于π。

19世纪的数学家已经发现，仅仅把有理数和无理数划分开来是不够精细的，继续划分下去将带来新的价值。无理数可以被分为不同种类。像$\sqrt{2}$这种相对"乏味"的无理数不能像有理数那样被精确表示为分数，但可以借助有理数来表示出来。它们满足系数为有理数的方程——例如$\sqrt{2}$就满足$x^2 - 2 = 0$。这种数叫作"代数数"。

但是数学家意识到，理论上应该还存在一种不是代数数的无理数，这种数与有理数的联系远不如代数数直接，它们彻底超越了有理范畴。

首要的问题是，这种"超越数"真的存在吗？古希腊人曾假定所有的数都是有理数，直到希帕索斯打破了他们的幻想，据说愤怒的毕达哥拉斯直接淹死了这位异端传播者（更有可能的是，希帕索斯只是被逐出了带有宗教团体性质的毕达哥拉斯学派）。19世纪的数学家明知任何相信所有的数都是代数数的观点同样可能会酿成悲剧，但多年来，他们的希帕索斯一直没有出现。他们唯一能做的，就是证明一些特殊的实数——π就是一个看上去合理的选择——不是代数数。但是要证明一个数是无理数就很困难了，以π为例，你必须要证明任何一对整数相除都不能得到π。而要证明一个数不是代数数，则要把前面这些假设的整数换成所有有可能的、任何次数的方程，然后再推导出矛盾。这太复杂了。

第一个重大进展由德国数学家、天文学家约翰·朗伯（Johann Lambert）于1768年取得。他在一篇关于超越数的文章中证明了π是无理数，他的方法也为后续所有的发展铺平了道路。证明的关键在于运用微积分的思想，尤其是"积分"的概念（任意函数的积分，是在每一点的变化率都等于原函数在该点的值的函数）。朗伯首先假设π严格等于一个分数，然后提出要计算一个他为此专门设计的、相当复杂的积分，其中不只有多项式，还包含了三角函数。计算这一积分有两种截然不同的方法，一种的结果是零，而另一种则证明结果不等于零。

　　如果π不是分数，那么这两种方法就都不适用，所以也就不会有问题。但如果π是分数，零就必须不等于它自己，这是不可能的。

　　朗伯的证明在细节上很艰深，但是其原理拥有丰富的内涵。首先，他必须要把π同某个更简单的东西联系起来，三角学就在这里派上了用场。然后，他要把各种推理整合在一起，使得如果π是有理数就会出现某种特殊的情况，而多项式的部分以及构造积分的绝妙想法就在此处登场。然后，证明就只剩下比较两种不同的积分计算方法，并显示它们给出不同的结果这件事了。这部分内容繁杂、技术性强，但对专家来说只是日常操作。

　　朗伯的证明是向前推进的重要一步。不过有很多的无理数长度是可以用尺规作出的，最明显的就是√2，是单位正方形的对角线长度，所以证明π是无理数并不能证明它无法用尺规作出。前者只是意味着，试图寻找可以精确表示π的分数不再具有任何意义，但这与尺规作图完全是两回事。

＊

　　至此，数学家面前是一个非同寻常的困境。他们已经对代数数和超越数做出了区分，并且相信这样的区分很重要。但他们仍然无法确定超越数是否存在。因此，就实际而言，这种假定的区分可能毫无意义。

直到1844年，超越数的存在才得到证明。实现这一突破的是刘维尔，正是他之前从废弃论文堆中抢救出了伽罗瓦的成果。而现在，刘维尔成功地构造出了一个超越数。它是这样的：

$$0.110\ 001\ 000\ 000\ 000\ 000\ 000\ 000\ 001\ 000\cdots$$

其中越来越长的数字串0被单独的数字1隔开。重点是，每串0的长度一定要增长得非常快。

这样的数"几乎"就是有理数。它们可以通过有理数来异常精确地逼近——这主要归功于那些0串。上面的数中有一个长串包含了17个连续的0，这意味着与你想到的随便什么小数相比，在长串之前的部分——0.110 001——都是对刘维尔数更好的近似。而0.110 001和任何有限小数一样都是有理数：它等于分数$\dfrac{110\ 001}{1\ 000\ 000}$。由于有这17位的0，它与刘维尔数不只是到小数点后6位相等，而是一直到小数点后23位都是完全相等的。刘维尔数的下一个非零数字是小数点后24位的1。

刘维尔此前就意识到，有理数之外的代数数通常都没有比较好的有理逼近。这些数不仅仅是无理数，而且，要想得到一个好的有理逼近，必须要用很大的数来构造分数才能尽量靠近它们。所以刘维尔特意定义了这样一个具有极好的有理逼近的数，由于逼近太过精确，它不可能是代数数。因此，它一定是超越数。

对这一天才的想法，我们唯一能直接抨击的缺陷就是，刘维尔数完全是人为构造出来的。它与数学中任何其他的内容都没有明显的联系。它的凭空出现，纯粹是为了被有理数很好地逼近。除了那个最重要的特征之外根本不会有人在意它，这个最重要的特征就是：它被证明是一个超越数。有了它，数学家就知道，超越数确实是存在的。

是否存在有意思的超越数是另一回事，但至少超越数的理论还是有一定内容的。现在的任务就是从中找出有意思的内容。最重要的是，π是超越数吗？如果它是，我们就能直击古老的化圆为方问题的要害。所有可用尺规作出的长度都是代数数，所以没有超越数能够只用尺规被作出。如果π是超越数，化圆为方就是不可能的。

❋

π这个数之所以出名是有道理的，因为它与圆和球之间存在深刻的联系。数学中当然也有其他的著名常数，其中最重要的一个——或许比π还要重要——被称作e。它的数值约等于2.718 28，与π一样是无理数。这个数出现于对数刚刚兴起的1618年，用它可以计算复利在短至极限的时段上连续累积的正确利率。在1690年莱布尼茨写给惠更斯的一封信中，它被表示为b。符号e是欧拉于1727年引入的，并且印在了他1736年出版的《力学》当中。

利用复数，欧拉发现了e和π之间引人注目的关系，这个关系通常被认为是数学中最优美的公式。他证明了$e^{i\pi} = -1$（这个公式的确有直观的解释，但涉及微分方程）。在刘维尔发现超越数后又过了29年，证明π是超越数的下一步突破才出现，最初应用在e上。1873年，法国数学家夏尔·厄米（Charles Hermite）证明了e是超越数。厄米的数学生涯循着与伽罗瓦惊人相似的轨迹——就读于路易大帝学院，被里夏尔教过，尝试证明五次方程不可根式求解，想要考入综合理工。但与伽罗瓦不同的是，他侥幸考上了。

厄米的学生、著名数学家亨利·庞加莱观察过厄米神奇的思考方式："把厄米称为逻辑学家，在我看来，没有比这更违背事实的了。各种方法都似乎是以某种神秘的方式在他的头脑中直接产生的。"这样的独创性在厄米对 e 是超越数的证明中发挥了重要的作用。他的证明是对朗伯证明 π 是无理数的精密推广。证明中也用到了微积分，也用了两种方法来计算积分；如果 e 是代数数，两个结果就不相同：一个等于零，一个不等于零。其中最难的步骤是找到正确的需要计算的积分。

实际的证明印出来大约只占两页纸。但这是多么精彩的两页纸啊！你可能终其一生都找不出那个正确的积分。

e 至少是一个"自然的"数学研究对象。它横空出现在所有的数学领域中，对复分析和微分方程理论至关重要。尽管厄米没有攻克 π 是超越数的问题，他至少在刘维尔凭空构造的例子的基础上做出了改进。此时数学家知道，日常的数学运算也可以产生完全合理但后来却被证明是超越数的数。不久，一位后继者利用厄米的思想证明，π 正是其中之一。

卡尔·路易斯·费迪南德·冯·林德曼（Carl Louis Ferdinand von Lindemann）出生于1852年，他的父亲费迪南德·林德曼是一名语言教师，母亲埃米莉·克鲁修斯则是一位校长的女儿。费迪南德后来换了工作，成为一家煤气厂的厂长。

和19世纪末的很多德国学生一样，小林德曼不断地从一所大学转到另一所——包括哥廷根、埃朗根和慕尼黑。在埃朗根，他在费利克斯·克莱因（Felix Klein）的指导下拿到了关于非欧几何的博士学位。随后他出国访学，先后去了牛津和剑桥，后来又到了巴黎，在那里见到了厄米。1879年获得教授资格后，林德曼成为弗赖堡大学的一名教授。4年后，他去了柯尼斯堡大学，在那里遇到了后来的妻子伊丽莎白·屈斯纳，她是一名女演员，是一位教师的女儿。又过了10年，他成了慕尼黑大学的正教授。

1882年，在赴巴黎旅行和获得柯尼斯堡大学的任命中间，林德曼研究出了该如何推广厄米的方法从而证明π是超越数，随即名声大噪。有的历史学家认为林德曼只不过是走运而已——误打误撞地找到了捷径，发现了拓展厄米杰出思想的正确方式。但正如高尔夫球手盖瑞·普莱尔（Gary Player）所说："我打得越好，运气就越好。"林德曼很可能也是如此。如果任何人都能走运，为什么厄米本人没有呢？

后来，林德曼转向了数学物理领域，开始研究电子。他最著名的研究生就是大卫·希尔伯特。

林德曼证明π是超越数的方法由朗伯开创，又经过了厄米的发展：写出一个合适的积分，用两种方法计算它，说明如果π是代数数，两种方法的答案就不一致。林德曼的积分与厄米的紧密相关，但比后者更加复杂。e与π之间的联系实际上就是欧拉发现的那个优美的关系式。如果π是代数数，那么e就必须具有某些全新而出乎意料的特征——与代数数相似，但又不是代数数。林德曼的证明的核心在于e而非π。

有了林德曼的证明，数学的这一篇章终于形成了第一个真正重要的结论。证明化圆为方不可能实现，只能勉强算作它的副产品。远比这重要的是，数学家知道了背后的原因。在此基础上，他们可以继续发展超越数理论，直到如今，这也是一个活跃而又极其艰难的研究领域。即使是最显然、看起来最为合理的关于超越数的猜想，绝大部分也至今没有答案。

我们可以应用阿贝尔和伽罗瓦的思想回顾一下正多边形的作图问题。n 等于几的正 n 边形可以用尺规作出呢？答案并不寻常。

　　在《算术研究》中，高斯给出了整数 n 的充分必要条件，但他只证明了充分性。他宣称自己也证明了这些条件的必要性，但这一证明与他的很多成果一样，从未发表。高斯事实上解决了更难的部分，而其中缺失的细节是由旺策尔在 1837 年的那篇论文中所填补的。

　　为了更好地理解高斯的结果，我们简要回顾一下正十七边形。17 这个数有什么特别之处，让正十七边形可以用尺规作出呢？为什么 11 和 13 就不行呢？

　　我们注意到，这三个数都是素数。很容易证明，如果一个正 n 边形可以用尺规作出，那么对于所有可整除 n 的素数 p，正 p 边形也都可以用尺规作出，只要在每 n/p 个顶角中取一个连起来就可以了。举例来说，在正十五边形的每 3 个相邻顶点中都取第一个，再把选出的这 5 个顶点相连，就得到了正五边形。所以，先考虑边数为素数的正多边形，再把素数的结论向完整的结论推进，这样做是有道理的。

　　17 是素数，所以可以直接从它开始。用更现代的术语重新阐述，高斯的分析就是基于这一事实：方程 $x^{17} - 1 = 0$ 的解组成了复平面中正十七边形的顶点。这个方程有一个很显然的根，$x = 1$。其他 16 个都是 $x^{16} + x^{15} + x^{14} + \cdots + x^2 + x + 1 = 0$ 这个 16 次多项式方程的根。正十七边形可以通过求解一系列的二次方程构造出来，而事实证明这是有可能的，因为 16 是 2 的幂，等于 2^4。

　　更普遍来讲，遵循同样的推理可以证明，如果 p 是奇素数，当且仅当 p − 1 是 2 的幂时，正 p 边形可以用尺规作出。这样的奇素数被称为费马素数，因为费马是第一个研究它们的人。古希腊人知道如何作出正三角形和正五边形。可以看到，3 − 1 = 2，5 − 1 = 4，都是2的幂。所以古希腊人的结果与高斯的判断标准相符，3和5也是最早的两个费马素数。反过来，7 − 1 = 6不是2的幂，因此正七边形无法用尺规作出。

再经过一些额外的推理，就可以得到高斯判断可作图性的完整结论：当且仅当n是2的幂，或2的幂与任意数量相异费马素数的乘积时，正n边形可以用尺规作出。

这就留下了一个问题，什么是费马素数？紧接着3和5之后的费马素数就是高斯发现的17。下一个是257，后面则是一个相当大的数65 537。这些就是我们所知的全部费马素数。人们从未证明更大的费马素数不存在——但也从未证明其存在。我们只知道，可能存在某个极大的费马素数尚未被人们发现。目前的研究表明，这个数至少等于$2^{33\,554\,432} + 1$，而它的确可能是下一个费马素数。（指数33 554 432本身是2的幂，即2^{25}。所有的费马素数都是$2^{2^n} + 1$的形式。）这是一个超过1 000万位的数。即便是在高斯的伟大发现之后，我们也仍然无法确切地知道哪些正多边形可以用尺规作出，不过我们理论中的唯一空白仅仅在于有可能存在的、非常大的费马素数。

虽然高斯证明了可以用尺规作出正十七边形，但他并没有描述具体的作法，不过他指出，重点在于作一条长度如下的线段：

$$\frac{1}{16}\left[-1 + \sqrt{17} + \sqrt{34 - 2\sqrt{17}} + \sqrt{68 + 12\sqrt{17} - 16\sqrt{34 + 2\sqrt{17}} - 2(1-\sqrt{17})(\sqrt{34 - 2\sqrt{17}})}\right]$$

图8-2　对高斯的正十七边形作法起决定作用的公式

由于平方根的长度是一定可以作出的，所以我们所寻求的作法就暗含在图中的这个数当中。历史上首个明确的作法是由乌尔里希·冯·于格南（Ulrich von Huguenin）在1803年设计出来的。1893

年，H. W. 里士满（H. W. Richmond）又发现了一种更简单的方式。

1832年，F. J. 里什洛（F. J. Richelot）发表了关于正257边形作法的一系列论文，题为"论代数方程$x^{257}=1$的求解，或通过反复7次平分角将圆周257等分"，这个标题甚至比他所作多边形的边数还令人印象深刻。

有一个不可靠的传闻说，一位对这方面课题过于热衷的博士生被指定以正65 537边形的作法作为论文课题，20年后他才带着论文重新出现。而真相几乎与传闻一样离奇：林根大学的J. 赫尔梅斯（J. Hermes）花了10年时间，于1894年完成了作图，这一未发表的工作被保存在哥廷根大学。不幸的是，约翰·霍顿·康威（John Horton Conway）也许是当今[①]唯一看过这些文章的数学家，而他对作图的正确性提出了质疑。

---

① 康威于2020年在普林斯顿逝世，享年82岁。——编者注

破坏公物的酒鬼

威廉·罗恩·哈密顿（William Rowan Hamilton）是爱尔兰有史以来最伟大的数学家。他刚好出生于1805年8月3日和4日间的午夜，一生都没有下定决心要以哪天作为自己的生日。大多数时候他都是在3日过生日，但他的墓碑上却刻着8月4日，因为在晚年由于一些情感上的原因，他把生日改定在了4日。他是一位杰出的语言学家、一个数学天才，同时也是一个酒鬼。他原本在着手构造一种三维代数，但电光石火间的灵感——灵感的迸发让他在激动之下破坏了一座桥——令他意识到，三维是不够的，必须要扩充到四维。他永远地改变了人类对代数、空间和时间的看法。

威廉出生于一个富有的家庭，是家中的第三个儿子，父亲阿奇博尔德·哈密顿是一位颇有经商头脑的律师。威廉还有一个姐姐，叫伊丽莎。父亲喜欢时不时地喝上几杯，微醺时的他开朗健谈、很受欢迎，但随着夜色渐深，他逐渐喝醉，情况就变得愈发尴尬。阿奇博尔德善于表达、聪明而虔诚，他把自己所有的鲜明特质——包括嗜酒——都传给了小儿子。威廉的母亲萨拉·赫顿甚至比她的丈夫还要聪明，她来自一个有着优良知识传统的家庭。但她对于小威廉的影响除了通过基因遗传之外，在威廉三岁时就被打断了，因为他被父亲送到了叔叔詹姆斯那里接受教导。詹姆斯是一名助理牧师，也是一位很有成就的语言学家，他的兴趣决定了威廉主要的受教育方向。

詹姆斯对威廉的教育成果十分显著，却太过局限。5岁时，威廉已经可以说一口流利的希腊语、拉丁语和希伯来语。8岁时，他掌握了法语和意大利语。两年后，他又学会了阿拉伯语和梵语；随后则是波斯语、叙利亚语、印地语、马来语、马拉地语①和孟加拉语。詹姆斯本来还打算教这个孩子学汉语，却苦于没有合适的教材而作罢。他抱怨道："为了培养他，我在伦敦给他花了很多钱，不过我希望这些钱都花得很值。"

数学家、伪历史学家埃里克·坦普尔·贝尔（说他是"伪"历史学家，是因为他为了讲一个好故事，从来不会把尴尬的真实历史展现出来）诘问道："这有什么用？"

对科学和数学来说万幸的是，威廉在结识了美国心算神童齐拉·科尔伯恩（Zerah Colburn）之后，终于从不断掌握全世界的数千种语言的人生道路里解脱了出来。科尔伯恩就是那种仿佛行走的计算器一般的奇人，他拥有快速准确地进行计算的天赋。如果你问他1 860 867的立方根是多少，他可以脱口而出"123"。

这种天赋与数学能力截然不同，正如擅长单词拼写并不会使人成为优秀的小说家一样。除了高斯在他的笔记和手稿中留下了大量的复杂计算以外，只有极少数伟大的数学家精于计算。其他绝大多数数学家都具备足够的计算能力——在当时这是必需的——但也不会比一位合格的会计强多少。即使是现在，计算机也并没有完全淘汰掉手算

---

① 马拉地语是印度的22种法定语言之一，在位于西印度的马哈拉施特拉邦大约有1亿使用者。——译者注

或心算，你经常可以通过动手计算并观察符号变形，来深入理解数学问题。不过只要有合适的、主要由数学家编写的软件，任何人经过一个小时的训练都可以打败像科尔伯恩这样的计算天才。

不过，这些计算上的任何帮助都远远无法让你接近高斯的成就。

科尔伯恩并不能完全理解他自己所应用的窍门和快捷方法，虽然他知道记忆力在其中起了很大作用。有人把他介绍给哈密顿，是希望哈密顿这位年轻的天才可以解释这些神秘的技巧。威廉不但做到了，甚至还提出了改进方式。到科尔伯恩离开的时候，哈密顿终于找到了值得用自己惊人的聪明才智来钻研的目标。

17岁时，哈密顿已经阅读了大量数学大师的著作，掌握了足以计算日食、月食的数理天文学知识。虽然他花在古典学上的时间仍然比数学多，但数学已经成为他真正的热情所在。不久，他就做出了新的发现。就像19岁的高斯发现正十七边形的尺规作图法一样，年轻的哈密顿也取得了同样前所未有的突破：他发现力学和光学可以相互类比——在数学上，它们的表达形式是一致的。他在一封写给姐姐伊丽莎的密码信中第一次暗示了这些思想，而从他接下来给堂兄亚瑟的信中，我们可以比较明确地了解到这些思想的本质。

这是一个令人震惊的发现。力学研究的是运动物体——如炮弹沿抛物线飞行，钟摆从一边到另一边规律地摆动，行星沿椭圆轨道围绕太阳运行。光学研究的则是光线的几何性质，是关于反射与折射，关于彩虹、棱镜与望远镜镜头的研究。这两个领域彼此相关就很令人惊讶，而它们的一致性则更令人难以置信。

但这的确是真的。它直接催生了现在数学家和数学物理学家所使用的形式体系的出现，这一体系不仅被应用于力学和光学，也被应用于量子理论：哈密顿系统。哈密顿系统的主要特征是可以从一个量推导出力学系统所满足的运动方程，这个量就是系统的总能量，现在被称作系统的哈密顿量。得到的方程不仅与系统各组成部分的位置相关，也与它们运动的速度——系统（各部分）的动量相关。最后，这些方程还有一个美妙的特征，那就是它们不依赖于坐标系的选择。至少在数学当中，美即是真。而在这里，物理学美、真兼具。

※

与阿贝尔和伽罗瓦相比，哈密顿的幸运之处在于，他不同寻常的天赋在童年就得到了广泛的认可。所以1823年他毫无悬念地进入了爱尔兰首屈一指的大学——都柏林圣三一大学就读。同样毫无悬念的是，他在一百个申请者中名列第一。在圣三一大学，他把所有的奖项收入囊中。而更重要的是，他完成了自己光学巨著的第一卷。

1825年春天，哈密顿被一位名叫凯瑟琳·迪斯尼的美丽女孩吸引，坠入了爱河。不过他愚蠢地选择了用写诗来表达爱意，而他的意中人迅速嫁给了一位比她大15岁的有钱牧师，对方追求美丽少女的手段可不像他那么文艺抒情。哈密顿深受打击。尽管有着虔诚的信仰，而自杀是天主教中的大罪之一，他还是想要自溺而死。幸好经过重新考虑，他没有这么做，而为了自我安慰，他又写了一首诗来抒发自己的懊丧。

哈密顿喜欢诗歌，他的朋友圈中包括一些文学界的领军人物。威廉·华兹华斯成了他的密友；他和塞缪尔·泰勒·柯勒律治以及很多其他的作家和诗人都有来往。华兹华斯曾向哈密顿委婉地指出他的天赋并不在诗歌上，这一举动善莫大焉："您给我寄来了很多诗作，这让我非常高兴……但我们很担心对写诗的投入会让您偏离科学研究的道路……我斗胆提请您考虑，是否除了撰写诗文，就无法找到更适宜施展您内心中诗意浪漫的那一面的其他领域……"

哈密顿回应道，数学才是他真正的诗篇，并且明智地回到了科学研究之中。1827年，还没毕业的哈密顿全票当选为圣三一大学的天文学教授，接替辞职担任克洛因镇主教的现任教授约翰·布林克利（John Brinkley）。甫一接任，哈密顿就取得了开门红，发表了他的光学著作——天文学家研究光学是完全正当的，因为光学是设计绝大多数天文仪器的理论基础。

不过在这本书中，光学与力学的联系尚处于萌芽阶段。可以说，这本书主要探讨的是光线的几何——光线经面镜反射或透镜折射后如何改变方向。"光线光学"后来被"波动光学"所取代，后者认为光是一种波。波具有光线所不具备的各种性质，特别是衍射。波的相互干涉可以让投影图像的边缘变模糊，甚至还可以呈现出光绕过拐角传播的效果，这是沿直线传播的光线无法实现的。

光线的几何学并不是一个新的课题，早前的数学家——可以一直追溯到费马，甚至到古希腊哲学家亚里士多德——已经对此做过广泛的研究。而现在哈密顿对光学做出了和勒让德对力学一样的著名贡献——他用代数和分析替代了几何。具体而言，他根据示意图，把表面上的几何推导转换成了符号计算。

这是一个重大的进步，因为它把不精确的图像转变为严密的分析。后来的数学家付出了艰苦的努力，试图逆转这股由哈密顿引领的风潮，重新引入图像思维。但在那时，对问题做出形式上的代数表示已经成为数学思想中不可或缺的一部分，是对更加直观的图像表示的自然补充。时尚的轮回看似转回了原地，但它其实已经攀上了更高的层次，就像螺旋梯一样越转越高。

哈密顿对光学的巨大贡献在于统一。他收集了大量已知的结论，把它们全部归纳为相同的基本技巧。他引入了一个单一的量——系统的"特征函数"——来代替原有的光线系统。于是，任何的光学结构都可以用一个方程来表示。而且，这个方程可以用统一的方法求解，这样，我们就得到了对光线系统及其行为的完整描述。而方程的求解方法只依赖于一个基本原理：通过任何镜面、棱镜和透镜系统的光线都沿使其到达目的地耗时最短的路径传播。

费马已经发现了这个原理的一些特例，并把它称为最短时间原理。最简单的例子就是平面镜反射。如图9-1左边所示，光线从一点出发，经镜面反射后抵达第二点。早期光学的伟大发现之一就是反射定律，即入射光线与反射光线与镜面成相同的角度。

费马想到了一个巧妙的诀窍：把反射光线和第二点都投射到镜子背面，正如图9-1右边所示。根据欧氏几何，左图中"两角相等"的条件等价于右图中要求光线从第一点射到镜子背后的第二点的路径是直线。而众所周知，欧几里得证明了两点之间，直线段最短。因为光在空气中的传播速度是常数，所以长度最短也就相当于耗时最短。再把光线"折回"到左图的样子，路径总长度不变，依然是最短的。所以，两角相等的条件在逻辑上等价于，途经镜面反射的光线要沿耗时最短的路径从一点传播到另一点。

图 9-1　最短时间原理如何导出反射定律

另一个与此相关的原理——斯涅耳的折射定律，告诉了我们光线从空气射入水中，或者从一种介质射入另一种介质中会发生怎样的弯曲。我们可以用相似的方法把它推导出来，只要记住光在水中比在空气中传播得慢就可以了。哈密顿则更进一步，宣称同样的最短时间原理对所有的光学系统都成立，并把这种思想集中到一个数学对象——特征函数——上。

　　这当中蕴含的数学极其深刻，而哈密顿用它迅速得出了实验上的成果。哈密顿注意到他的方法预示了"锥形折射"的存在，即一条单独的光线射入合适的晶体后，会射出一整个锥面的光线。1832年，这个让每个从事光学研究的人都很惊讶的预言被汉弗莱·劳埃德（Humphry Lloyd）用一块霰石晶体戏剧性地证实了。一夜之间，哈密顿成了科学界家喻户晓的人物。

　　到了1830年，哈密顿考虑要安定下来，娶埃伦·德维尔为妻，他对华兹华斯说自己"钦慕她的思想"。他又一次采取了为她写诗的方式，而就在他正准备求婚的时候，她告诉他自己永远不会离开家乡卡勒。他认为这是一种委婉的拒绝，而他的理解应该是对的，因为一年后她就嫁给了别人，并且搬离了家乡。

　　最终，他娶了住在天文台附近的当地女孩海伦·贝利。哈密顿形容她"一点儿都不聪明"。他们的蜜月就是一场灾难：哈密顿在研究光学，而海伦则病倒了。1834年他们的儿子威廉·埃德温出生。随后的一年里，海伦大部分时候都离家在外。1835年，他们又迎来了第二个儿子阿奇博尔德·亨利，但这段婚姻也在分崩离析。

＊

　　后人认为哈密顿的力学 – 光学类比是他最伟大的发现。但是在哈密顿自己心中，直到去世，第一名都留给了另一项与之截然不同，并令他越来越痴迷的成果：四元数。

四元数是一种代数结构，和复数紧密相关。哈密顿坚信，四元数是解决物理学最深刻问题的关键；事实上，在哈密顿生命中的最后几年，他相信四元数几乎是解决一切问题的关键。然而历史似乎并不同意这种观点，在随后的一个世纪中，四元数逐渐淡出了人们的视线，成为抽象代数领域中无人涉足的一潭死水，几乎没有什么重要的应用。

但是在最近的一段时间里，四元数迎来了复兴。尽管它们可能永远也达不到哈密顿所期望的地位，但越来越多的观点认为它们是一些重要数学结构的关键来源。后来证明，四元数其实是非常特殊的"怪物"，它们的特殊之处恰好符合现代物理学理论的要求。

四元数刚被发现的时候，在代数领域引起了一场重大变革。它们打破了一种重要的代数法则。20年内，几乎所有的代数法则一个接一个地被打破，经常会带来大量有益的成果，也同样经常会走入绝望的死胡同。19世纪50年代中期数学家眼中的那些不可侵犯的法则事实上不过是让代数学家的推导变得更加简便的假设而已，它们并不总能满足数学本身的深层需要。

在全新的后伽罗瓦时代，代数已经不再仅仅是用符号来表示方程中的数了。它关乎方程的深层结构——不是数，而是过程、变换与对称。这些根本性的创新改变了数学的面貌，让数学变得更加抽象，但也更加普适而强大。整个领域都洋溢着一种奇怪而往往令人困惑的美。

在文艺复兴时期博洛尼亚的数学家开始考虑–1是否存在有意义的平方根之前，数学中出现的所有数都属于同一个数系。即便在今天，这一数系的名称也体现了历史遗留下来的、对数学与现实之间关系的混淆：这些数被称为实数。这个名称令人遗憾，因为它意味着，这些数是以某种方式存在于真实的宇宙结构中的，而不是人们为了理解宇宙而创造出来的。但事实并非如此。它们并不比过去150年中人类通过想象力创造出来的其他"数系"更加真实。不过与绝大多数新的数系相比，它们的确与现实有着更直接的关联。它们与一种理想的计量形式紧密相关。

一个实数，实质上就是一个十进制小数。这里想表达的并不在于小数这种具体的记数方法——它仅仅是一种方便的写法，可以把实数写成一种适合计算的形式——而在于小数具备的更深刻的性质。实数是由更简单、涵盖范围更小的原型一步步演化而来的。首先，人类磕磕绊绊地构造出了"自然数"这个数系，即0，1，2，3，4，等等。我之所以说"磕磕绊绊"，是因为在早期，人们根本不承认其中的一些数属于数。曾经有一段时间，古希腊人拒绝接受2是一个数：它太小了，够不上典型的"数量"，数是从3开始的。最后他们终于承认2是和3、4、5一样的数了，但此时他们又在1面前迟疑不决。毕竟如果一个人说他有"数头牛"，而你发现他只有一头的话，他是要为过分夸大事实负责任的。"数个"当然意味着"多个"，也就把1排除在外了。

但随着记数系统的发展，越来越显而易见的是，1与比它大的数都在计算系统中起着同样的作用。于是它也成了一个数——但它是一个很特别，也很小的数。在某种程度上，它是所有数中最重要的，因为它是数的起点。把许多1加在一起，你可以得到其他所有的数——有一段时间人们也确实是这样记数的，所以"七"会被写作七个笔画，|||||||。

很久以后，印度数学家认识到在1之前还有一个更加重要的数。1终究不是数的起点，他们要从零开始，现在用0这个符号来表示。

再到后来，事实证明，把负数——比一无所有还少的数——也加进数系中有很大的作用。所以负的自然数也进入了数系当中，由此人们创造出了整数的概念：…，–3，–2，–1，0，1，2，3，…不过数系的发展并没有就此停止。

整数的问题在于，很多有用的数量是它们无法表示的。举例来说，一个买卖粮食的农民，可能想确切地表示出1袋和2袋之间某个数量的小麦。如果大概在1袋和2袋的正中间，那么一共就是 $1\frac{1}{2}$ 袋。也可能稍微少点儿，$1\frac{1}{3}$ 袋，或者稍微多点儿，$1\frac{2}{3}$ 袋。于是，分数就这样被创造出来了。分数是插入整数之间的数，有着各种各样的记法。足够复杂的分数可以把整数划分得极其精细，我们在第2章的巴比伦算术中就见识过这一点。毫无疑问，任何的数量都一定可以用分数来表示吧？

这时就轮到毕达哥拉斯和以他的名字命名的定理出场了。应用这个定理可以得出一个显而易见的结论，就是单位正方形对角线长度的平方等于2。也就是说，对角线的长度等于2的平方根。这个数一定是存在的，因为你可以画出一个正方形，而这个正方形显然有一条对角线，那么对角线就一定会有长度。但希帕索斯悲伤地认识到，无论2的平方根等于多少，它都不可能是一个分数。它是无理数。因此，数系中需要加入更多的数，来填补那些隐藏在分数之间的空白。

※

最终，扩充数系的过程似乎停了下来。古希腊人抛弃了对于数的体系的研究，转而钟情于几何。但在1585年，一位住在布鲁日的佛兰德数学家、工程师西蒙·斯蒂文（Simon Stevin），被威廉一世（又称沉默者威廉）任命为他儿子拿骚的莫里斯（Maurice of Nassau）

的私人教师。斯蒂文后来被晋升为堤坝巡查官、军需官乃至财务大臣。这些职务，尤其是后两个，让他认识到必须要掌握清晰便捷的记账方法，于是他借鉴了意大利人的簿记体系。斯蒂文希望能找到一种表示分数的方式，既能拥有印度–阿拉伯位值记数法的灵活性，又能具备巴比伦六十进制的精确性。他创造出了一种类似于巴比伦六十进制，不过进位基数是10的记数系统：十进制小数。

斯蒂文发表了一篇论文来阐述他新创的记数系统。他显然十分注重营销，在文章中宣称，这一系统经过了"实际工作者全面的检验"。"他们发现它太有用了，因此主动抛弃了原来自己摸索出来的技巧，采用了新的记法。"他还宣称他的小数系统"可以教会人们，如何只用整数来完成在商业活动中遇到的一切计算，完全不需要借助分数"。

斯蒂文的小数记法中使用的并不是现在的小数点，但二者直接相关。我们所写的3.141 6，在斯蒂文那里则写作3⓪1①4②1③6④。符号⓪代表整数，①代表十分之一，②代表百分之一，以此类推。当人们熟悉了这种记法之后，①、②等就被省略了，只保留了⓪，而它后来又演变为小数点。

我们无法用小数准确写出$\sqrt{2}$的值——至少它不能停在某一位上。我们也无法用小数准确表示$\frac{1}{3}$这个分数。0.33离它很近，但0.333更近一些，而0.333 3又更加接近。只有想象小数点后的3无限重复下去，才能得到$\frac{1}{3}$的准确的小数表示——显然这里对"准确"的定义需要改了。但如果我们可以接受无限位的小数，原则上就可以准确写出$\sqrt{2}$的值了。在$\sqrt{2}$的小数表示中，数字间没有明显的规律，但只要取足够长的小数部分，我们就可以得到一个平方与2尽可能接近的数。从概念上讲，如果我们能取到所有的无限位小数，就可以得到平方严格等于2的数了。

纳入了"无限小数"之后，实数系终于大功告成。这个数系可以把商人或者数学家要求的任何数都以任何想要的精度表示出来。任何可以想象到的计量数值都可以用小数来表示。而如果需要表示负数，小数系统也可以轻松胜任。我们不可能再需要其他种类的数了。已经没有尚未填补的空白了。

※

除了——

卡尔达诺令人困惑的三次方程公式中似乎蕴含着某种东西，但不管那是什么，它都极其晦涩。如果你从一个简单的三次方程出发——一个已知其解的方程——公式并不会明确地给出这个解。公式给出的是复杂的步骤，要求你对更加复杂的表达式求立方根，而计算这些表达式则是不可能的任务：需要求出负数的平方根。毕达哥拉斯学派遇到2的平方根就停滞不前了，而–1的平方根则让人更加茫然。

几百年来，能否为–1的平方根赋予意义的这个问题，一直在全体数学家心头盘旋。没有人知道这样的一个数是否真的能够存在，但他们逐渐认识到，这个数一旦存在，将会有极大的用处。

最初，这种"虚构的"量只有一个用处：表明一个问题无解。如果你想求出一个平方等于–1的数，而形式上的解——"–1的平方根"——是虚幻的，那么就说明这个问题无解。大思想家勒内·笛卡儿就曾指出这一点。1637年，他区分了"真实的"数（实数）与"虚构的"数（虚数），强调出现虚数就意味着无解。牛顿也表达过同样的看法。但这两位伟人都忽略了邦贝利的工作，他在几个世纪前就注意到，有时出现虚数反而象征着解的存在。不过这种象征很难解读。

1673年，英国数学家约翰·沃利斯（John Wallis）——他的家乡阿什福德距离我在肯特郡的家乡只有大约15英里（约24千米）——实现了巨大的突破。他发现了一种简单的方法，可以将虚数——甚至结合了实数与虚数的更"复杂的"数——表示为平面上的点。第一步是我们现在熟悉的"实数轴"的概念。这是一根向两端无限延伸的刻度尺，0位于正中间，正实数从小到大向右分布，负实数从大到小向左分布。

每一个实数都与数轴上的位置一一对应。小数点后的第一位需要把单位长度十等分、第二位一百等分、第三位一千等分，以此类推，但这些操作在数轴上都没有问题。像$\sqrt{2}$这样的数，我们可以以任意的精度把它精确地定位到数轴上。它位于1与2之间的某处，比1.5稍稍靠左一点儿。而π则位于3的右边一点儿，等等。

图9-2　实数轴

但$\sqrt{-1}$应该放在哪里呢？实数轴上没有它的位置。它既不是正数，也不是负数；既不能放在0的右边，也不能放在左边。

所以沃利斯把它放在了别的地方。他引入了第二根数轴来容纳虚数——i（即$\sqrt{-1}$）的倍数——并把它垂直于实数轴放置。这真的是"横向思维"字面意义上的例子了。

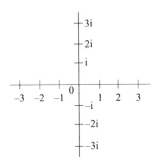

图 9-3 相互垂直的两条实数轴，其中一条乘以 i 即为虚数轴

实数轴和虚数轴这两条数轴，必须在 0 点相交。很容易证明，如果想要让数有意义，那么 0 倍的 i（即虚轴的原点）就必须等于 0（即实轴的原点），所以实数轴与虚数轴的原点相交。

一个复数由两部分组成：实数部分与虚数部分。要把这个复数定位在由上述的两个数轴构成的平面上，沃利斯让读者们先沿着水平的实轴量出实数部分的长度，再平行于虚轴竖直地量出虚数部分的长度，见图 9-4。他实际上描述得比这更为烦琐，不过背后的理念就是这样。

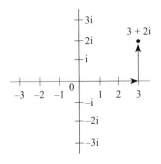

图 9-4 沃利斯的复平面

他提出的这种方法完全解决了为虚数和复数赋予意义的问题。它无比简单，却具有确定的可操作性，绝对是神来之笔。

但它却被彻底地忽视了。

✳

尽管没有得到公众的承认，沃利斯的突破一定也潜移默化地影响了数学观念，因为数学家潜意识中开始使用与沃利斯的基本思想直接相关的图像：复数构成的不是一条数轴，而是一个平面。

随着数学的用途越来越广泛，数学家开始尝试计算更加复杂的内容。1702年，约翰·伯努利（Johann Bernoulli）在求解一个微积分问题时，发现需要求出一个复数的对数。到了1712年，伯努利和莱布尼茨为了一个核心问题争执不下：负数的对数是什么？如果你能够解决这个问题，你就可以得到任意复数的对数了，因为一个数的平方根的对数就等于这个数自己的对数的二分之一。所以，i的对数就是–1的对数的二分之一。但–1的对数是多少呢？

问题的关键其实很简单。莱布尼茨确信–1的对数一定是复数，而伯努利则认为它一定是实数。伯努利的观点基于简单的微积分计算；而莱布尼茨反驳称，无论是伯努利的方法还是其结果都毫无道理。1749年，欧拉解决了这一争端，结论十分倾向于莱布尼茨。他指出，伯努利有所遗漏。伯努利的微积分计算当中隐含了要加上一个"任意常数"。怀着对复数微积分巨大的热情，伯努利默认了这个常数等于零。而实际上并非如此，它是一个虚数。这一疏忽解释了伯努利和莱布尼茨结果之间的差异。

数学"复数化"的步伐大大加快。越来越多发端于实数研究中的理论被扩展到了复数领域。1797年，挪威人卡斯帕尔·韦塞尔

（Caspar Wessel）发表了一种用平面上的点表示复数的方法。卡斯帕尔来自一个牧师家庭，在十四个孩子中排行第六。那时挪威与丹麦结成联合王国，挪威本土没有大学，因此1761年他进入哥本哈根大学就读。他和他的哥哥奥勒学习法律，奥勒兼职做了一名测量员，以分担家庭的经济压力。后来卡斯帕尔成了奥勒的助手。

在做测量员期间，卡斯帕尔发明了一种用复数表示平面的几何特征——特别是平面上的直线以及直线的方向——的方法。反过来，可以把他的思想看作用平面的几何特征来表示复数。1797年，他将自己的工作提交给丹麦皇家科学院，这是他一生中唯一的一篇数学论文。

但是，几乎没有顶尖的数学家懂丹麦语，这篇文章直到一个世纪后被翻译为法语后才终于为人所知。与此同时，法国数学家让–罗贝尔·阿尔冈（Jean-Robert Argand）独立提出了同样的观点，并于1806年发表。到了1811年，高斯同样独立发现，复数可以被看作平面上的点。"阿尔冈图""韦塞尔平面""高斯平面"这几个术语纷纷流传开来，不同国家的人有着各自的偏好。

最终的一步是由哈密顿迈出的。1837年，在卡尔达诺公式表明"虚构的"数可能有用的近300年之后，哈密顿去掉了其中的几何元素，把复数归结到了纯代数之中。他的想法很简单；同样的想法也隐含在沃利斯的方法，以及韦塞尔、阿尔冈和高斯三人的相同观点当中。但此前一直都没有人将它阐明。

哈密顿表明，在代数层面上，平面上的一个点可以用一个实数对来标识，即这个点的坐标(x, y)。如果你仔细看沃利斯（或者韦塞尔、阿尔冈、高斯）的图像，你就会发现x是这个复数的实数部分，y则是它的虚数部分。一个复数$x + iy$就只是一个实数对(x, y)而已。你甚至可以制定这些数对之间的加法和乘法法则，主要的步骤是要注意，因为i对应于数对(0, 1)，那么由于i×i＝-1，(0, 1)×(0, 1)就必须等于(-1, 0)。而高斯在一封写给匈牙利几何学家沃尔夫冈·鲍耶的信中透露，他在1831年已经有了完全相同的想法。狐狸又一次隐藏了他的行迹——隐藏得一干二净。

问题解决了。一个复数不过是一个依照几条简单的法则进行运算的实数对而已。由于实数对当然和单个实数同样"真实"，因此实数和复数与现实有着同样紧密的联系，虚数的"虚"是具有误导性的。

不过，如今数学家的观点则有很大的不同：实数的"实"才是具有误导性的。无论实数还是虚数，都一样是人类想象力的创造。

※

对于哈密顿解决了三百年来的难题这一点，人们的反响显然是过于平淡了。当数学家把复数的概念嵌入一个强大而自洽的理论中之后，对于复数的存在怀有的恐惧就变得不值一提了。但后来事实证明，哈密顿使用数对仍然具有非常重要的意义。尽管复数的问题不再激动人心，从旧数系之上构建新数系的思想也已经深深根植于数学观念之中。

后来我们知道，复数的作用不仅体现在代数和基本的微积分当中，在流体的流动、热学、引力、声学等几乎所有数学物理的领域中，复数都是解决问题的有力工具。但复数有一个重要的局限：它们只能在二维空间中解决这些问题，而非我们生活于其中的三维空间。有的问题，比如鼓皮的振动或薄层流体的流动，可以简化为二维问题，因此这种局限性带来的并不全是坏结果。但数学家对于复数方法不能从二维空间扩展到三维这一点还是越来越烦恼。

有没有可能存在一种尚未发现的、从二维数系到三维数系的扩展呢？哈密顿将复数形式化为实数对的做法为实现这一扩展提供了思路：尝试构造一个基于三元数 (x, y, z) 的数系。问题在于，没有人构造过三元数的代数结构。哈密顿决定一试。

三元数的加法很简单：参照复数的加法，只需要把对应的分量坐标相加就可以了。这种运算今天被称为"向量加法"，遵循的法则十分便捷，而且只有唯一一种方法是合理的。

难题在于乘法。即使对于复数，乘法的方式也和加法不一样。两个实数对相乘，并不是分别把它们的第一个和第二个分量相乘。如果你这么做，当然会带来很多便利——但也会出现两个致命的错误。

第一个错误是，-1 的平方根将不复存在。

第二个错误是，两个非零数的乘积有可能会等于零。这些"零因子"会推翻所有通常采用的代数方法，比如方程的求解。

对于复数，我们可以通过选择一种不那么显而易见的乘法法则来克服上述的障碍，哈密顿也正是这么做的。但当他试图在三元数上使用类似的技巧时，结果却令他大受打击。不论他如何尝试，都无法避免一些致命的缺陷。他必须通过引入零的因子（也就是相乘等于零的数）才能得到 -1 的平方根。而无论他怎么做，零因子似乎都是完全不可能去除的。

※

如果你觉得这听起来似乎有点儿像试图求解五次方程的历程，那你就说到点子上了。如果许多优秀的数学家尝试去做某件事，并且他们全都失败了，那么很可能这件事本身就无法实现。如果数学只教会了我们一件事，那就是——许多问题是无解的。你无法找到一个平方等于2的分数；你无法用直尺和圆规三等分角；你无法用根式求解五次方程。数学是有局限的。也许你就是无法构造出一套拥有你想要的所有良好性质的三维代数。

假如你想要知道是否的确无法构造，就需要遵循以下的研究流程。首先，你需要明确给出你希望这个三维代数具有哪些性质。然后，你要分析这些性质会带来什么样的结果。从上述的过程中提取到足够的信息之后，你就可以寻找这样的代数如果存在就必须具备的特征，以及它可能不存在的原因。

至少，现在的你会这么做。而哈密顿当时的方法并没有这么系统。他默认他的代数必须具备"所有"合理的性质，然后突然发现，可能不得不放弃掉其中一个性质。更重要的是，他认识到，三维代数是不可能存在的。他能得到的与之最接近的就是四维代数，也就是一个数中包含四个分量，而不是三个分量。

回到那些难懂的代数法则上来。数学家在进行代数运算的时候，是在以系统性的方式重新排列符号。回忆一下"algebra"这个词的来源，阿拉伯语的al-jabr，意为"还原"——而我们今天把它叫作"把某项移到方程的另一边并改变其符号"，即"移项"。直到最近的150年里，数学家才费神将这些操作背后的规则明确地列了出来，并以逻辑推论的方式推出了其他著名的定律。这一套公理化方法对代数与欧几里得对几何所做的别无二致，而产生这种想法却花了数学家2 000年的时间。

作为背景介绍，我们可以集中关注其中的三条定律，它们都与乘法有关。（加法与之类似，但更加一目了然；乘法则是一切开始出问题的起点。）孩子们学习乘法表时，最终都会注意到其中存在重复。不仅3乘4等于12，4乘3也等于12。如果你把两个数相乘，无论哪个数在前面，得到的结果都是一样的。这一事实被称为交换律，用符号表示就是对任意的两个数a和b，$ab = ba$。这条定律在扩展后的复数系中也成立，可以用哈密顿的数对乘法公式来证明。

另一条更加不易被察觉的定律是结合律，说的是当你把三个数按照同样的顺序相乘的时候，先从哪里开始乘没有区别。举例来说，假设我想计算$2 \times 3 \times 5$。我可以先计算2×3，得到6，然后再用6乘以5。或者，我可以先计算3×5，得到15，然后再用2乘以15。无论哪种方法得到的都是相同的结果30。结合律表明对于任意的三个数都是如此，用符号表示就是$(ab)c = a(bc)$，其中括号表示了两种相乘的方式。同样，这条定律对于实数和复数都成立，也可以用哈密顿的乘法公式来证明。

最后一个非常有用的定律——我称它为"可除律"，虽然教科书中把它称为"乘法逆元存在性"——说的是，数系中任意数除以任意非零数都是有意义的。禁止除以零有很充分的理由：最主要的原因是，绝大多数情况下得到的结果没有意义。

我们前面已经看到，你可以通过一种"显而易见"的乘法形式来构造一套三元数的代数。由这些三元数构成的数系满足交换律和结合律，但不满足可除律。

在经过长时间徒劳无功的搜寻和计算之后，哈密顿的伟大灵感突然闪现：有可能构造一个新的数系，其中结合律和可除律都成立，但不得不牺牲掉交换律。即便如此，用由三个实数组成的三元数仍然无法构造出这样的代数。你必须使用四个分量的数。"合理的"三维代数不存在，但却存在一个相当良好的四维代数。它是这种代数中唯一的一个，只有一点达不到理想数系的要求：交换律不成立。

交换律不成立，又有什么关系？哈密顿最大的思维障碍就是他认为交换律必不可少。而这一切都在刹那间改变，当时他灵光乍现，突然明白了如何将四个分量的数相乘。这一天是1843年10月16日。

哈密顿和妻子正沿着都柏林皇家运河边的纤道步行，去参加极负声望的爱尔兰皇家科学院的一场会议。他潜意识中一定在翻来覆去地思考三维代数的问题，因为灵感闪电般击中了他。"彼时彼刻，我感觉思想的电路突然接通了"，他在随后的信件中写道，"从中产生的火花正是我从那时起一直使用的i，j，k之间的基本关系式。"

在巨大的激动中，哈密顿立刻把公式刻在了布鲁姆桥（他将该桥称作"布鲁厄姆"桥）的石头上。这座桥保留了下来，但刻字却已经消失——不过现在在桥上有一块纪念牌。哈密顿想到的公式也保留了下来：

$$i^2 = j^2 = k^2 = ijk = -1$$

这些公式非常漂亮，具有很高的对称性。但你可能想要知道，四个分量的数在哪里呢？

复数可以被写成数对(x, y)，但通常的写法是$x + iy$，其中$i = \sqrt{-1}$。同样，哈密顿头脑中想象的数也可以被写成四个分量为一组(x, y, z, w)，或者写成组合$x + iy + jz + kw$。哈密顿的公式使用的是第二种写法；如果你更在意形式，你可能会倾向于使用四个分量的写法。

哈密顿把他新创造出来的数称为四元数。他证明了它们满足结合律以及——后来发现，它们也惊人地满足——可除律。但它们不满足交换律。四元数的乘法法则意味着$ij = k$但$ji = -k$。

四元数系中完整包含了所有复数，也就是具有$x + iy$形式的四元数。哈密顿的公式表明，-1不只有两个平方根i和$-i$，还有j和$-j$、k和$-k$。事实上，在四元数系中，-1有无穷多个不同的平方根。

所以连同交换律一起，我们还失去了二次方程一定有两个根的规律。幸运的是，到了四元数被创造出来的时候，代数的关注点已经逐渐偏离了方程的求解。四元数的优点比缺陷多得多，你只需要习惯它们就好。

1845年，托马斯·迪斯尼（Thomas Disney）去拜访哈密顿。他还带着他的女儿，也就是威廉的青梅竹马凯瑟琳一起。那时她已经失去了第一任丈夫，并且再婚了。这次重逢揭开了哈密顿旧日的伤疤，他对酒精的依赖变得愈发严重。在都柏林的一次科学晚宴上，他因醉酒而丑态百出，由此他决心戒酒，在后来的两年中滴酒不沾。但当天文学家乔治·艾里（George Airy）嘲讽他戒酒时，哈密顿为了回击，开始更加大量地饮酒。从那以后，他就彻底开始长期酗酒了。

哈密顿的两个叔叔相继去世，一位同事兼好友自杀；随后凯瑟琳开始给他写信，这加重了他的抑郁。她迅速意识到，自己的行为对于一个受人尊敬的已婚女子来说并不合适，还曾半心半意地尝试自杀。后来她与丈夫分居，回去和母亲住在了一起。

哈密顿则通过凯瑟琳的亲戚不断写信给她。直到1853年，她恢复了与哈密顿的联系，给他寄去了一个小礼物。哈密顿对此的回应是亲自去见了她，还带了一本他写的关于四元数的书。两周之后凯瑟琳去世，哈密顿陷入了巨大的悲痛。从此他的生活变得越来越无序。1865年他死于痛风，这是一种常见于酗酒者的疾病。在他死后留下的数学论文当中，还有尚未吃掉的食物。

哈密顿相信，四元数是代数与物理的圣杯——它真正把复数推广到了更高维度，也是研究空间几何与物理的关键。当然，空间是三维的，而四元数则是四维的，但哈密顿在其中发现了一个自然的三维子系统。组成这个子系统的就是"虚"四元数 $bi + cj + dk$。从几何上看，可以把符号 i、j、k 理解为围绕空间中三个相互垂直的转轴进行的旋转，虽然其中有一些微妙之处：大致来说，你必须在一个周角是 720° 而非 360° 的几何中旋转。抛开奇怪的特性不谈，你就能明白哈密顿为什么认为四元数对几何与物理十分有用了。

余下的"实"四元数与实数在各方面表现得都一样。你不可能把它们全部去掉，因为它们可能会出现在任何代数运算当中，即使是从虚四元数开始的运算也是如此。如果有可能把所有的运算都限制在虚四元数的范畴之内，那么合理的三维代数就将存在，哈密顿也就能够找到它了。四元数的四维数系是仅次于此的最佳选择，一个自然的三维系统相当规范地内嵌于其中，其作用并不亚于假设存在的纯粹的三维代数。

哈密顿余生都致力于四元数的研究，发展四元数的数学理论，并推动其在物理学中的应用。少数忠实的追随者为四元数摇旗呐喊，他们成立了一个四元数学派，哈密顿死后，爱丁堡大学的彼得·泰特（Peter Tait）和哈佛大学的本杰明·皮尔斯（Benjamin Peirce）接棒成为该学派的领军人物。

然而其他数学家并不喜欢四元数——一方面是因为它们完全是人为构造出来的，但更主要的原因是他们认为自己找到了更好的替代品。这些异见者当中，最著名的是普鲁士科学家赫尔曼·格拉斯曼（Hermann Grassmann）和美国科学家乔赛亚·威拉德·吉布斯（Josiah Willard Gibbs），他们如今被公认为是"向量代数"的创始人。二人都构造出了非常有用的、任意维数的代数。他们的代数并不需要限制在四维之内，或者虚四元数这个三维子系统当中。这些向量系统的代数性质不如哈密顿的四元数那么优美，例如，你不能把两个向量相除。但格拉斯曼和吉布斯更喜欢有效的一般概念，即使它们缺少"数"通常会具有的一些特征。两个向量可能就是无法相除，但谁在乎呢?

哈密顿至死都相信四元数是他对科学和数学做出的最伟大贡献。但在接下来的100年里，除了泰特和皮尔斯之外，几乎没有人会同意这一点，四元数在维多利亚时代的代数研究中也是一潭无人问津的死水。如果你想说明数学自身缺乏生机与活力，四元数就是最好的例子。即使在大学的纯数学课程中，四元数也从来没有出现过，哪怕只是出于好奇的介绍都没有。据贝尔所写，

> 哈密顿最深重的悲剧既不是酒精成瘾也不是婚姻失败，而是他固执地相信四元数是破解物理世界的数学形式的关键。历史已经证明，哈密顿坚称"我仍然坚持认为，对我而言，19世纪中叶的（四元数）这一发现就如同17世纪末流数①的发现一样重要"是可悲的自我欺骗。从来没有哪个伟大的数学家错得如此无可救药。

真的是这样吗?

四元数或许没有沿着哈密顿铺设的道路发展，但其重要性却与日俱增。在数学中，它们已经成了绝对的基础性概念，而我们也将看到四元数及其推广在物理学中的基础作用。哈密顿的执念为近世代数和数学物理打开了广阔的新天地。

从来没有哪个半吊子历史学家错得如此无可救药。

---

① 流数是牛顿对导数的称谓，于1665年提出。在写于1671年的《流数法与无穷级数》中，牛顿称（随时间）变化的量为流量，称变化率为流数，并陈述了微积分的基本问题：已知流量间的关系，求流数关系；已知流数间的关系，求流量关系。——译者注

＊

　　哈密顿可能夸大了四元数的应用，把它们别扭地用在了一些并不合适的技巧当中，但事实逐渐证明，他对四元数的重要性所持的信心是有道理的。四元数有一个神奇的特点，就是总会出现在看似最不可能出现的地方。原因之一在于它们是唯一的。它们可以用一些合理且相对简单的性质——几条"运算律"，虽然有一条重要的规律不包括在内——来描述，而且，它们所组成的系统是唯一具备这几条性质的数学系统。

　　我们需要把这句话拆开来理解。

　　实数系是唯一一个绝大部分人都熟知的数系。你可以把实数相加、相减、相乘和相除，得到的结果一定也是实数。当然，除以零是不被允许的，但除了这个必要的限制之外，你可以对实数进行一长串的运算，而绝对不会脱离实数系。

　　数学家把这样的系统称为域。除了实数域之外还有很多其他的域，比如有理数域和复数域，但实数域很特别。它是唯一满足以下两种性质的域：有序性与完备性。

　　"有序性"指的是这些数可以按照某种顺序一字排开。实数就可以排成一条线，负数在左，正数在右。数学中也存在其他的有序域，比如有理数域，但实数域与它们的不同之处在于它还是完备的。正是这个额外的性质（对此的完整陈述涉及较多技术细节）保证了$\sqrt{2}$和π这样的数能够存在。大体上，完备性意味着无限小数是有意义的。

　　可以证明，实数是唯一的完备有序域。这就是实数在数学中占据如此核心地位的原因。只有在实数当中，算术运算、比大小以及基本的微积分操作才都能执行。

　　复数通过引入一种新的类型的数——-1的平方根——对实数进

行了扩展。但我们为了能够对负数开平方，付出的代价是丧失了有序性。复数域是完备的，但它们铺满了一个平面，而不是排成一个单一的有序列。

复数占据的平面是一个二维平面，而2是一个有限的整数。复数域是唯一一个包含实数且维数有限的域——除了一维的实数域自身以外。这意味着复数也是唯一的。在很多重要的用途上，复数都是唯一能够胜任的工具，这样的唯一性令它们不可或缺。

当我们尝试在复数基础上继续扩展，在提高维数（且保证有限）的同时还要保持尽可能多的代数法则依旧成立时，四元数就登场了。我们想要保持成立的定律包括加减法的所有通常的性质、大部分乘法的性质，以及能够除以任意非零数的可行性。但这一次我们要付出的代价更加高昂，也正是它让哈密顿痛心疾首。你必须抛弃乘法交换律。你只能接受这个残酷的现实，然后继续。不过当你习惯了以后，你就会疑惑自己当初为什么竟会期待交换律在任何情况下都成立，并开始意识到，它能在复数域中成立简直是一个小小的奇迹。

具有以上这些性质的系统，不论交换律成立与否，都被称为可除代数。

实数和复数都是可除代数，因为我们并不是不允许乘法交换律成立，只是不要求它成立。所有的域都是可除代数。但有的可除代数并不是域，其中最先被人们发现的就是四元数。1898年，阿道夫·胡尔维茨（Adolf Hurwitz）证明了四元数系也是唯一的。四元数是实数和复数之外唯一包含实数的有限维可除代数。

一个奇怪的规律出现了。实数、复数、四元数的维数分别是1，2和4。这看上去像极了一个数列的开头——2的幂。自然延伸下去应该是8，16，32，等等。

真的存在具有这些维数且值得我们关注的代数系统吗？

也对，也不对。但你要等一等才能知道原因，因为对称性的故事现在进入了一个新的阶段：与微分方程产生了联系。微分方程是使用最广泛的对物理世界建模的方式，绝大多数物理学家都用微分方程的形式来表达自然规律。

理论的最深层再一次归结到了对称性上，不过出现了一个新的变化。此时的对称群不再是有限的，而是"连续的"。有史以来最具影响力的研究之一即将极大地丰富数学的内涵。

10.

立志从军的近视眼与虚弱不堪的书呆子

马里乌斯·索菲斯·李（Marius Sophus Lie）走上科学之路完全是因为视力太差而无法担任任何军职。当索菲斯——人们后来这样称呼他——1865年从克里斯蒂安尼亚大学毕业的时候，他只上过很少的几门数学课，其中包括一门由挪威人卢德维格·西洛（Ludwig Sylow）讲授的伽罗瓦理论，但他在这一领域并没有表现出任何过人的天赋。他曾一度犹豫不决——他知道自己想要走学术研究的道路，但不确定应该研究哪个领域，是植物学、动物学抑或是天文学。

不过大学图书馆的借书记录显示，他借阅了越来越多的数学书籍。1867年的一个午夜，他茅塞顿开，看清了自己将毕生为之奋斗的事业。他的朋友恩斯特·莫茨费尔特（Ernst Motzfeldt）在睡梦中被激动万分的李惊醒，只见他大喊着："我找到它了，它是那么简单！"

他所找到的是一种看待几何的新方式。

李开始研究伟大几何学家的工作，比如德国数学家尤利乌斯·普吕克（Julius Plücker）和法国数学家让-维克托·彭赛列（Jean-Victor Poncelet）等。从普吕克那里，他学习到几何体的基本元素不是人们熟悉的、欧几里得提出的点，而是直线、平面、圆这些其他的对象。

1869年，他自费发表了一篇论文，概括了他的主要思想。他认识到自己的思想正如先前的伽罗瓦和阿贝尔一样，对于保守派来说太过超前激进，普通的期刊都不愿意发表他的研究。但恩斯特鼓励他坚持做自己的几何研究，在他的支持下，李一直没有气馁。最终，李的一篇论文在一家知名期刊发表，反响热烈。这让李获得了一笔资助，他终于有钱去各地拜访顶尖的数学家，与他们讨论自己的想法。他去了孕育了普鲁士和德意志无数数学家的摇篮——哥廷根和柏林，与代数学家利奥波德·克罗内克（Leopold Kronecker）和恩斯特·库默尔（Ernst Kummer），以及分析学家卡尔·魏尔施特拉斯（Karl Weierstrass）进行讨论。库默尔的数学研究方法给他留下了深刻印象，而魏尔施特拉斯的方法则没有引起他太多的注意。

最重要的会面则是在柏林拜访费利克斯·克莱因——他恰巧是李十分仰慕并希望效仿的普吕克的学生。李和克莱因的数学背景非常相似，但他们的风格却大相径庭。克莱因基本上是一个倾向于几何的代数学家，喜欢钻研一些充满内在美的具体问题；而李则是一个分析学家，喜爱一般理论的全面与广阔。讽刺的是，正是李的一般理论为数学提供了一些最重要的特殊结构，时至今日它们依然格外优美、格外深刻，其中大部分都是代数结构。如果不是李将理论推向普适化，这些结构可能根本就不会被发现。如果你尝试去理解某个类别中所有的数学对象，并且成功了的话，你会不可避免地发现其中有很多都具备特殊的性质。

1870年，李和克莱因在巴黎再次相会。在那里，李受到若尔当的影响，把研究目标转向了群论。越来越多的数学家认识到，几何和群论是同一枚硬币的两面，但这种思想经历了漫长的时间才全面成型。李和克莱因合作完成了一些研究，尝试进一步明确群与几何之间的联系。最终，克莱因在他1872年的"埃尔朗根纲领"中明确地提出了这一思想，说明几何和群的本质是一样的。

用现在的语言表述起来，这一思想听起来太过简单，早就应该是一目了然的了。对应于任一给定几何的群就是该几何的对称群。反之，对应于一个群的几何就是以该群为对称群的任意几何。也就是说，几何是由在群的变换下保持不变的东西来定义的。

举例来说，欧氏几何中的对称是平面中保持长度、角度、直线和圆不变的变换。它们所组成的就是平面中所有刚体运动的群。反之，一切在刚体运动中保持不变的对象都自然地属于欧氏几何的范围内。非欧几何仅仅是使用了不同的变换群而已。

那么，为什么要费力地把几何转换为群论呢？因为这样你就可以用两种不同的方式来看待几何，同时也有两种不同的方式来看待群。有的时候用一种方式更易于理解，有的时候则是另一种。拥有两种视角总比只有一种要好。

✳

法国和普鲁士之间的关系急剧恶化。拿破仑三世认为他可以通过对普鲁士开战来支撑起他下滑的支持率。普鲁士宰相俾斯麦向法国发出了一份措辞严厉、语气尖锐的电报，普法战争于1870年7月19日正式爆发。克莱因，一个生活在巴黎的普鲁士人，明智地选择了返回柏林。

然而李是挪威人，并且非常享受自己在巴黎的访问，于是他决定留下来。但当他意识到法国即将战败、德军正向梅斯挺进的时候，他改变了主意。尽管他是中立国的国民，但在潜在的战争区停留仍然并不安全。

李决定迅速动身，向意大利进发。但他没能走远：法国当局在巴黎东南大约25英里（约40千米）的枫丹白露抓住了他，而他随身携带着许多文件，上面写满了难以理解的符号。由于这些符号看起来显然是密文，他被当作德军间谍逮捕入狱。法国顶尖数学家加斯东·达布（Gaston Darboux）介入后，才说服了当局相信那些符号是数学推演。李得以获释，随后法军投降，德军封锁了巴黎，而李再一次前往意大利——这次他成功了。他从意大利返回了挪威。途中他还顺便拜访了安全地留在柏林的克莱因。

1872年，李获得了博士学位。李的研究深深震动了挪威学术界，以至于克里斯蒂安尼亚大学同年专门为他设立了一个职位。他和从前的老师卢德维格·西洛一起，开始着手编辑收集到的阿贝尔的研究。1874年他娶了安娜·比尔克，他们一共生下了三个孩子。

此时，李已把研究重点集中在了一个他认为发展时机已经足够成熟的特定主题上。数学中有很多不同种类的方程，但其中有两类格外重要。第一类是代数方程，已经被阿贝尔和伽罗瓦充分地研究过了。第二类是微分方程，是牛顿在他关于自然规律的研究中引入的。这种方程涉及微积分的概念，与直接描述物理量不同，它们描述的是物理量随时间如何变化。更准确地说，它们给出的是这个量的变化率。例如，牛顿最重要的运动定律说的是，一个物体的加速度与作用在该物体上的合力成正比。加速度就是速度的变化率。定律没有直接告诉我们这个物体的速度，而是告诉了我们速度的变化率。与之类似，牛顿提出的另一个解释物体在冷却时温度如何改变的方程，说的是温度的变化率与物体温度和周围环境温度的差成正比。

物理学中很多重要的方程——关于流体流动、引力作用、行星运动、热的传递、波的运动、磁性作用，以及光和声的传播等——都是微分方程。牛顿最先认识到，如果去留意我们想要观察的量的变化率，而不是只盯着这些量本身，大自然的规律往往会变得更加简单，也更容易被发现。

李给自己提出了一个重大的问题：是否存在一种类比于伽罗瓦的代数方程理论的微分方程理论？是否存在某种方式来判定一个微分方程什么时候可以用特定的方法求解？

问题的关键又一次回到了对称性。李如今意识到，他在几何上得到的一些结果可以重新用微分方程的语言来阐释。一旦有了某个特定微分方程的一个解，李就可以对它施加（来自某个特定的群的）某种变换，然后证明结果同样是方程的一个解。从一个解可以得到很多个解，全部由这个群关联起来。换言之，这个群是由微分方程的对称组成的。

这是个明显的暗示，暗示有某种优美的理论亟待发现。回想一下伽罗瓦对对称性的应用给代数方程带来了什么——现在想象一下，如果同样的事情发生在重要得多的微分方程身上，会怎么样？

❊

伽罗瓦研究的群都是有限群。也就是说，群中包含的变换数量是一个有限的整数。举例来说，由五次方程五个根的所有置换组成的群一共有120个元素。不过，还有很多有意义的群是无限群，包括微分方程的对称群。

一个常见的无限群就是圆的对称群，其中包含以任意角度旋转这个圆的所有变换。因为可能的旋转角度有无穷多个，所以圆的旋转群是无限群。表示这个群的符号是SO(2)。这里的O指的是"正交的"（orthogonal），意思是这些变换都是平面中的刚体运动，而S指的是"特殊的"（special）——旋转不会把平面翻转过来。

圆还具有无穷多条反射对称轴。如果你沿着任意一条直径反射这个圆，都会得到同样的圆。在旋转群中加上反射变换，就得到了一个更大的群，O(2)。

SO(2) 和 O(2) 是无限群，但属于容易操控的一类。只要明确给出一个数——旋转角度，各种不同的旋转就都可以被确定下来了。当两个旋转组合起来时，你只需要把它们各自对应的角度相加即可。李把这种情形称为"连续的"，用他的术语来说，SO(2) 群就是一个连续群。而由于只需要用到一个数来确定角度，SO(2) 群也就是一维的。O(2) 也一样是一维的，因为我们所需要的只是一种区分反射和旋转的方式，而在代数中这就是一个正负号的问题。

SO(2) 群是最简单的李群。李群同时具有两种结构：它既是一个群，也是一个流形——一个多维空间。对 SO(2) 来说，流形就是圆，而联结圆上两点的群运算，就是把两个相应的旋转角度相加。

图 10-1　圆有无穷多个旋转对称（左图）和无穷多个反射对称（右图）

李发现了李群的一个优美的特点：李群的群结构可以"线性化"。这就是说，李群所在的弯曲流形可以被替换为一个平直的欧几里得空间。这个空间就是流形的切空间。对于 SO(2)，如图 10-2 所示。

图 10-2　从李群到李代数：圆的切空间

通过这种方式线性化后的群结构赋予了切空间一个属于自身的代数结构，这是一种"无穷小"版本的群结构，描述了非常接近恒等变换的变换有怎样的表现。这个结构被称作该群的李代数。它和群的维数相同，但是它的几何形式简单得多，是平坦的。

实现这样的简化当然要付出代价：李代数可以捕捉到对应群的最重要的性质，但会损失掉一些小细节，而且这些捕捉到的性质也会发生细微的变化。尽管如此，通过转换到李代数你依然可以了解到一个李群的很多性质，而且绝大多数问题用李代数都更容易解答。

可以证明——这是李的伟大洞察之一——李代数上自然的代数操作不是乘积 AB，而是 $AB - BA$ 的差，被称作换位子（在物理学中被称作对易子）。对于像 SO(2) 这样满足 $AB = BA$ 的群，换位子等于 0。但对于三维线性空间上的旋转群 SO(3) 这样的群，除非 A 和 B 的旋转轴重合或者相互垂直，否则 $AB - BA$ 不会为 0。所以群的几何特征在换位子的表现中得到了体现。

20世纪初，随着"微分域"理论的诞生，李建立微分方程版"伽罗瓦理论"的梦想终于成为现实。但事实证明，李群理论远比李预期的更加重要，其应用也更加广泛。李群和李代数的理论不再只是判断微分方程是否可以用特定方法求解的工具，而是几乎已经遍及所有的数学分支。"李理论"已经超越了它的创造者，变得比他能想象到的更加伟大。

事后来看，原因在于对称性。对称性已经深入数学的每一个领域之中，也是大部分数学物理基本思想的根基。对称性表达了这个世界蕴藏的规律，正是这些规律推动着物理学不断向前。旋转等连续对称与空间、时间和物质的性质紧密相连；它们暗示着各种守恒定律的存在，比如能量守恒定律，说的是封闭系统既不能获得能量，也不会失去能量。对称性与守恒定律之间的这种联系是希尔伯特的学生埃米·诺特（Emmy Noether）发现的。

当然，下一步就是要去理解这些可能的李群，就像伽罗瓦和他的后继者从有限群中整理出多种性质一样。此时，另一位数学家加入了这场探寻。

安娜·卡塔琳娜很担心她的儿子。

医生告诉她，小威廉"非常虚弱、笨手笨脚"，而且"总是很兴奋，但是个完全不务实的书呆子"。随着威廉逐渐长大，他的健康状况有所好转，但他的书呆子倾向却本性难移。等到他快要过39岁生日的时候，他将发表一项数学研究，而这将被公认为"有史以来最伟大的数学论文"。这样的头衔当然是主观的，但毫无疑问的是，威廉的论文对于任何人都非常值得一读。

威廉·卡尔·约瑟夫·基林（Wilhelm Karl Joseph Killing）是约瑟夫·基林和安娜·卡塔琳娜·科滕巴赫的儿子。他有一个兄弟卡尔，还有一个姐姐（妹妹）黑德维希。父亲约瑟夫是一名法律文员，母亲安娜是一名药剂师的女儿。他们在德国中部靠东的城市布尔巴赫结婚，不久后约瑟夫成为梅德巴赫的市长，他们便举家迁到了那里。之后他又先后担任了温特贝格和吕滕的市长。

基林家的家庭条件比较优越，能够请得起家庭教师，为威廉进入文理中学做准备。他入读的文理中学在布里隆，位于多特蒙德以西50英里（约80千米）。上学期间，威廉喜欢古典文学——拉丁语、希伯来语和古希腊语的经典著作。一位名叫哈尼施马赫的老师把威廉领进了数学的大门；后来，威廉在几何方面表现非常突出，并决心成为一名数学家。他进入了现在的明斯特大学，而当时那只是一所皇家学院。学院里并不教授前沿的数学知识，于是基林只好自学。他读了普吕克的几何学研究，并努力从中推导出自己的新定理。他还读了高斯的《算术研究》。

在皇家学院学习两年后，他搬去了柏林，那里的数学教学质量要高得多，并且深受魏尔施特拉斯、库默尔和赫尔曼·冯·亥姆霍兹——厘清了能量守恒与对称性之间的关系的数学物理学家——的熏陶。基林以魏尔施特拉斯的一些思想为基础，写了一篇关于曲面几何的博士论文，并成为数学和物理老师，另外还教授希腊语和拉丁语。

1875年，他与一个音乐教师的女儿安娜·科默结了婚。他们的前两个孩子都是男孩，但在婴儿时期便夭折了；接下来的两个女儿玛丽亚和安卡活了下来。后来，基林又有了两个儿子。

1878年，他回到了自己的母校，不过此时他已经是一名老师了。他的工作任务繁重，每周要教36个小时的课，但他还是想法设法挤出时间继续进行数学研究——伟人总是如此。他还在顶级期刊上发表了一系列很有分量的文章。

1882年，魏尔施特拉斯为基林谋得了位于布劳恩斯贝格的霍西亚努姆神学院的教授职位，他在那里任教了十年。布劳恩斯贝格没有强大的数学传统，也没有可以一起讨论数学研究的同事，但基林好像并不需要这样的环境激励，因为他正是在那里做出了整个数学领域中最重要的发现之一。不过，这个发现却让他自己相当失望。

他希望实现一个有着巨大野心的目标：描述所有可能的李群。学院并未订购登载李的文章的期刊，基林对李的研究也知之甚少，但他在1884年独立发现了李代数的作用。所以基林知道，每一个李群都对应着一个李代数，而他也很快意识到，李代数可能比李群更容易操作，于是他的问题被简化为对所有可能的李代数进行分类。

后来，事实证明，这个问题极其艰难——我们现在知道它可能没有合理的答案，意即，不存在一种简单的构造方式，可以遵循统一而显明的步骤构造出所有的李代数。所以基林不得不退而求其次，换了一个远没有那么野心勃勃的目标：描述所有李代数的基本构成单元。这有点儿像本来想要描述所有的建筑风格，却只能列出所有砖块可能的形状和尺寸。

这些基本构成单元被称作单李代数。它们的性质和伽罗瓦的单群——除了平凡子群外没有其他正规子群的群——很相似。事实上，一个单李群对应着一个单李代数，反之也几乎成立。基林成功地列出了所有可能的单李代数，这是一个令人惊叹的成就。数学家将这种列举式的定理称为"分类"。

在基林眼中，他的分类只是某种普遍得多的本质的一个非常局限的版本，他也对为了得出结果而必须做出的限制性假设深感烦躁。他尤其厌恶必须假设李代数具有单性这一点，这迫使他转向复数域而非实数域上的李代数。前者有更加良好的性质，但与让基林着迷的几何问题之间缺乏直接关联。由于这些自我施加的限制条件，他觉得这项研究不值得发表。

他的确联系上了李，但从结果来看成效不佳。首先他写信给克莱因，由克莱因牵线，帮他联系到了当时在克里斯蒂安尼亚大学工作的李的助手弗里德里希·恩格尔（Friedrich Engel）。基林和恩格尔十分投缘、一拍即合，恩格尔也成了基林研究的坚定支持者，帮助他攻克了一些难点，鼓励他进一步拓展他的想法。如果没有恩格尔，基林可能已经放弃了。

起初，基林以为他知道了全部的单李代数，也就是李代数 so(n) 和 su(n)，分别对应于以下两个无限族中的李群：特殊正交群 SO(n)，由 n 维空间中所有的旋转组成，以及与之类似、在复 n 维空间上的特殊酉群（也叫特殊幺正群）SU(n)。历史学家托马斯·霍金斯（Thomas Hawkins）曾想象"恩格尔读到基林充溢着大胆猜想的信时该是多么不可思议。一位籍籍无名的教授，在东普鲁士偏僻角落里的一所旨在培养牧师的神学院里，努力与学界权威交流，从李的变换群理论中推想出意义深远的定理"。

1886 年夏天，基林到莱比锡拜访了李和恩格尔，当时两人都在那里工作。不幸的是，李和基林之间发生了一些摩擦。李从未真正欣赏过基林的研究，还总是试图贬低其价值。

✳

基林很快就发现，自己原先关于单李代数的猜想是错误的，因为他发现了一个新的单李代数，与之对应的李群现在被称作 G_2。它的维数是14，而与特殊线性或特殊正交李代数不同的是，它似乎并不属于某个无限族。它是一个单独的例外。

这已经有些奇怪了，而基林在1887年冬天完成的最终分类就更加奇怪了。在原先的两个无限族之外，基林又加入了第三类——李代数 $sp(2n)$，对应于我们现在所知的辛群 $Sp(2n)$。（如今，我们把正交群按照作用于偶数维空间还是奇数维空间分成了两个不同的子族，所以一共有4个族。这样做是有原因的。）除了 G_2，还有其他5个例外：两个52维的群，还有一个很小的有限族，包含维数为78、133和248的群。

基林的分类是通过一番冗长的代数论证完成的，由此他将整个问题简化为一个优美的几何问题。他从一个假想的单李代数设想出多维空间中一个由点组成的构型，也就是现在我们所知的根系。有且仅有三个单李代数的根系位于二维空间中。这三个根系是这样的：

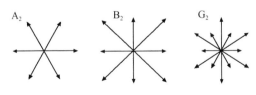

图 10-3　二维空间中的根系

这些图案具有很强的对称性。事实上，这很容易让你回想起在万花筒中看到的图案，那是由两面成一定角度放置的镜子发生多重反射而呈现出来的。这种相似并非巧合，因为根系也具有神奇而优美的对称群，也就是现在我们所知的外尔群（但这样命名不公平，因为它们是基林发明的）。它们就是万花筒中物体反射形成的图案在多维空间中的类比。

基林证明的底层结构是，可以通过把李代数划分为具有良好性质的、类似于su(n)中发现的结构的各个部分，来找出所有可能的单李代数。于是李代数的分类问题就被简化为这些部分的几何问题，而后者可以利用它们具备的美妙对称性来进行研究。一旦弄清了各个部分的几何结构，你就可以将结果引回到你真正想要解决的问题上：找出所有可能的单李代数。

正如基林所说："一个'简单根系'对应于一个单群。反之，一个单群可以认为是由一个'简单根系'决定的。这样我们就得到了单群。对于每一个l的值都有四种结构，而当$l = 2$，4，6，7，8时还有例外单群。"

这里的"群"是"无穷小群"的缩略形式，我们现在称其为李代数，l则是根系的维数。

基林提到的四种结构就是李代数su(n)、so(2n)、so(2n + 1)和sp(2n)，分别对应于四个无限族的群SU(n)、SO(2n)、SO(2n + 1)和Sp(2n)：酉群、偶数维空间上的正交群、奇数维空间上的正交群，以及偶数维空间上的辛群。辛群描述的是哈密顿力学中引入的位置–动量变量的对称性，它的维数一定是偶数，因为变量是成对的，一个方向上的位置对应一个方向上的动量。除了这4个族之外，基林宣称有且仅有其他6个单李代数存在。

他几乎是对的。1894年，法国几何学家埃利·嘉当（Élie Cartan）

发现基林的两个52维李代数实际上是两种不同视角下的同一个李代数。这也就意味着只有5个例外单李代数，对应于5个例外单李群：基林的老朋友G_2，以及其他4个群，如今被称作F_4、E_6、E_7和E_8。

这是一个非常奇特的答案。无限族是有道理的，它们都分别与各种自然存在的、任意维数的几何相关。但这5个例外李群似乎与所有的几何都毫不沾边，而且它们的维数也很古怪。为什么14维、52维、78维、133维和248维空间是特别的？这些数有什么不同寻常的地方？

这有点儿像一个人想要列出砖的所有可能的形状，而找到了如下这样的答案：

- 大小为1，2，3，4，…的长方形砖
- 大小为1，2，3，4，…的正方形砖
- 大小为1，2，3，4，…的平板砖
- 大小为1，2，3，4，…的锥形砖

这样结果非常简洁，但列表并没有到此为止，而是继续：

- 一块大小为14的四面体砖
- 一块大小为52的八面体砖
- 一块大小为78的十二面体砖
- 一块大小为133的十二面体砖
- 一块大小为248的十二面体砖

就是这些，没有其他的了。

为什么会有如此奇形怪状的砖呢？它们有什么用呢？

真是彻底的莫名其妙。

事实上，这样的结果太过疯狂，以至于基林对例外李群的存在感到十分沮丧，还曾一度希望它们只是一个错误，可以一笔勾销。它们毁掉了他的分类的美感。但它们就这样存在着，而我们也终于开始理解它们为什么会存在。现在，在许多方面，这5种例外李群都要比那4个无限族有趣得多。我们将会看到，它们似乎在粒子物理中很重要，而它们在数学中的重要性则是毫无疑问的。它们还有一种神秘的统一性，目前还没有被完全揭示出来。这种统一性将它们与哈密顿的四元数相关联，甚至可以关联到四元数的一种更为奇妙的推广——八元数。至于和哪一个的联系更为紧密，到时候我们就会知道了。

这是一系列无比美妙的思想，而基林创造了这一切。当然，他的研究中存在一些错误——有些证明不太能够成立。但这些错误都在很久之前就被修正了。

※

这就是史上最伟大的数学论文。基林同时代的数学家对此有什么看法？

数学界并没有太多的反响。李对基林杰作的大肆嘲弄显然不会给基林带来什么好处。两人出于未知的原因产生了纠纷，在李看来，基林绝无可能做出任何重要的成果。当然更糟糕的是，这一定理正是李自己原本极其想要证明的。被基林捷足先登之后，李只得采取古老的方式来报复——吃不着葡萄说葡萄酸。李认为，这一领域内任何的研究，只要不是自己做的，统统都是垃圾，虽然他并没有明目张胆地这么说。

更可惜的是，基林低估了自己定理的价值。对他来说，相比于他没能成功实现的另一个重要得多的目标——完成对所有李群的分类——当前的结果显得黯然失色。基林是一个谦卑的人，而李极尽所能地打压了他。

无论如何，基林都超前于他的时代。几乎没有数学家预见到李理论将会变得多么重要。对大部分人而言，它只是一个与微分方程相关联的、比较技术性的几何分支。

最后，基林成了一名极富责任感和谦逊品格的虔诚天主教徒。他以圣方济各①为榜样，在39岁时和妻子一起加入了方济各第三会②。他似乎已经完全成了一个高尚的人，为了自己的学生不知疲倦地工作。他是保守派，也是爱国主义者，对德国在"一战"后极端的社会分裂深感痛心。而1910年和1918年两个儿子的死又让他的情绪更加低落。

基林工作的真正价值在1894年显现。当时，嘉当重新推导了基林博士论文中的全部理论，把结果向前推进了一大步，不仅对单李代数进行了分类，还对它们的矩阵表示进行了分类。嘉当严谨地将自己几乎全部的思想都归功于基林，他本人只是做了一番整理，弥补了一些漏洞（有些还很严重），以及更新了一些现代术语。但很快就有一种传言甚嚣尘上，说基林的理论破绽百出，而真正的功劳应该属于嘉当。数学家几乎都不是合格的历史学家，他们总是愿意引用自己知道的研究，而不是让前者得以成立的更早的研究。所以很多基林的思想都被署上了嘉当的名字。

任何读过基林论文的人很快都会发现，这一传言完全是凭空编

---

① 亚西西的圣方济各（1182—1226），天主教方济各会的创始人，主张清贫节欲。——译者注

② 第三会是由在俗人士组成的，区别于男性修士的第一会与女性修士的第二会。——译者注

造的。论文思维清晰、格式完善，证明方式虽然有些过时，但几乎完全正确。最重要的是，全文的整个思想脉络都是为了导出预期的结果而精心选择与安排的。这是最高层次的数学，而它只属于基林，不属于其他任何人。

不幸的是，几乎没有人读过基林的论文。他们读了嘉当的论文，却又忽略了嘉当对基林工作的承认。但最终，基林的工作开始逐渐获得应有的认可。1900年，他获得了喀山数学物理学会的罗巴切夫斯基奖。这是该学会第二次颁发这个奖项，第一次则是颁给了李。

基林于1923年去世。直到今天，他也没有获得他应有的声誉。他是有史以来最伟大的数学家之一。无论如何，他留下的遗产都将永存不朽。

专利局职员

20世纪初，群论开始在基础物理学中崭露头角。它将在这一领域引发和数学一样根本性的变革。

在"黄金之年"1905年，有一个人发表了三篇论文，每一篇都彻底改变了一个独立的物理学分支。这个人即将成为他所处时代最具标志性的科学家，而那时的他甚至都没有在专职从事科学研究。他从大学毕业，却没能获得教职，当时正在瑞士伯尔尼的专利局担任办事员。没错，他的名字就是阿尔伯特·爱因斯坦。

如果说有什么人能够代表近代物理学的话，这个人就是爱因斯坦。对很多人来说，他也是数学天才的代表，但事实上他作为数学家仅仅是合格而已，并没有与伽罗瓦和基林比肩的创造力。爱因斯坦的创造力并不在于构造新的数学，而是在于他对物理世界的一种极其严谨的直觉。他可以出色地运用既有的数学工具把这种直觉表达出来。爱因斯坦对于科学研究背后正确的哲学观点有着天才的嗅觉。他从最简单的原理中推导出根本性的理论，是追寻美感的指引，而不是为了符合大量的实验事实。他相信，重要的观察结果一定能被提炼为几条关键性的原理。美才是通向真理的大门。

关于爱因斯坦生平与工作的研究卷帙浩繁，许多学者甚至为之投入了毕生的心血。珠玉在前，仅仅一章的内容无论是完整性还是丰富度都无法与前人相比。但他是对称理论发展史上的重要人物：正是爱因斯坦——而不是别人——启动了一系列相互勾连的事件，将对称的数学理论引入了基础物理学。不过，我认为爱因斯坦本人并不这么想：对他而言，数学只是物理学的仆从——而且还不太听话。只有到了后来，新一代人沿着爱因斯坦开辟的道路，将他开拓性的工作遗落下的纠缠破败的"杂草"处理干净后，才得以揭示他的研究所基于的那些优美而深刻的数学概念。

所以我们必须重新梳理这个专利局小职员——准确地说，他的职位是三级技术专家，尚处于试用期—— 一夜成名的脉络。由于他只是我们整个故事中的一部分，我将只选择一些相关的事件。如果你想了解对爱因斯坦的研究生涯更加全面而公正的评价，推荐你阅读亚伯拉罕·派斯的《上帝难以捉摸：爱因斯坦的科学与生平》。

上帝难以捉摸，但并不心怀恶意，爱因斯坦曾如此评论道。

爱因斯坦对宗教几乎没有兴趣，终其一生都在践行"宇宙是可以理解的，它的运行遵循数学规律"这一信条。他在他很多最著名的言论里都援引了神，但他所指的神是宇宙秩序的象征，而不是关心人类事务的超自然存在。他不信神，也不参与任何宗教仪式。

爱因斯坦一般被视为牛顿天然的接班人。之前的科学家对牛顿的"宇宙的系统"——他的《自然哲学的数学原理》第三卷的标题——做出了各种补充，而爱因斯坦是第一个深刻地改变了这一体系的人。此前最重要的理论学家之一是詹姆斯·克拉克·麦克斯韦，他的电磁学方程将磁现象和电现象——尤其是光——纳入了牛顿的理论体系之中。爱因斯坦则走得更远，做出了重大的变革。讽刺的是，通向修正的引力理论的变革正是从麦克斯韦的电磁波理论，也就是关于光和类似的波的理论中发展出来的。更加讽刺的是，这一理论的一个基本特征——光的波动性——起到了重要的作用，但牛顿不承认光可能是一种波。而最最讽刺的是，现在我们用来证明光是一种波的最优美的实验之一，最早恰恰是由牛顿完成的。

科学家对光的兴趣至少可以追溯到亚里士多德，尽管他本质上是一个哲学家，但他所提出的都是对科学家来说非常自然的问题。我们是如何看见事物的？亚里士多德提出，当我们看向某个物体的时候，物体就会对它自身和眼睛之间的介质产生影响（我们现在把这种介质称为"空气"）。然后，眼睛会捕捉到介质的变化，于是就有了视觉。

这种解释在中世纪被推翻了。那时人们认为，是我们的眼睛发出了某种光线，照亮了我们注视的物体。不是物体将信号传给眼睛，而是眼睛发出的视线完整扫射了整个物体。

最终人们认识到，我们是通过反射光看到物体的，而日常生活中最主要的光源就是太阳。实验表明，光沿直线传播，形成"光线"。光线从一个适当的表面上反弹回来，就是反射。所以，太阳的光线投射到所有未被遮挡的物体上，这些光线在各处反弹，有一些进入了观测者的眼睛，人眼接收到来自这一方向的信号，再经由大脑处理眼睛传来的信息，我们就看到了这些反弹了光线的物体。

最主要的问题是，光是什么？光会做出很多令人费解的行为。它不仅可以反射，还可以折射——在两种不同介质的交界处（比如空气和水之间）突然改变传播方向。这就是为什么插入水池的棍子看起来是弯折的，也是透镜得以起作用的原因。

更令人难以理解的是光的衍射现象。1664年，科学家、博物学家罗伯特·胡克——他的研究课题与牛顿总是不断撞车——发现如果把一片透镜放置在平面镜上，然后透过透镜观察，会看到微小的同心彩色圆环。这些圆环现在被称为"牛顿环"，因为牛顿第一个分析了这种现象的成因。如今我们认为，这一实验明确地揭示了光是一种波：当波与波交叠时，有的地方互相增强，有的地方互相抵消，由此产生了干涉条纹，而牛顿环正是干涉条纹。但牛顿认为光不是一种波。因为光沿直线传播，他相信光一定是一串粒子流。他在完成于1705年的《光学》中写道："光由发光体射出的微粒组成，或称光粒（corpuscle）。"微粒说可以很容易地解释光的反射：粒子撞上（反射）表面时被弹回。但它却很难解释折射，在衍射面前则几乎溃不成军。

牛顿认为，光线能够弯曲的根本原因一定是介质，而不是光本身。这导致他提出一定存在某种"虚无缥缈的媒质"（aethereal medium），振动在其中传播得比光更快。他相信热辐射就是这类振动的证据，因为他已经确认，热辐射可以在真空中传播。真空中的某种物质一定携带着热量，并且引发了折射和衍射现象。用牛顿的话来说：

> 暖室的热是不是由一种远比空气更为微妙的媒质的振动穿过真空传过去的，而这种媒质在空气被抽出后仍旧留在这真空中？这种媒质是否与"光赖以折射和反射，而且借助于它的振动，光把热传到各物体上去，并使光处于易于反射和易于透射的突发状态"的那种媒质相同？①

读到这段文字时，我不禁想起了我的朋友特里·普拉切特（Terry

---

① 摘自《牛顿光学》第三编，疑问18，周岳明等译，北京大学出版社，2011年第二版。——译者注

Pratchett），他的系列奇幻小说以"碟形世界"讽刺了我们的现实世界，书中形形色色的巫师、女巫、巨怪、小矮人乃至人类都对人性的弱点百般嘲弄。碟形世界中，光速与声速差不多，这也是为什么在那里可以看到破晓的晨光一点点穿透大地。光不可或缺的另一面则是黑暗——在碟形世界中几乎一切都是具体化的——而"黑暗"显然比光传播得更快，因为它要给光让路。这一切即便在我们的世界中也都非常合理，只不过事实令人失望，这些都不是真的。

牛顿的光学理论也有着同样的缺陷。牛顿并不傻：他的理论看起来回答了很多重要的问题。不幸的是，这些答案都建立在一个根本性的误解之上：他以为热辐射和光是两种不同的东西。他认为光照射到一个表面上时，就会引发热振动，而这些振动则是那些导致光发生折射和衍射的振动的变体。

这样，"光以太"的概念就诞生了，这一概念在科学史上相当持久而顽强。当人们认识到光是一种波以后，以太就充当了波在其中传播的介质。（我们现在认为光既不完全是波，也不完全是粒子，而是二者兼而有之的波粒子，但现在讲这些还为时过早。）

不过，什么是以太呢？牛顿对此十分坦诚："我不知道这个以太究竟是什么。"他表示，如果以太同样由粒子组成，那这些粒子一定远比空气粒子甚至光粒子更小、更轻——本质上与碟形世界中的原因一样，它们必须要能够给光让路。"这些粒子的极其细小，"对于以太，牛顿这样说道，"会有助于使这些粒子借以彼此分离的那个力变大，从而使这个媒质比空气更为稀薄，更富于弹性，结果将更不能阻碍抛射体的运动，并且由于它自身的力图膨胀而更能挤压粗大物体。"[1]

早前，荷兰物理学家克里斯蒂安·惠更斯在他1678年的著作

---

[1] 摘自《牛顿光学》第三编，疑问21。——译者注

《光论》中提出了不同的理论：光是一种波。这一理论清晰地解释了反射、折射与衍射——我们可以看到其他的波出现类似的现象，比如水波。以太之于光就如同水之于海面上的波浪——它们在波经过时发生运动。但此时，牛顿提出了反对。他们的论战混乱不堪，因为两位科学家都对他们所谓的波的本质做出了错误的假设。

当麦克斯韦加入其中后，一切都改变了。而他则站在了另一位巨人的肩膀上。

✳

电热器、电灯、收音机、电视机、食物料理机、微波炉、电冰箱、吸尘器，以及数不尽的工业机械设备都源自一个人的洞察力，他就是迈克尔·法拉第。1791年，法拉第出生于伦敦的纽因顿巴茨，也就是现在的象堡地区。他是一个铁匠的儿子，在维多利亚时代成长为声望卓著的科学家。他的父亲是基督教少数教派桑德曼派的教徒。

1805年，法拉第成了学徒装订工，并且开始做科学实验，主要是化学实验。1810年加入伦敦城市哲学会后，他对科学的兴趣大增，这个学会由一群年轻人组成，他们时常相聚讨论科学。1812年，他得到了英国顶尖化学家汉弗里·戴维爵士在皇家学会最后几场讲座的门票。此后不久，他申请去戴维那里工作。他参加了面试，但当时没有空缺的职位。不过随后戴维的化学助手因挑起斗殴而被解雇，法拉第就接替了他的工作。

1813年到1815年，法拉第跟随戴维夫妇环游欧洲。拿破仑给了戴维一张通行证，其中包含了一名随从，于是法拉第就用上了这个名额。但令他生气的是，戴维的妻子简把这个名头当了真，真的把法拉第当作她的仆人使唤。1821年，事情有了转机：他升了职，还和一位很有名望的桑德曼教徒的女儿萨拉·巴纳德结了婚。而更令人欣喜的是，他的电磁学研究取得了成功。根据丹麦科学家汉斯·奥斯特此前的研究，法拉第发现，电流通过磁铁附近的线圈时会产生一种力。这就是电动机的基本工作原理。

后来，他的研究兴趣逐渐被行政和教学事务淹没了，不过这些工作也带来了十分有益的影响。1826年，他启动了一系列晚间科学讲坛，又发起了针对年轻人的圣诞讲座，直到现在这两项活动都还在继续开展。如今，圣诞讲座通过电视被转播到各地，而电视正是由于法拉第的发现才得以面世的机器之一。1831年，他回头重新做起了实验，发现了电磁感应。这一发现改变了19世纪的工业形态，因为它带来了变压器和发电机。这些实验让法拉第确信，电一定是某种作用于物质粒子间的力，而不是人们普遍认为的流体。

卓越的科学成果往往会把科学家推上高级的行政职位，而这会迅速让他们无暇从事有影响力的科学活动。法拉第被任命为引航公会的科学顾问，这是一家致力于保证英国航运安全的官方机构。他发明了一种新的、更高效的煤油灯，可以发出更亮的光。1840年，他成了桑德曼教派的长老，但他的健康状况开始恶化。1858年他获得了汉普顿宫的一间恩典宅邸①的免费居住权，这里原来是亨利八世的宫殿。他死于1867年，被安葬在海格特公墓。

法拉第的发明颠覆了整个维多利亚世界，但（也许由于早期没

---

① 恩典宅邸的产权属于英国王室，通常作为工资的一部分免费租借给个人使用，有时也是对使用人过去所做贡献的一种表彰。——译者注

有受到良好的教育）他的理论基础薄弱，因此他解释自己发明的工作原理时只能借助于奇怪的力学类比。1831年，也就是法拉第发现磁生电的那年，一位苏格兰律师有了一个儿子——这也是他唯一的孩子。这位律师虽然对管理自己名下的土地更感兴趣，但他依然对儿子"小詹姆斯"的教育倾注了大量的心血，他就是我们所知的詹姆斯·克拉克·麦克斯韦。

小詹姆斯天资聪颖，对机器十分着迷。"它怎么搞的？"是他经常问的一个问题，意思是"它是怎样运作的？"，另一个则是："那是怎么回事？"他的父亲同样痴迷于机器，会尽自己所能向他解释。而如果父亲解释得不够深入，小詹姆斯还会紧接着问："那到底是怎么回事？"

詹姆斯的母亲在他9岁时死于癌症，她的离去让父子二人的关系更加紧密。詹姆斯被送入爱丁堡学院，这所学校专精于古典文学，要求学生保持外形整洁得体、熟练掌握规定学科的内容，但绝对不能拥有原创性的思想，因为这会干扰教学秩序。小詹姆斯并不是老师们喜欢的那种学生，而他父亲又过分追求整洁，为他设计了专门的衣服和鞋子，其中包括一件用蕾丝装饰的褶边束腰外衣——这也无助于提高他在学校的受欢迎程度。别的孩子给他起外号叫"蠢蛋"。不过詹姆斯顽强地赢得了同学们的尊重，虽然他们还是不明白他在想什么。

学校也给詹姆斯带来了一样好处：对数学的兴趣。他在一封写给父亲的信中提到做出"四面体、十二面体，还有两种我不知道正确名字的多面体"的方法（后两种想必是八面体和二十面体）。14岁时，他因独立发现了一种名为笛卡儿卵形线的数学曲线而获奖，它的命名来自最初的发现者笛卡儿。他的文章还在爱丁堡皇家学会上被宣读。

詹姆斯也写诗，但他的数学天赋更高。16岁时他进入爱丁堡大学就读，后来又在英国顶尖的数学研究机构剑桥大学继续深造。辅导他考试的威廉·霍普金斯（William Hopkins）说，詹姆斯是"我见过的最卓尔不凡的人"。

詹姆斯取得学位后留在剑桥大学继续读研究生，做一些光学实验。后来，他读到了法拉第的《电学实验研究》，开始研究电学。简而言之，他把法拉第为电磁现象构造的力学模型拿过来，在1864年将它们都提炼到了一个由四条数学法则组成的系统之中。（在当时的记法下，一共有不止四条法则，但我们现在使用向量记法，将它们归结为四条。使用某些表述甚至可以全部归结为一条。）这些法则将电与磁描述为两个弥漫在全部空间中的"场"——电场与磁场。这两个场不仅描述了电与磁在各处的强度，也描述了它们在各处的方向。

这四个方程具有非常简单的物理意义。其中两个告诉我们，电与磁既不能被创造，也不能被消灭。第三个方程描述了一个随时间变化的磁场如何影响周围的电场，以数学形式呈现了法拉第发现的电磁感应现象。第四个方程描述的则是一个随时间变化的电场如何影响周围的磁场。即便在文字叙述下，这些方程也足具美感。

对麦克斯韦的四个方程进行一个简单的数学变换后，他长久以来的一个猜测得到了证实：光是一种电磁波，一种在电场和磁场中传播的扰动。

这一结论在数学上的原因是，从麦克斯韦方程组中可以很简单地推导出一个所有数学家都认识的东西："波动方程"，顾名思义，它描述了波如何传播。麦克斯韦方程组也预测了这种波的传播速度：它们一定以光速传播。

只有一种东西以光速传播。

那时人们认为，波必须存在于某种物质之内。一定有某种用来传播波的介质，而波就是那种介质的振动。对于光波，最显而易见的介质就是以太。数学计算表明，光波的振动方向必定与传播方向相垂直。这也就解释了牛顿和惠更斯的困惑之处：他们认为波是沿着传播方向振动的。

麦克斯韦的理论还做出了另一个预测：电磁辐射的"波长"，也就是一个波到下一个波之间的距离，可以是任意值。光的波长非常短，但应该会存在波长比光长得多的电磁波。受到这一理论的启发，海因里希·赫兹造出了这样的电磁波，就是现在我们所说的无线电波。紧接着，古列尔莫·马可尼很快就发明了实用的无线电发射器和接收器，如此一来，我们突然之间就可以跨越全球几乎即时地通话了。现在我们依然用同样的方式发送图片、用雷达进行空中监测，并用全球定位系统进行导航。

但不幸的是，以太的概念是有问题的。如果以太存在，那么绕日公转的地球就一定会相对以太运动。我们应该能够检测到这种运动——否则，以太这一概念就必须被抛弃，因为它与实验不相吻合。

对这个难题的解答将彻底改变物理学的面貌。

1876年夏天，在符腾堡王国①的乌尔姆市，由两个犹太商人运营的伊斯拉埃尔和列维公司迎来了一个新的合伙人，赫尔曼·爱因斯坦。赫尔曼在年轻时就已经显示出了相当强的数学才能，但他的父母负担不起他上大学的费用。现在他成了一个销售羽绒床垫的公司的合伙人。

8月，赫尔曼与保利娜·科赫在坎施塔特的犹太教堂结了婚，夫妻俩后来在班霍夫大街——也就是火车站大街——安了家。不到8

_____

① 1876年的符腾堡王国是德意志帝国下属的一个自治王国。——译者注

个月后，他们的第一个孩子就出生了。根据出生证明，"一个男孩，取名为阿尔伯特，在乌尔姆市（赫尔曼）的住所出生，由妻子保利娜·爱因斯坦（本姓科赫）生育，信奉犹太教"。5年后，阿尔伯特有了一个妹妹玛丽亚，两个孩子之间非常亲密。

阿尔伯特的父母都对自己的宗教抱持着宽松的态度，努力融入当地文化。当时，很多德国犹太人都是"文化同化主义者"，淡化自己的文化传统，以求更好地适应周围拥有其他信仰的居民。赫尔曼和保利娜给孩子们取的名字并不是传统的犹太名字，虽然他们一直说阿尔伯特是"沿用"了祖父的名字亚伯拉罕（Abraham）。赫尔曼家不常谈论宗教话题，他们一家人也并不遵循传统的犹太教仪式。

玛丽亚发表于1924年的童年回忆是我们了解阿尔伯特早期经历和性格的主要来源。显然，他在出生时吓到了母亲，因为他的后脑勺出奇地尖锐，而且异常地大。"太重了！太重了！"她在第一眼看到婴儿的时候大喊道。这个孩子用了很长时间才学会说话，以至于父母越来越担心他将来会出现智力缺陷。但阿尔伯特只是在等待，直到他明确地知道自己要做什么的时候才会去做。他后来说，他只在自己能够组织完整的句子时才开口说话。他会先在头脑中尝试造句，确定用词正确后再说出来。

阿尔伯特的母亲是一位技艺精湛的钢琴家。从6岁到13岁，阿尔伯特都跟随一位名叫施米德的老师学习拉小提琴。在后来的日子里，他无比热爱小提琴，但童年时却觉得小提琴课很无聊。

羽绒床垫的生意日渐下滑，赫尔曼转而和弟弟雅各布合伙做起了供气和供水的生意。雅各布是一名工程师，也是个企业家，两兄弟在新的产业中投入了大量资金。后来雅各布决定拓展业务，进入供电领域——不是安装电力设施，而是生产发电站所需的设备。在保利娜父亲和其他亲戚的资助下，公司于1885年正式成立，两兄弟还搬入了慕尼黑的同一所房子。起初，公司运营良好，"J. 爱因斯坦与合伙人电器工厂"的发电机不仅销往慕尼黑地区，还远销意大利。

爱因斯坦说，是父亲给他的一个指南针激起了他对物理的兴趣。四五岁的时候，阿尔伯特对指南针无论怎么转都能指向同一个方向的能力特别着迷，这是他第一次窥见物理世界隐藏的神奇之处。他觉得这简直是神秘的体验。

在学校里，阿尔伯特表现不错，但最开始并没有显示出什么特别的才华。他做事慢条斯理，成绩出色，但非常不擅交际。他更喜欢自己一个人玩，尤其喜欢用纸牌搭房子。他不喜欢运动。1888年进入文理中学后，他展现出了对拉丁语的天赋，直到15岁离开学校，他一直都是班上拉丁语和数学的第一名。他的数学才能是叔叔雅各布激发的。作为一名工程师，雅各布学过很多高等数学，他会给小阿尔伯特出一些数学题，而阿尔伯特每当解出来的时候总是很开心。爱因斯坦家的朋友马克斯·塔尔穆德（Max Talmud）也对阿尔伯特的教育产生了重要影响。塔尔穆德是一个贫困的医学生，赫尔曼和保利娜每周四都会请他来家里吃晚饭。他给了阿尔伯特几本科普读物，后来又将伊曼纽尔·康德的哲学著作介绍给了这个小伙子。他们两人会连着讨论哲学和数学好几个小时。塔尔穆德写道，他从未见过爱因斯坦和其他小孩一起玩耍，而且他读的书都是严肃著作，完全没有轻松读物。他唯一的放松就是演奏音乐，包括贝多芬和莫扎特的奏鸣曲，由保利娜为他伴奏。

1891年，在得到了一本欧几里得的《几何原本》——他后来把这本书称为他的"几何圣书"——后，阿尔伯特对数学的热情爆发了。书中最打动他的是清晰的逻辑，也就是欧几里得组织思维的方式。阿尔伯特一度变得非常虔诚，这归功于学校的强制性宗教教导（是天主教的——没有别的选择）和家中的犹太教学习。但当他走进了科学的大门，所有这一切都被他弃而不顾了。他对希伯来语的学习和为犹太受诫礼所做的准备全都突然中止。阿尔伯特找到了新的使命。

✳

到了19世纪90年代初，爱因斯坦电器工厂每况愈下。产品在德国的销售越来越艰难，公司在意大利的代理人洛伦佐·加罗内建议将公司迁往意大利。1894年6月，德国的公司关闭，家里的房子挂牌出售，爱因斯坦一家搬到了米兰——唯独阿尔伯特留了下来，以继续完成学业。后来这一家人又搬到了帕维亚，在那里开设了"爱因斯坦与加罗内"门店，只有阿尔伯特独自一人留在慕尼黑。

阿尔伯特非常厌恶这一段令人沮丧的经历。除此之外，服兵役的危机也已近在咫尺。他在没有告诉父母的情况下，决定自己动身前往意大利与他们团聚。他说服家庭医生提供了一份他患有神经紊乱的证明，这很有可能是真的。当他被准许提前离校后，1895年春天，阿尔伯特悄然来到了帕维亚，事先完全没有打招呼。他的父母吓坏了，于是他保证会继续自己的学业，以便能参加苏黎世联邦理工学院（简称ETH，无论在当时还是现在都是瑞士首屈一指的高等学府）的入学考试。

意大利灿烂的阳光令阿尔伯特身心舒展。10月，他参加了ETH的入学考试，但是失败了。他轻松通过了数学和科学的考试，但输在了人文学科上。他的论文写作也不算太好。但事实上还有另一种方式可以进入ETH：只要拿到高中毕业证书——瑞士高中文凭，就可以自动升入ETH。于是他付费寄宿在温特勒家，进入了阿劳的一所学校就读。温特勒夫妇有7个孩子，阿尔伯特很喜欢和他们相处，与他的代父母培养了长久的感情。他称赞这所学校的"自由精神"和优秀的教师——他意有所指地说，这些教师从不向外界的权威屈服。

他有生以来第一次在学校感受到快乐。他变得越来越自信，愿意公开表达自己的观点。他在一篇用法语写成的学校论文里列出了未来的计划——他将学习数学和物理。

1896年，他进入ETH，放弃了符腾堡的公民身份，成为无国籍人士。他每个月存下五分之一的零用钱，用来积攒未来入籍瑞士所需的费用。但此时他父亲和叔叔的电器厂破产了，赔掉了很大一部分家产。雅各布在一家大公司找了一份固定工作，但赫尔曼执意要再度创业。他不顾阿尔伯特的反对，又在米兰创办了企业，但仅仅维系了两年就再次破产。阿尔伯特再一次因为家庭的不幸而深感沮丧，直到他的父亲以雅各布为榜样，找了一份安装发电机的工作。

在ETH期间，阿尔伯特把大部分时间都花在了物理实验室里做实验。他的指导教授海因里希·弗里德里希·韦伯（Heinrich Friedrich Weber）对他印象并不太好。"你是个聪明的孩子，爱因斯坦，非常聪明，"他对这个年轻人说，"但你有一个很大的缺点：你完全听不进别人的意见。"他阻止爱因斯坦做实验来探测地球是否存在相对于以太的运动——以太就是那个假想中的、涵盖一切的流体，当时人们认为电磁波是通过以太传播的。

而爱因斯坦对韦伯也印象不佳，他觉得韦伯讲的课已经过时了。尤其让他失望的是，课堂上没有更多地讲授麦克斯韦的电磁学理论，于是他用1894年的德语译本自学。他还上了两位著名数学家胡尔维茨（Hurwitz）和赫尔曼·闵可夫斯基（Hermann Minkowski）开设的讲座课程。闵可夫斯基是一位出色的原创思想家，为数论引入了基础性的新方法，后来又为相对论做出了重要的数学贡献。阿尔伯特还读了查尔斯·达尔文一些关于进化论的著作。

为了能继续在ETH深造，他需要拿到一个助理职位，也就是现在我们所说的助教，这样他才能留在ETH，并支付自己继续学习的开销。韦伯曾暗示阿尔伯特，自己可能会给他提供一个这样的职位，但后来就没有了下文，为此，阿尔伯特从来没有完全原谅过他。他又写信给胡尔维茨，询问是否可能有一个这样的职位空缺，显然他收到了积极的回复，但再一次没有了后续。直到1900年年底，他都没有找到工作。不过，他发表了自己的第一篇研究论文，是一篇关于分子间作用力的文章。不久后，他获得了瑞士国籍。他在此后的一生中一直保留着这一国籍，甚至在移居美国后也是如此。

整个1901年，阿尔伯特一直试图谋求一份大学教职，不断地给人写信、寄出自己的论文、申请所有空缺的职位。但是他一无所获。绝望中的他只得找了一份高中教师的临时工作。令他惊讶的是，他发现自己竟然很喜欢教课；另外，这份工作给他留下了大量的空闲时间，可以继续他的物理研究。他告诉朋友马塞尔·格罗斯曼（Marcel Grossmann）自己正在研究气体理论，并仍在研究物体在以太中的运动。他后来又去了另一所学校担任临时教师。

此时，格罗斯曼向阿尔伯特伸出了援手：马塞尔的父亲答应把阿尔伯特推荐给伯尔尼的瑞士联邦专利局局长。当这个职位正式发布的时候，爱因斯坦就递交了申请。1902年年初，他辞去了学校教师的工作，搬到了伯尔尼，虽然此刻他还没有接到被录用的正式通知。可能他已经通过别的渠道确认过了，也可能他只是非常自信。任命于1902年6月正式下达。这份工作并不是他心心念念的学术职位，但一年3 500瑞士法郎的报酬足以覆盖他的衣食和住房开销，而且还有充足的时间研究物理。

在ETH时，阿尔伯特结识了一个名叫米列娃·马里奇的年轻学生，她对科学有着浓厚的兴趣，也对阿尔伯特情有独钟。他们相爱了。可惜的是，保利娜·爱因斯坦不喜欢这位未来的儿媳，这让家人间的关系产生了裂痕。后来赫尔曼患上了心脏病，逐步恶化到了晚期。弥留之际，他终于同意了阿尔伯特和米列娃的婚事，但随后他要求全部的家庭成员离开，以求自己一个人静静地死去。阿尔伯特余生都为此而内疚。1903年1月，他和米列娃成婚，他们的大儿子汉斯·阿尔伯特于1904年5月出生。二儿子爱德华患有精神分裂症，一生中大部分时间都在精神病院度过。

专利局的工作很适合爱因斯坦，由于他高效地履行了自己的职责，1904年年底，他获得了永久职位——但他的领导提醒他，如果想要进一步晋升，就要看他对机械技术掌握得怎么样。他的物理研究也在不断推进，主要集中于统计力学方面。

这一切都把我们引向了1905年这个"黄金之年"，就在这一年，这位专利局职员写了一篇最终令他获得诺贝尔奖的论文。同年，他获得了苏黎世大学的博士学位。他还晋升为二级技术专家，每年涨了1 000瑞士法郎的工资——看来他已经熟练掌握了机械技术。

即使在成名之后，阿尔伯特也一直感激格罗斯曼为他能够在专利局工作所付出的努力。爱因斯坦说，正是这份工作使他的物理学研究成为可能，这远远不是其他任何因素所能比拟的。这是命运的神来之笔，是一份完美的工作，他也从未忘记这份眷顾。

在物理学史上最重要的这一年里，爱因斯坦发表了三篇重量级的论文。

第一篇关于布朗运动。布朗运动是悬浮在流体中的微粒所做的无规则运动，这一现象以其发现者、植物学家罗伯特·布朗（Robert Brown）的名字命名。1827年，布朗透过显微镜观察漂浮在水中的花粉颗粒时，发现在花粉的孔洞中，还有更加细小的微粒在随机地抖动。这种运动的数学原理在1880年由托瓦尔·蒂勒（Thorvald Thiele）得出，又在1900年被路易·巴舍利耶（Louis Bachelier）独立发现。巴舍利耶的灵感并不是来自布朗运动本身，而是股票市场中同样随机的波动——它们背后的数学原理被证明是一致的。

而布朗运动的物理学解释仍然有待发现。爱因斯坦和波兰科学家马里安·斯莫鲁霍夫斯基（Marian Smoluchowski）分别独立地意识到，布朗运动可能为当时还未被证明的一个理论提供了证据，即物质由原子构成，原子组成了分子。根据所谓的"分子运动论"，气体和液体中的分子不停地相互碰撞，体现出的效果就是无规则运动。爱因斯坦对这一过程做了充分的数学推导，证明它与实验观测到的布朗运动相符。

第二篇关于光电效应。亚历山大·贝克勒尔（Alexandre Becquerel）、威洛比·史密斯（Willoughby Smith）、海因里希·赫兹和其他几个人都发现，某些特定的金属在受到光照时会产生电流。爱因斯坦从量子力学的观点出发，假设光由极小的粒子组成。他的计算表明，这一假设与实验数据拟合得非常好。这是量子理论最早的几个强有力的证据之一。

这两篇论文中的任何一篇，原本都是一项重大的突破。但它们都无法与第三篇相提并论。这是一篇关于狭义相对论的论文，这一理论超越了牛顿，彻底改变了我们看待空间、时间和物质的方式。

※

我们平时都是以欧几里得和牛顿的方式来看待空间的。空间有三个维度，也就是三个彼此独立、互相垂直的方向，就像一座建筑物的墙角——一个朝北，一个朝东，还有一个朝上。即便占据空间的物质发生变化，空间的结构在每一点处都是相同的。空间中的物体有几种不同的移动方式：它们可以旋转，像照镜子一样反射，或者"平移"——向一旁滑动而不发生旋转。更抽象地讲，我们可以认为这些变换是施加给空间自身的（也就是切换了"参考系"）。空间的结构，以及描述这一结构并作用于其中的物理定律，关于这些变换都是对称的。也就是说，物理定律无论在何时何地都是相同的。

在牛顿时空观的物理中，时间形成了独立于空间的另一个"维度"。时间只有一个维度，它的对称变换更加简单。它可以被平移（给每一次观测都加上一段固定的时间）和反射（让时间倒流——只能存在于思想实验中）。物理定律与你从哪天开始测量无关，所以它们应该具有时间平移对称性。大多数基本的物理定律也满足时间反演对称性，但并不是全部，这一点相当神秘。

但当数学家和物理学家开始思考新近发现的电磁学定律时，牛顿的时空观似乎不再适用了。那些使物理定律保持不变的时空变换不再是平移、旋转和反射这样简单的"动作"了；而且，它们不能单独作用于空间或时间之上。如果你只在空间中做出改变，方程就会出现混乱。你必须相应地改变时间以作为补偿。

如果你所研究的系统是静止的，这个问题在某种程度上可以被忽略。但是，在研究运动带电粒子（比如电子）背后的数学时，问题变得迫在眉睫——而这正是19世纪后期物理学研究的核心问题。与之相关的对于对称性的担忧已经不容忽视了。

1905年之前的几年中，不少物理学家和数学家都在苦苦思索麦克斯韦方程组的这一奇怪性质。同一个电磁学实验，在实验室里做和在行驶中的火车上做，二者的结果该如何比较呢？

当然，几乎没有实验学家会在行驶的火车上做实验，但他们一定都是在运动着的地球上做实验的。不过出于多种考量，我们可以认为地球是静止的，因为实验设备在地球上与它一起运动，所以地球的运动没有产生任何实质性的影响。比如，牛顿运动定律在任何的"惯性"参考系中都保持不变——惯性参考系就是做匀速直线运动的参考系。地球的运动速度相当稳定，但它沿着自己的轴自转，还围绕太阳公转，所以它相对太阳的运动不是直线运动。即便如此，实验设备走过的路径也几乎是直线。路径的弯曲是否对结果有影响取决于实验本身，而且通常几乎没有影响。

如果麦克斯韦方程组只是在旋转坐标系中才变成另一种形式，没有人会担心。但人们发现的问题更加棘手：麦克斯韦方程组在惯性系中也会变换为另外的形式。行驶的火车上的电磁学定律与固定的实验室中的电磁学定律是不同的，即使火车做的是匀速直线运动。

还有另一重复杂之处：我们当然可以说一列火车或者地球是运动的，但运动的概念是相对的。比如，我们绝大多数时候不会注意到地球的运动。地球的自转解释了太阳朝升夕落的现象。但我们并不会感受到这种旋转，这是我们推论出来的。

如果你坐在一列火车上看向窗外，你可能会认为自己是固定不动的，而窗外的乡村则在向后飞驰。但一个站在田地中看着你经过的人则会观察到完全相反的景象：她是静止的，而火车才是运动的。我们说地球绕太阳旋转，而不是太阳绕地球旋转，这两种情况的区别其实非常细微，因为两种说法都是合理的，取决于你选择依照哪个参考系。如果参考系在太阳上与它一起运动，那么地球相对于那个参考系来说就是运动的，而太阳则是静止的。而如果参考系在地球上，与地球一起运动——正如我们所有的地球居民一样——那么太阳就是二者中运动的那一个。

如果是这样，那主张地球绕太阳旋转而非太阳绕地球旋转的日心说又有什么值得捍卫的意义呢？可怜的焦尔达诺·布鲁诺就这么被烧死了，只是因为他公开支持前者，而教会认同后者。难道他是因误解而死吗？

不完全如此。布鲁诺提出了许多被教会视为异端的观点——比如"上帝不存在"这样的"小事"。就算绝口不提日心说，他也很可能会走向同样的命运。但是，认为"地球绕太阳旋转"优于"太阳绕地球旋转"，包含着重要的意义。它们的重点区别在于，行星相对太阳运动的数学描述远比相对地球运动的描述简单得多。地心说也是可能成立的，但非常复杂。美比单纯的真更有意义。很多观点都能真实地描述大自然，但总有一些观点会比其他的更为深刻。

既然如此，如果所有的运动都是相对的，那么也就没有什么东西是绝对"静止"的。在此基础上，我们采用一种只稍微复杂一点点的说法：所有的惯性系都是等价的。牛顿力学与之相符，但麦克斯韦方程组却并非如此。

＊

19世纪接近尾声的时候，人们不得不开始考虑另一种更有趣的可能性。因为光被认为是在以太中传播的波，那么以太就有可能是静止的。于是，并不是所有的运动都是相对的，有一些运动——那些相对于以太的运动——可能是绝对的。但是这仍然无法解释为什么麦克斯韦方程组在所有的惯性系中并不相同。

这里面蕴含着一个共同的主题，那就是对称。从一个参考系到另一个参考系的变换，是一个作用于时空的对称操作。惯性系对应于平移对称，旋转参考系对应于旋转对称。我们说牛顿定律在任何惯性系中都保持不变，是说这些定律在匀速平移下具有对称性。由于某种原因，麦克斯韦方程组不具备这一性质。这仿佛是在说，一些惯性系比其他的更具有惯性。如果有哪些惯性系是特殊的，那么一定是相对于以太静止的那些。

以上的所有讨论后来被归结为两个问题，一个物理问题，一个数学问题。物理问题是，能否在实验中探测到相对于以太的运动？数学问题则是，麦克斯韦方程组具有什么样的对称性？

物理问题的答案最早是由阿尔伯特·迈克耳孙发现的，他是一名美国海军军官，申请了休假跟随亥姆霍兹和化学家爱德华·莫雷研究物理。他们搭建了一台灵敏的仪器，来测量光沿不同方向传播速度的微小差异，得出的结论却是完全没有差异。要么地球相对于以太静止——这不合理，因为地球围绕太阳转动——要么以太根本不存在，而光也不遵守相对运动的通常规律。

爱因斯坦则是从数学的角度攻克了这个问题。他在自己的论文中没有提到迈克耳孙－莫雷实验，虽然他后来表示自己知道这个实验，它也影响了他的想法。他没有诉诸实验，而是算出了麦克斯韦方程组满足的一些对称，它们具有一种新的特征：将时间和空间混杂在一起。（爱因斯坦没有明确地指出对称的作用，但这并不难领会。）这些奇怪的对称性引申出的推论之一，就是无法观测到相对于以太的匀速运动——假设以太这种介质存在。

爱因斯坦的理论之所以获名"相对论"，是因为它对相对运动和电磁学做出了人们意想不到的预测。

❋

"相对论"是个很糟糕的名字。它会引起误解，因为爱因斯坦理论最重要的特征是——有些东西并不是相对的。更确切地说，光速是绝对的。如果你将一束光分别扫射过一个站在田野中的观测者，和另一个站在行驶的火车中的观测者，他们两人会测出相同的光速。

这明显违反了直觉，而且乍看起来似乎荒诞不经。光速大约是每秒 186 000 英里①。很显然，这是田野中的观测者应当测到的光速。那火车上的观测者呢？

假设火车以每小时 50 英里的速度行驶。首先，想象旁边平行的轨道上还有一列火车，同样以每小时 50 英里的速度行驶，你透过车窗看着它经过。在你眼中，它的速度是多少？

如果第二列火车与你的火车沿相同的方向行驶，那么答案是每小时 0 英里。它会和你的火车同步前进，一直跟在旁边，看上去相对于你的火车是静止的。如果它沿相反的方向行驶，那么它看上去会以每小时 100 英里的速度一闪而过，因为实际上你的火车每小时 50 英里的速度加到了迎面而来的这列火车的速度上。

如果测量的是火车的速度，以上就是你会得到的结果。

现在把第二列火车换成一束光。光速转换到合适的单位后等于每小时 670 616 629 英里。如果你的火车远离光源行驶，你预计会观测到每小时 670 616 629 − 50 = 670 616 579 英里的速度，因为光需要"赶上"火车。而另一方面，如果你的火车朝着光源行驶，你预计的相对于火车的光速会是每小时 670 616 629 + 50 = 670 616 679 英里，因为你看到的速度会因为火车的运动而变大。

根据爱因斯坦，这两个数都是错误的。无论哪种情况下，你观测到的都还是光以每小时 670 616 629 英里的速度传播——与田间的农妇观测到的速度完全一样。

这听上去简直不可理喻。如果牛顿的相对运动定律适用于另一

---

① 1 英里 ≈ 1.609 千米。——编者注

列火车，为什么不适用于光呢？爱因斯坦的回答是，高速运动的物体遵循的物理定律不同于牛顿定律。

更准确地说，任何物体遵循的物理定律都不同于牛顿定律，就是这样。但区别只在物体以接近于光速运动的时候才会显现出来。在每小时 50 英里这样的低速情况下，牛顿定律是对爱因斯坦提出的取而代之的新定律非常好的近似，以至于你根本意识不到其间的任何差别。但随着速度的加快，差别就变得越来越大，也越来越容易被观测到。

从物理上看，最基本的一点是，麦克斯韦方程组的对称性不仅保持方程不变，而且还保持光速不变。的确，光速是内嵌在这些方程里的，所以光速一定是绝对的。

所以，将这一理论称作"相对论"是颇为讽刺的。爱因斯坦实际上希望称之为"不变论"：不变量理论。但"相对论"的名字已经传播了开来，而且不管怎么说，此前已经有了一个名为不变量理论的数学领域，所以爱因斯坦更喜爱的这个名字可能会引发混淆。但这种混淆，比起用"相对论"来描述惯性系中的光速不变性所造成的迷惑，简直是小巫见大巫。

✳

"相对论"带来了奇异的结果。光速是一切速度的上限。你不可能跑得比光快，发出的信息也不可能传送得比光快。《星球大战》中的那种超空间驱动器并不存在。接近光速的状态下，长度会收缩，时间会慢得像蜗牛爬，而质量则会无限增大。但——这正是奇妙之处——你完全意识不到这些，因为你的测量工具也会收缩、变慢（即时间流逝得更慢了）或者变重。这就是为什么虽然田地里和火车中的观测者之间存在相对运动，他们还会测出相同的光速：长度和时间上的变化刚好弥补了相对运动预计会带来的影响。这也是为什么迈克耳孙和莫雷无法探测到地球相对于以太的运动。

当你移动时，所有东西在你眼里和你不动的时候没什么两样。你无法通过物理定律得知自己是运动的还是静止的。定律可以判断出你是否在加速，但如果你做的是匀速运动，它是无法得知你的速度的。

这可能仍然显得很奇怪，但这一理论已经被实验非常详尽地证实了。另一个结果就是爱因斯坦著名的公式 $E = mc^2$，它将质量与能量联系在了一起，间接创造了原子弹，虽然它在其中的作用常常被夸大。

光对我们来说是如此熟悉，以至于我们很少想到它其实有多么神奇。它好像没有重量，它穿透一切，它还让我们看见了世间万物。光是什么呢？是电磁波。它在哪里传播呢？在"时空连续统"当中，这就是用一种花哨的说法来表达"我们不知道"。20世纪初，人们以为传播这种波的介质是光以太。爱因斯坦之后，我们明白了有关以太的一件事：它不存在。光这种波不处于任何物质当中。

我们将会看到，量子力学会更进一步。不仅光波不处于任何物质当中，而且任何物质都是波。并不是一种介质承载着波——时空结构作为波的介质，当波经过时会漾起涟漪，而是时空结构本身就由波构成。

※

爱因斯坦并不是唯一发现麦克斯韦方程组揭示的时空对称性不同于显而易见的牛顿时空对称性的人。在牛顿时空观下，空间和时间相互独立、截然不同，物理定律的对称是空间的刚体运动和与之独立的时间平移这两种变换的组合。但就像我前面所说的，麦克斯韦方程组无法在这些变换下保持不变。

数学家亨利·庞加莱和闵可夫斯基思考了这一点，从中获得启发，在纯数学的层面上提出了一种时空对称性的新观念。如果他们用物理术语来描述了这些对称，他们可能就会击败爱因斯坦成为相对论的发明者，但他们避开了物理上的推论。不过他们的确明白，电磁学定律的对称并不是单独地对空间或时间施加影响，而是对二者进行共同作用。描述这些相互交织的变化的数学结构被称为洛伦兹群，以物理学家亨德里克·洛伦兹（Hendrik Lorentz）的名字命名。

闵可夫斯基和庞加莱将洛伦兹群看作对物理定律的一些特征的抽象表达，而像"时间流逝得更慢了"或"物体的速度越快，长度会收缩得越多"这类描述在他们眼中只是含糊的类比，算不上任何真正的事实。但爱因斯坦坚持认为，这些"钟慢尺缩"的变化有着真正的物理意义。物体和时间的确会发生这样的现象。由此，他构建出了狭义相对论，将洛伦兹群的数学结构纳入物理描述之中——他描述的不再是单独的空间和时间，而是统一的时空。

闵可夫斯基为这种非牛顿物理学提出了一种几何图像，现在被称作闵可夫斯基时空。它用独立的坐标轴分别表示空间和时间，其中

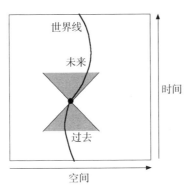

图 11-1　闵可夫斯基时空的几何

粒子随时间推移的运动轨迹曲线被爱因斯坦称作该粒子的世界线。因为任何粒子的运动速度都不可能超过光速，世界线的斜率与时间流逝的正方向之间的夹角一定不会超过45度。粒子的过去和未来都必然处于一个对顶圆锥之内，这个圆锥被称作它的光锥。

狭义相对论涵盖了电与磁这两种自然中的基本力。但还有一种基本力在这一描述中仍然是缺失的：引力。在企图发展出一套更具普遍性的、包含引力的理论的目标的驱使下，爱因斯坦再次仰赖于自然法则必定对称的原则，提出了广义相对论：时空本身是弯曲的，曲率与质量相对应。从这些思想中诞生了我们当前的大爆炸宇宙学（宇宙从大约130亿年前一个微小的点膨胀而成），以及引人注目的黑洞的概念：黑洞是一个质量巨大的物体，连光都无法从它的引力场中逃脱。

广义相对论可以追溯到早期的非欧几何研究，高斯由此提出了"度规"的思想，也就是任意两点间的一个距离公式。当这一公式不再是从毕达哥拉斯定理中得到的经典的欧几里得公式时，新的几何就出现了。公式只要满足几条简单的规则，就定义了一种有意义的"距离"概念。最主要的规则是，如果从点A到点C中间经过点B，那么这条路线的长度不能比点A到点C的距离更短。也就是说，A到C的直线距离一定小于或等于A到B的距离与B到C的距离之和。这就是"三角不等式"，取这个名字是因为在欧氏几何中，三角形任一边的边长都短于其他两边边长之和。

毕达哥拉斯距离公式在欧氏几何中成立，其中空间是"平直"的。因此当度规不同于欧氏几何中的度规时，我们就可以将这种区别归结为空间的某种"弯曲"。你可以把它想象成空间弯折了，但这并不是最好的图像，因为这样的话就必须有另一个更大的空间让原来的空间得以在其中弯折。更好的方法是把"弯曲"想象成空间的各个部分要么被压缩、要么被拉伸，这样它们内部的空间看上去就比从外部看来要么更少，要么更多。（英国电视剧《神秘博士》的粉丝可能会想起塔迪斯，一艘内部比外部更大的宇宙飞船/时光机。）高斯的优秀学生黎曼拓展了这一思想，将度规从二维拓展到任意维数，并且修正了这个想法，以便可以在局部定义距离——相距非常近的两个点的距离。这样一种几何被称为一个黎曼流形，是最普遍的"弯曲空间"。

物理并不属于空间，而是属于时空。根据爱因斯坦，时空中自然的"平直"几何并不是欧氏几何，而是闵可夫斯基的闵氏几何。时间以不同于空间的方式进入了"距离"公式之中。这样的几何结构就是"弯曲时空"。事实证明，这正是这位专利局职员一心求索的目标。

＊

爱因斯坦为了构造出广义相对论方程努力了很久。他首先研究了光在引力场中的运动，这让他把后来的研究都建立在一条基本原理——等效原理——的基础之上。在牛顿力学中，引力体现为一种将物体拉向彼此的力。力导致物体的加速。根据等效原理，观测者无法分辨自己是正在加速还是处于适当的引力场之中。换言之，要想把引力引入相对论，就要理解加速。

到了1912年，爱因斯坦确信，引力理论不可能关于所有的洛伦兹变换都对称，只有当没有物质、引力为零、时空为闵氏时空时，这种对称才会在时空中的各点都完全适用。放弃"洛伦兹不变性"的要求为他节省了大量无谓的努力。"我唯一坚信的，"他在1950年写道，

"就是在基本方程中必须要融入等效原理。"但他也同样意识到了这一原理的局限性：它应当仅在局部成立，仅能作为真实理论在无穷小处的一种近似。

1907年，爱因斯坦的朋友格罗斯曼成了ETH的几何学教授，他说服阿尔伯特也在那里担任了一个职务。爱因斯坦在ETH任教的时间不长——他在1911年就已经搬去了布拉格，但他依然与格罗斯曼保持着联系，这令他获益匪浅。1912年，格罗斯曼帮助爱因斯坦找到了他应该研究的数学内容：

> 我一直没能解决这个问题……直到我突然意识到，高斯的曲面论是解开这一谜团的钥匙……但是，我当时不知道黎曼已经以更加深入的方式研究了几何的基础……当我从布拉格返回苏黎世时，我的好友、数学家格罗斯曼正在那里。我第一次听说了里奇理论，之后是黎曼理论。所以我问他，是否可以用黎曼理论来解决我的问题。

"里奇"是格雷戈里奥·里奇–库尔巴斯特罗（Gregorio Ricci-Curbastro），他和他的学生图利奥·莱维–奇维塔（Tullio Levi-Civita）共同发明了黎曼流形上的微积分。里奇张量是一种对曲率的度量，比黎曼原本的概念更简单。

其他资料显示，爱因斯坦曾对格罗斯曼说："你必须帮帮我，不然我就疯了！"格罗斯曼履行了承诺。爱因斯坦后来写道，他"不仅帮我省去了对相关数学著作的学习，也在引力场方程的探索中给了我极大的支持"。1913年，爱因斯坦和格罗斯曼发表了两人合作的第一项成果，文章的结尾给出了对所需的场方程形式的一种猜想：应力–能量张量必定与某种东西成正比。

"某种东西"是什么呢？

他们当时并不知道。它必定是另一个张量，是时空曲率的另一种度量。

那时他们都犯了数学上的错误，导致他们陷入了一场漫长而徒劳的追寻。他们确信自己的理论在适当的极限情况下——时空平直、引力较小时——一定会得到牛顿引力的形式，这也确实是正确的。他们由此推出了一些对所求方程的技术性约束，也就是对所需的"某种东西"的性质的约束。但他们的论证充满了谬误，这些约束也并不适用。

爱因斯坦坚信，正确的场方程应当唯一地决定度规的数学形式——度规就是时空中的距离公式，决定了时空所有的几何性质。但他错了：坐标系的变换可以改变距离公式，却并不影响空间固有的曲率。爱因斯坦并不知道这一点，也就是所谓的比安基恒等式，而格罗斯曼明显对此也不了解。

这是每一个研究者的噩梦：一个表面上无懈可击的理论，看似通向正确的方向，实则把人引向歧途。这类错误极难根除，因为你一直坚信它们并不是错误。通常情况下，你意识不到自己做出了什么样的隐含假设。

1914年年底，爱因斯坦终于意识到，由于可以选择不同的坐标系，仅靠场方程是无法唯一地决定度规的。坐标系的更换并没有物理意义，却可以改变度规的公式。此时他仍然不知道比安基恒等式，但他已经不再需要它们了。他终于发现，自己可以自由地选择最方便的坐标系。

1914年11月18日，爱因斯坦对引力场方程的研究进入了新的阶段。此时，他距离最终的构想已经足够接近了，于是他做出了两个预测。第一个——其实是"事后诸葛"——解释了已被观测到的水星轨道的微小变化。水星"近日点"的位置，也就是距离太阳最近时所处的位置，是一直在缓慢变化的，这种变化被称为进动。爱因斯坦利用自己新的引力理论得出了近日点的进动速度——而他的计算完全正确。

第二个预测需要通过新的观测来证实或证伪——这是个好消息，因为新的观测是检验新理论的最佳方式。根据爱因斯坦的理论，引力应当会使光弯曲。描述这一效应的几何很简单，与测地线有关——测地线就是任意两点间的最短路径。如果你把一根绳子拉紧，将它举到半空中，它会形成一条直线，这是因为在欧几里得空间中，直线是测地线。但是，如果你贴着一个足球把这根绳子拉紧，它会形成一条位于足球表面的曲线。弯曲空间中的测地线——比如足球面上的测地线——本身就是弯曲的。在弯曲时空中也是如此，只是细节上有一些细微的差别。

＊

可能会产生这一效应的物理情境也是显而易见的。一颗恒星，比如太阳，会使任何经过附近的光弯曲。当时，观测这一效应的唯一方式就是等待日食发生，此时太阳光不会把靠近它边缘传播的、来自别的恒星的光掩盖掉。如果爱因斯坦是正确的，这些恒星的表观位置与它们发出的光不经过太阳时相比，应该会出现微小的偏移。

然而，对这一现象的定量分析并不是那么一目了然。1911年，爱因斯坦初次预测的偏移角度是不到1角秒[①]。如果是牛顿的话，基于他的微粒说，他也会预测出一个差不多的数值：太阳的引力会吸引这些光粒子，使它们的路径发生弯曲。但到了1915年，爱因斯坦通过

[①] 1角秒是1度的1/3 600。——译者注

他的新理论得出，光的弯曲是之前预测值的两倍——1.74角秒。

现在我们真的有望在牛顿和爱因斯坦二人中做出抉择了。1914年11月25日，爱因斯坦写下了他的场方程的最终形式。爱因斯坦方程构成了广义相对论的基础。广义相对论是引力的相对性理论，以一种被称为张量的数学形式写成，张量可以理解为一种广义的矩阵。爱因斯坦方程告诉我们，爱因斯坦张量与应力–能量张量成正比。也就是说，时空的曲率与现有的物质的量成正比。这些方程满足的对称性原理是局域的。在小范围的时空中，只要把曲率的局域效应考虑在内，它们就具备和狭义相对论相同的对称性。

爱因斯坦指出，他对水星近日点进动和恒星使光偏折的计算都不会因自己所做的细微修改而改变。他将自己的方程提交给普鲁士科学院，却发现数学家大卫·希尔伯特已经提交过一模一样的方程，而且宣称它们远不止是一种引力理论。事实上，他表示它们囊括了电磁学方程，而这是错误的。我们再一次看到，一位顶尖数学家又差点儿抢在了爱因斯坦的前面，这太有趣了。

为了验证爱因斯坦对于太阳引力场使光线偏折的预测，人们做出了多次尝试。第一次在巴西的观测因为下雨而失败。1914年，一支德国考察队赴克里米亚观测日食，但第一次世界大战一爆发，他们就接到了迅速回国的指令。其中一些人照做了，其他人则被逮捕，不过最终都安然无恙地回国了。当然，观测没有做成。这场战争也导致1916年在委内瑞拉的观测未能实施。1918年美国人尝试过一次，不过没有得出定论。最后，一支由亚瑟·爱丁顿率领的英国考察队在1919年5月获得了成功，但直到11月才公布了他们的结果。

公布出来的结果支持了爱因斯坦而非牛顿。光线的确发生了偏折，偏折的程度之大无法符合牛顿模型，却与爱因斯坦的模型完美相符。

现在回过头看，当时的实验并不像看上去那样具备决定性。实验误差的范围很大，最多能得出爱因斯坦可能是对的。（后来的观测使用更好的技术和设备证实了爱因斯坦的理论。）但当时，它们被呈现为确凿无疑的结果，于是媒体沸腾了。任何能证明牛顿错误的人，一定是个天才；任何能发现全新物理学的人，一定是当世最伟大的科学家。

一个传奇就此诞生。爱因斯坦在伦敦《泰晤士报》上介绍了自己的思想。几天后，报纸的社论版这样回应道：

> 这是极其令人震惊的消息。我们原本对科学的信心变得岌岌可危，哪怕是乘法表都有可能被推翻……"光是有重量的，空间是有限的"这一论断太过不可思议，哪怕让两个皇家学会的主席来解释它，都很难让人相信它的合理性，甚至连试图思考它都不可能。对于我们普通人来说，它从根本上就是错的，无须讨论——不管在那些高等数学家眼里它有多么非同凡响。

但是，高等数学家们才是对的。很快，《泰晤士报》就在全世界宣称"只有12个人可以理解这位'一夜成名的爱因斯坦博士'的理论"。这个错误说法流行了很多年，虽然年年都有大量的物理学本科生在课堂上例行学习这一理论。

1920年，格罗斯曼出现了多发性硬化的初步症状。他在1930年写了自己的最后一篇论文，于1936年去世。爱因斯坦则一路成为20世纪标志性的物理学家。晚年，他逐渐看淡了自己的名声，甚至觉得它有点儿好笑。而早年间，他似乎很乐于和媒体打交道。

但现在我们必须把爱因斯坦的研究生涯放在一边，虽然还是要提一句，1920年以后他在物理学上全部的努力都献给了一个徒劳无功的课题——用单一的"统一场论"融合相对论和量子力学。他一直在研究这个问题，直到1955年去世的前一天。

五位巨人的量子五重态

"几乎所有的理论都已经被发现，只剩下一些修补漏洞的工作可做。"对于立志研究物理学的才华横溢的年轻人来说，这是个让人灰心的消息，尤其是当它出自一个应该很了解这一领域的人之口的时候：说这句话的人是菲利普·冯·约利（Philipp von Jolly），一位物理学教授。

那是1874年，冯·约利的观点反映了当时大多数物理学家的看法：物理学已经完成了。1900年，知名如开尔文勋爵都曾表示："现在物理学中已经没有什么可以被发现的新东西了，只剩下越来越精密的测量工作。"

请注意，他还说了这些话："我可以肯定，比空气重的飞行器都是不可能实现的"以及"登陆月球会给人类带来太多严重的问题，可能要再花上200年的时间，科学才能攻克它们"。开尔文的传记作者写道，他的研究生涯可谓是前一半正确，后一半错误。

但他并没有全错。在他1900年的演讲"在热和光动力理论上空的19世纪乌云"中，他明确指出了当时对物理世界的理解存在的两大关键漏洞："动力学理论断言热和光都是运动的方式，但现在这一理论的优美和明晰却被两朵乌云所遮蔽。第一朵乌云包含这样一个问题：地球如何能够在比如本质上是光以太的弹性固体中运动呢？第二朵乌云是麦克斯韦–玻尔兹曼关于能量均分的学说。"从第一朵乌云中诞生了相对论，从第二朵中则诞生了量子理论。

幸运的是，聆听约利劝导的年轻人并没有气馁。他无意发现新事物，而是说，自己只希望能够更好地理解已知的物理学基础。而就在建立理解的过程中，他引发了20世纪物理学的两个重大革命之一，驱散了开尔文口中的第二朵乌云。他的名字是马克斯·普朗克。

✳

尤利乌斯·威廉·普朗克是基尔大学和慕尼黑大学的法学教授。他的父母都曾是神学教授，兄弟则是一名法官。所以，当第二任妻子埃玛·帕齐希给尤利乌斯生下一个儿子——这是他的第6个孩子——时，这个男孩就注定要在被知识包围的环境中长大。马克斯·卡尔·恩斯特·路德维希·普朗克出生于1858年4月23日。当时的欧洲正处于常年的政局动荡之中，在这个男孩最早的记忆里，1864年普丹战争期间普鲁士和奥地利的军队挺进基尔的情景还历历在目。

1867年，普朗克一家搬到了慕尼黑，马克斯也在马克西米利安国王学校跟随数学家赫尔曼·米勒（Hermann Müller）学习。米勒教这个男孩学习了天文学、力学、数学和一些基础物理学，包括能量守恒定律。普朗克是一个优秀的学生，16岁就提前很久毕业了。

他在音乐方面的天分也很出众，但即使在约利善意的劝告下，他也依然决定学习物理。普朗克在约利的指导下做了一些实验，不过很快就转向了理论物理学。他结交了一些世界顶尖的物理学家和数学家，在1877年搬去了柏林，跟随亥姆霍兹、古斯塔夫·基尔霍夫

（Gustav Kirchhoff）和魏尔施特拉斯学习。1878年他通过了博士资格考试，1879年以一篇热力学论文获得了博士学位。他曾一度回到中学母校教授数学和物理学。1880年，他关于不同温度下物体平衡态的教授资格论文被接收，他也获得了担任终身教职的资格。他如期拿到了教职，但直到1885年才被基尔大学任命为副教授。他的研究主要集中于热力学，尤其是熵的概念。

马克斯结识了一个朋友的姐妹玛丽·默克，1887年两人结婚，租住在一间公寓里。他们一共有四个孩子：卡尔，双胞胎埃玛和格蕾特，还有埃尔温。

1889年，也就是双胞胎出生的那年，马克斯接替了基尔霍夫在柏林的教职，在1892年成为正教授。他们一家搬进了柏林格吕讷瓦尔德区的一栋别墅，与不少顶尖学者成了邻居。其中神学家阿道夫·冯·哈纳克（Adolf von Harnack）后来成了他们的好友。普朗克一家善于交际，很多著名的学者会定期到他们家拜访，包括爱因斯坦、物理学家奥托·哈恩（Otto Hahn）和莉泽·迈特纳（Lise Meitner）。哈恩和迈特纳后来对核裂变做出了基础性的重大发现，是最终促使原子弹和核电站问世的长期发展进程中的一部分。在这些聚会上，普朗克一家会演奏音乐，这个传统是由亥姆霍兹开创的。

普朗克的生活一度如梦幻般美好，但随后玛丽患上了肺病，很可能是肺结核，最终于1909年去世。一年半后，52岁的马克斯再婚，娶了马尔加·冯·赫斯林，和她生下了第三个儿子赫尔曼。

※

1894年，当地的电力公司想研发一种更加高效的灯泡，于是马克斯开始了一些签约的工业研究。在理论层面上，对灯泡的分析是物理学中的一个标准问题:"黑体辐射"——一个完全不发生任何反射的物体如何发光。这样的物体在被加热时会发出全频率的光,但光的强度——或者等价地说,它的能量——随频率而变化。一个基本的问题是,频率如何影响强度?如果缺少了这些基础数据,就很难研发出更好的灯泡。

对于这一问题,物理学家已经获得了良好的实验结果,也已经从经典物理学的基本原理中推导出了一条理论定律——瑞利-金斯定律。不幸的是,这条定律与高频处的实验结果不符。事实上,定律预言了一种不可能发生的状况:随着光的频率不断增大,它的能量会变成无穷大。这个不可能的结果后来被称为"紫外灾难"。从进一步的实验中又得出了一条新的定律,它与高频辐射的数据拟合得很好,被称为维恩定律,以它的发现者威廉·维恩(Wilhelm Wien)的名字命名。

但是,维恩定律对于低频辐射又不适用。

物理学家面前摆着两条定律:一条适用于低频却不适用于高频,另一条则正好相反。普朗克想到,可以在二者之中使用内插法:也就是写出一个数学表达式,在低频处的近似是瑞利-金斯定律,在高频处的近似则是维恩定律。他得到的公式现在被称为普朗克黑体辐射定律。

这个新定律是为了让计算结果在全部的电磁辐射光谱上都与实验数据完美相符而刻意设计的。它纯粹基于经验——它是从实验数据,而非任何基本的物理学原理中推出的。普朗克一直追寻着他公开表达过的意愿,即致力于更好地理解已知的物理学,因此对这样的结果并不满意,于是他投入了大量的精力,来寻找能够推导出他的公式的物理学原理。

最终,在1900年,普朗克发现了他的公式有一个奇妙的特征。

只要做出一个微小的改动，他就可以用与瑞利和金斯几乎相同的方法推导出自己的公式。在经典的推导中有着这样的假设：对于任何给定的频率，电磁辐射的能量原则上可以是任意值，这个值可以无限接近零。普朗克意识到，正是这一假设造成了紫外灾难，如果他做出另一个不同的假设，这个棘手的无穷大就从计算中消失了。

不过，他做出的假设实在太过激进。他假设，给定频率的辐射的能量必须是某个固定大小的"包"的整数倍。事实上，每个包的大小都必须和频率成正比——也就是等于频率乘以某个常数。我们现在把这个常数称为普朗克常数，记为符号 h。

这些能量包叫作量子。普朗克把光量子化了。

看起来不错，但为什么实验物理学家们从来没有发现过光的能量总是量子的整数倍呢？通过比较他的计算与实验观测到的能量值，普朗克计算出了常数的值，结果非常非常小。事实上，h 约等于 6×10^{-34} 焦耳秒。大致来说，要想在可能的能量范围内发现能量之间的"间隔"——那些可以在经典物理中存在，但不被量子物理允许的能量值——你的观测必须精确到小数点后 34 位。即使在今天，也几乎没有物理量能够被测量到超过小数点后 6 位或 7 位，而在当时，精确到后三位就已经算是要求很高了。直接观测量子所需的精确度是无法想象的。

一个细微到永远无法被察觉的数学差值竟然会对辐射定律产生如此巨大的影响，这看起来可能有些奇怪。但是在公式的推导中，我们需要把所有可能的光的频率对能量的贡献相加。得到的结果是所有可能的量子带来的集体效应。身处月球，你看不到地球上任何一粒单独的沙子，但是你能看到撒哈拉。积微成著，只要足够多的微小单元组合在一起，结果可能会无比巨大。

普朗克的物理研究高歌猛进，但他的个人生活却充满了悲剧。

他的儿子卡尔在"一战"中战死，女儿格蕾特1917年死于难产，埃玛在嫁给格蕾特的鳏夫后，在1919年同样因难产去世。后来，埃尔温因参与了1944年那次对阿道夫·希特勒发起的失败的刺杀行动而被纳粹处决。

※

1905年，支持普朗克激进观点的新证据出现了，就是爱因斯坦关于光电效应的研究。回想一下，光电效应就是发现了光可以转化为电。爱因斯坦知道，电是由分立的单元组成的。那时物理学家确实已经了解到，电是名为电子的微粒的运动。于是爱因斯坦根据光电效应推论出，光一定也是如此。这不仅验证了普朗克的光量子思想，还解释了光量子是什么：光波如同电子一样，也一定是粒子。

波怎么能是粒子呢？但这确实是实验给出的明确结果。光粒子——或者说光子——的发现，迅速催生了对整个世界的量子化描述。在量子世界中，粒子就是波，有时表现得更像波，有时表现得更像粒子。

量子开始逐渐受到物理学界越来越多的重视。伟大的丹麦物理学家尼尔斯·玻尔提出了原子的量子化模型，其中电子围绕位于中心的原子核做圆周运动，圆周的半径只能等于一系列分立的量子值。法国物理学家路易·德布罗意推断，既然光子可以既是波又是粒子，而合适的金属在光子的影响下会放出电子，那么电子一定也既是波又是粒子。的确，所有的物质都必然具备这种二象性——有时是坚实的粒子，有时是起伏的波动。这就是为什么它们在实验中可以体现为任意一种形态。

无论"粒子"还是"波"，都无法真正地描述极小尺度下的物质。物质的终极组成单元是二者兼而有之的波粒子。德布罗意创造了描述波粒子的公式。

现在来到了我们故事中必不可少的关键一步，埃尔温·薛定谔将德布罗意的公式转化成了描述波粒子运动的方程。正如牛顿运动定律是经典力学的基础一样，薛定谔方程也成了量子力学的基础。

✳

埃尔温1886年出生于维也纳，父母是异教通婚。他的父亲鲁道夫·薛定谔以生产裹尸布——用来包裹死者的蜡布——为业，他也是一名植物学家。鲁道夫是天主教徒，而埃尔温的母亲乔金·埃米莉亚·布伦达信奉路德宗。1906到1910年，埃尔温在维也纳跟随弗朗茨·埃克斯纳（Franz Exner）和弗里德里希·哈泽内尔（Friedrich Hasenöhrl）学习物理，在1911年成为埃克斯纳的助手。1914年，正逢第一次世界大战爆发之时，他获得了教授资格，在战争期间担任奥地利炮兵部队的一名军官。战争结束两年后，他和安娜玛丽·贝特尔结婚。1920年他在斯图加特任教，级别相当于副教授，1921年他成为布雷斯劳大学的正教授，该城市就是现在波兰的弗罗茨瓦夫。

1926年，他在一篇论文中发表了这个如今以他名字命名的方程，文中表明，利用这个方程可以正确得到氢原子光谱中显示出的能级。紧接着，他又迅速发表了另外三篇关于量子理论的重要论文。1927年，他搬到了普朗克所在的柏林，但是在1933年，由于对纳粹的反犹主义感到不安，他离开德国去往牛津，成为莫德林学院的研究人员。抵达牛津后不久，他就和保罗·狄拉克共同获得了诺贝尔物理学奖。

薛定谔一直过着离经叛道的个人生活。他与两个女人同居，这极大地触怒了牛津大学教师们敏感的神经。一年内，他不得不再次搬迁，这一次搬去了普林斯顿。在那里，他原本得到了终身教职，却决定拒绝——可能是因为他希望与妻子和情人同住的需求在普林斯顿仍然无法被接受，和在牛津时一样。最终，他在1936年搬到了奥地利的格拉茨，并对古板的奥地利人的看法置若罔闻。

希特勒占领奥地利让薛定谔这个知名的纳粹反对者陷入了严重的困境。他公开反对自己从前的观点（很久之后他还为此向爱因斯坦道歉），但这个伎俩没有奏效：因为在政治上不可靠，他丢掉了工作，不得不逃往意大利。

薛定谔最终定居在都柏林。1944年，他出版了《生命是什么？》一书，试图用量子物理解释与生命有关的问题。这是一次非常有趣的尝试，但也存在纰漏。他的思想基于"负熵"的概念，即生命具有不遵守——或者说，以某种方式推翻——热力学第二定律的倾向。薛定谔强调，生物的基因一定是某种复杂的分子，其中包含着被编码的指令。我们现在把这种分子称为DNA（脱氧核糖核酸），但它的结构在1953年才被弗朗西斯·克里克和詹姆斯·沃森发现——一定程度上，他们受到了薛定谔的启发。

在爱尔兰，薛定谔对待性的态度依然开放，他和学生有染，还和两个不同的女人各生了一个孩子。1961年，他因肺结核在维也纳去世。

✳

薛定谔最出名的是他的猫——并不是真正的猫，而是一只出现在思想实验当中的猫。对这只猫通常的理解是，它是我们不把薛定谔的波当作真实的物理存在的一个理由。这些波被认为是一种隐藏在真实现象背后的描述方式，无法被实验证实，但又能推导出正确的结果。但是，这种诠释是有争议的——如果波不存在，那为什么它们推导出的结果都能完美成立呢？

无论如何，我们先回来说一说这只猫。根据量子力学，波粒子可以互相干涉，当波峰与波峰相遇时会相互堆叠、强化，而当波峰与波谷相遇时则会相互抵消。这种行为被称作"叠加"，所以量子波粒子可以叠加——这意味着它们可以包含各种各样的潜在状态，而不必完全地处于其中任何一种状态之中。的确，根据玻尔和量子理论著名的"哥本哈根诠释"，叠加状态就是事物的自然状态。只有当我们观测某个物理量时，我们才会迫使系统脱离量子叠加态，进入一个单一的"纯"态。

这种诠释对电子完全适用，但薛定谔想知道它对一只猫意味着什么。在他的思想实验中，一只被锁在箱子里的猫可以处于生和死的叠加态。当你打开箱子时，你对猫的观测会迫使它进入二者中的某一种状态，要么生要么死。但正如普拉切特在《碟形世界18：假面舞会》中所写，猫不是那样的。猫中豪杰格里伯在箱子打开时呈现出了第三种状态：绝对而彻底的狂怒。

薛定谔也知道猫不是那样的，不过是出于不同的原因。电子是亚微观尺度的实体，它的表现也与量子层面的物体类似。（当我们测量时）它会具有一个特定的位置、速度或自旋，可以比较简单地描述出来。而猫是宏观的，它的行为与量子层面的物体一点儿也不像。你可以叠加电子的状态，但你不能叠加猫的状态。我和妻子有两只猫，试图把它们叠加起来的时候，得到的只有乱飞的毛发和两只非常愤怒的猫。用术语来说，这就是"退相干"，它解释了为什么像猫这样大型的量子系统看上去更像是我们日常生活中熟悉的"经典"系统。退相干说的是，猫包含的波粒子太多，以至于它们全部纠缠在一起，在比光穿过电子直径还要短的时间内就摧毁了叠加态。所以猫，作为由数量绝对庞大的量子波粒子组成的宏观系统，表现得就像猫一样。它们可以是活的，也可以是死的，但不会同时既生又死。

尽管如此，在足够微小的尺度下——我们这里所说的是非常小的东西，不是你可以在普通显微镜下观察到的那些——宇宙正是按照量子物理所说的那样运转的，可以同时做着两件不同的事。这个思想改变了一切。

※

量子世界之奇妙，一定是从维尔纳·海森堡的研究中显露出来的。海森堡是一位杰出的理论物理学家，但他对实验的理解实在太差，以至于在博士学位考试中，竟然无法回答关于望远镜和显微镜的简单问题。他甚至不知道电池的工作原理。

1899年，奥古斯特·海森堡与安娜·韦克莱因结婚。奥古斯特信奉路德宗，安娜则是天主教徒，为了能够结婚，安娜皈依了奥古斯特的信仰。他们有很多共同点：奥古斯特是一名教师，也是专攻古希腊文学的古典学专家；而安娜是校长的女儿，也是研究古希腊悲剧的专家。他们的大儿子埃尔温出生于1900年，后来成为一名化学家。而出生于1901年的二儿子维尔纳则改变了世界。

当时的德国依然是一个君主制国家，教师这个职业的社会地位很高，所以海森堡一家生活富裕，可以把两个儿子送到好学校里读书。1910年，奥古斯特成为慕尼黑大学中世纪和现代希腊文学的教授，于是一家人搬到了慕尼黑。1911年，维尔纳进入慕尼黑的马克西米利安国王学校就读，正是普朗克的母校。维尔纳的外祖父尼古拉斯·韦克莱因就是这所学校的校长。这个男孩聪明敏捷，一定程度上是由于他的父亲鼓励他与哥哥竞争。他显现了非凡的数学和科学才能，还有音乐天赋，钢琴学得非常好，12岁时就在学校的音乐会上演奏了。

海森堡后来写道："我对语言和数学的兴趣都被激发得很早。"他的希腊语和拉丁语成绩都是最高等级，数学、物理和宗教课的成绩也不错，最差的科目是体育和德语。他的数学老师克里斯托弗·沃尔夫是一名非常优秀的教师，会给维尔纳出一些专门的题目来提高他的能力。很快，学生就超越了老师，海森堡的成绩报告单上写着"他在数学–物理方面的独立研究已经远远超过了学校的要求"。他自学了相对论，喜欢其数学内容胜过物理含义。在父母让他去给当地的大学生做考试辅导时，他又自学了微积分，而这完全不在学校的授课范围之内。他还对数论产生了兴趣，说"它是如此清晰，一切都可以追根究底，得到彻底的理解"。

为了帮维尔纳提高拉丁语水平，他的父亲给了他一些用拉丁语写成的旧数学论文，其中就包括克罗内克关于代数数论中一个课题（"复单位"）的博士论文。克罗内克是世界级的数论学家，说出了著名的那句："上帝创造了整数——其余都是人做的工作。"海森堡受这篇论文的启发，曾经尝试证明费马大定理。在学校学习9年后，他以班上第一名的成绩毕业，进入了慕尼黑大学。

第一次世界大战爆发后，协约国封锁了德国。食物和燃料极度短缺，因为无法供暖，学校被迫关闭，维尔纳有一次饿到虚脱，从自行车上摔到了沟里。父亲和老师都在军队中作战，而留在后方的年轻人则接受了军事训练和民族主义的教育。战争的结束也让德国君主制走到了尽头，巴伐利亚迅速出现了仿照苏联路线的社会主义政权，但1919年来自柏林的德军赶走了社会主义者，恢复到了一种更为温和的社会民主制度。

和大部分同代人一样，维尔纳对德国战败感到幻灭，指责上一辈在军事上的失败。他成为一个与"新童军"（New Boy Scouts）相关的小组的领导者，那是一个致力于恢复帝制、梦想建立第三帝国的极右翼组织。新童军的很多分支都是反犹的，但维尔纳的小组中有不少犹太男孩。他花很多时间和这些男孩们在一起，他们露营、徒步，试图重现德国曾经的浪漫主义图景，但所有这些活动都在1933年停止了，因为希特勒禁止了所有不是由自己创建的青年组织。

1920年，维尔纳入读慕尼黑大学，原本希望成为一名纯数学家，但在与一位纯数学教授面谈后打消了这个念头。他决定跟随阿诺德·索末菲（Arnold Sommerfeld）学习物理。索末菲迅速发现了维尔纳的才能，允许他修读高等课程。很快，维尔纳就完成了一些用量子力学方法探究原子结构的原创性研究。他在1923年就获得了博士学位，打破了学校的最快纪录。同年，希特勒发动"啤酒馆暴动"，企图推翻巴伐利亚政权，作为走向柏林政坛的开端，但这次尝试失败了。此时，通货膨胀猖狂肆虐，德国即将分崩离析。

维尔纳继续着他的研究。他与很多顶尖的物理学家合作，大家都在关注量子理论，因为那是最具活力的领域。他和马克斯·玻恩一起，试图构造一种更好的原子理论。海森堡想到，可以用原子光谱——原子发出的各种光的集合——当中观察到的频率来表示该原子的状态。他将这一想法归结为一种特殊的数学形式，其中数被排成一张表。而玻恩最终意识到，这种数表其实非常有意义：数学家称之为矩阵。玻恩看到了这一想法的合理性，发表了这篇论文。这一思想逐渐发展成为量子理论的一种新的、系统性的数学方法：矩阵力学。它被视为薛定谔波动力学的竞争对手。

※

　　谁才是对的？事实上薛定谔在1926年发现，两种理论其实是等价的。它们是对同样的底层概念的两种不同的数学表述方式——正如欧几里得方法和代数是看待几何的两种等价的方式一样。最初，海森堡不相信这一点，因为他的矩阵表述的本质在于，电子状态改变时会出现不连续的跃迁，而他的矩阵中的元素正是与这些跃迁相对应的能量变化。他无法想象作为连续实体的波如何描述不连续性。他在写给奥地利-瑞士物理学家沃尔夫冈·泡利的一封信中写道："我越思考薛定谔理论的物理含义，就越对它感到厌恶……薛定谔对他的理论的可视化'可能不是那么准确'，换句话说，那就是扯淡。"但事实上这种分歧只是对过去一场争论的重演，当时，伯努利和欧拉对波动方程的解无法达成一致。伯努利得到了一个求解的公式，但欧拉无法理解这个看上去连续的公式如何能表示不连续的解。尽管如此，伯努利是对的，薛定谔也一样。他的方程可能是连续的，但方程的解具备的很多特征都可以是离散的——包括能级。

　　大多数物理学家都更喜欢波动力学的表述，因为它更加直观。矩阵有点儿过于抽象了。海森堡却仍然偏爱自己的数表，因为它们是由可观测的量组成的，而薛定谔的波似乎无法在实验中探测到。事实上，量子理论的哥本哈根诠释——被戏剧化为薛定谔的猫——表明，任何对波的探测都会让原本的波"坍缩"为一个单一的、定义良好的脉冲。所以海森堡越来越关注量子世界有哪些方面可以被测量，以及如何测量。你可以测量他的数表中的每一个元素，但你却无法测量任何一个薛定谔的波。海森堡认为，这一区别是坚持矩阵表述的一个强有力的理由。

　　沿着这条思路，他发现，原则上你可以把一个粒子的位置测量得要多精确有多精确——但这是有代价的，因为你对位置知道得越精确，对动量就只能知道得越不精确。反过来，如果你能非常精确地测量粒子的动量，你就找不到它的位置了。能量和时间之间同样存在这种取舍：你可以测量其中一个，但二者不能同时测量，除非你不想测量得太精确。

这并不是实验过程中遇到的问题，而是量子理论固有的性质。1927年2月，他在一封给泡利的信中写下了自己的推理过程。最终，这封信的内容发展成了一篇论文，海森堡的这一思想也得名"不确定性原理"。这是最早的几个揭示物理学固有限制的例子之一，爱因斯坦断言的"光速不能被超越"是另一个。

1927年，海森堡成为德国最年轻的教授，在莱比锡大学任教。希特勒上台的1933年，海森堡获得了诺贝尔物理学奖。这让他影响力大增，而由于他愿意在纳粹统治时期依然留在德国，很多人认为海森堡本人就是一名纳粹分子。就目前的资料来看他并不是纳粹分子，不过他是一名爱国主义者，这让他与纳粹产生了交集，在纳粹的一些活动中也有他的身影。有证据表明，海森堡曾试图阻止统治集团把犹太人驱逐出大学，但没有成功。1937年，他发现自己被人称为"白种犹太人"，还有被送到集中营的危险，但一年后，党卫军首领海因里希·希姆莱为他洗脱了嫌疑。同样在1937年，海森堡与一位经济学家的女儿伊丽莎白·舒马赫结了婚。他们首先生下了一对双胞胎，最后一共养育了7个孩子。

第二次世界大战期间，海森堡成了参与德国核武器研制的主要物理学家之一，目标是制造"原子弹"。他在柏林的核反应堆工作，妻子和孩子则被送去了他们家在巴伐利亚的度假屋。他在德国原子弹工程中所扮演的角色相当具有争议性。战争结束时，他被英国人拘留在剑桥附近乡下的一所房子中，接受了6个月的问询。他的问询记录最近被公开，更加剧了其中的争议。海森堡确实有一次说过，他只想造一个核反应堆（他称之为"引擎"），并不想和炸弹扯上关系。"我想说，我完全相信制造铀引擎的可能性，但我从来没有想过我们会制造炸弹，我发自内心地为我们想要制造的是引擎而非炸弹而感到欣慰。我必须承认这一点。"这番话的真实性如今依然是争论的焦点。

战后，海森堡从英国的羁押中获释，回归到了量子理论的研究之中。他在1976年死于癌症。

＊

量子理论的大多数伟大的德国创立者都来自知识分子家庭——他们的父母往往是医生、律师、学者或其他的专业人士。他们居住在豪宅里，演奏音乐，参与当地的社交和文化活动。而另一位伟大的英国创立者则有着截然不同的悲惨童年。他的父亲专横严厉、性格古怪，被自己的家庭所疏远，母亲则在丈夫的阴影之下战战兢兢，当丈夫和小儿子在餐厅里沉默地用餐时，她只能和另两个孩子在厨房吃饭。

这位父亲名叫查尔斯·阿德里安·拉迪斯拉夫·狄拉克，1866年出生于瑞士瓦莱州，20岁时就离开家庭远走高飞。1890年，查尔斯来到英国布里斯托尔，但他直到1919年才成为英国公民。1899年，他与一名船长的女儿弗洛伦斯·汉娜·霍尔滕结婚，他们的第一个孩子雷金纳德在第二年出生。两年后，二儿子保罗·阿德里安·莫里斯出生；又过了四年，他们有了一个女儿贝阿特丽斯。

查尔斯没有告诉父母自己已经结婚，以及他们已经做了祖父母，而是直到1905年回瑞士探望母亲时才说了出来。那时，他的父亲已经去世10年了。

查尔斯在布里斯托尔的商业技术学院当老师。他被普遍认为是一个好老师，但却以没有人情味、坚持非常严苛的纪律而著称。总之，他是个一板一眼、纪律严明的人，但很多老师也都是这样。

保罗生性内向，而父亲古怪的孤僻性格与社交活动的缺乏更加剧了这一点。查尔斯坚持要求保罗只和他说法语，这可能是为了敦促他学习这门语言。由于保罗的法语很糟糕，他发现不说话反而简单一些。他转而把时间都用来思考自然世界。狄拉克一家反社会的用餐方式似乎也是来源于必须用法语交谈的规矩。人们从来都不清楚保罗是主动憎恨自己的父亲，还是只是不喜欢他，但是当查尔斯去世时，保罗最主要的想法是"现在我自由多了"。

查尔斯为保罗的才智感到骄傲，对孩子们的期望都很高——他所谓的期望是，孩子们都应该做自己为他们计划好的事情。当雷金纳德说自己想当医生的时候，查尔斯坚持要求他去做工程师。1919年，雷金纳德以很差的成绩获得了一个工程学位；5年后，在伍尔弗汉普顿的一个工程项目上工作时，他自杀了。

保罗和父母一起住在家中，也在雷金纳德上的那所大学学习工程学。他最喜欢的学科是数学，但他没有选择数学专业。可能他不想违背父亲的意愿，但他也同样怀有一种时至今日依然流行的错误印象，认为学数学的人唯一能做的职业就是去学校当老师。没有人告诉他还有别的选择——比如，做研究。

拯救了保罗的是一则报纸标题。1919年11月7日《泰晤士报》的头版上，醒目的字眼赫然写着："科学革命。宇宙新理论。牛顿的观念被推翻。"第二栏的中间则是副标题"空间'被扭弯'"。突然之间，所有人都在谈论相对论。

前文说过，广义相对论的预测之一，就是引力使光发生弯曲的程度是牛顿定律预测值的两倍。弗兰克·戴森（Frank Dyson）和亚瑟·斯坦利·爱丁顿爵士的考察队已经向西非的普林西比岛进发，那里将会出现日全食。与此同时，格林尼治天文台的安德鲁·克罗姆林（Andrew Crommelin）带领第二支考察队前往巴西的索布拉尔。两支队伍都在日全食期间对靠近太阳边缘的恒星进行了观测，发现了恒星表观位置的微小偏移，偏移量与爱因斯坦的预测相符，不符合牛顿力学。

一夜成名的爱因斯坦给母亲寄了一张明信片："亲爱的母亲：今天有个好消息。H. A. 洛伦兹给我发电报说，英国的考察队已经证明了光线因太阳发生的偏折。"狄拉克被深深吸引了。"相对论引发的轰动让我着迷。我们就此讨论了很多。学生们互相之间都在探讨相对论，但几乎没有什么正确的信息可以帮助我们进一步理解它。"公众对相对论的了解大部分都囿于字面含义，哲学家则声称，他们多年以前就知道"一切都是相对的"，给新的物理扣上了旧的帽子。不幸的是，这只能显示出他们的无知，以及他们是如此容易被误导性的术语所蒙蔽。

保罗去听了几次当时布里斯托尔大学的哲学教授查理·布罗德（Charlie Broad）关于相对论的演讲，但数学内容在其中并不重要。最终，他买了一本爱丁顿的《空间、时间和引力》，自学必要的数学和物理知识。离开布里斯托尔之前，他已经彻底地理解了狭义相对论和广义相对论。

保罗擅长理论，实验操作却很糟糕。后来，物理学家们经常会说到"狄拉克效应"：只要他一走进实验室，附近的实验就都会错得离谱。①他去做工程师会是一场灾难。他发现，因为战后经济萧条，

---

① 这种说法是针对泡利的，并非狄拉克。——译者注

自己虽然拿到了最优等的学位，却一度因岗位稀缺而找不到工作。幸运的是，他获得了在布里斯托尔大学学习数学的机会，学费全免，于是他欣然接受。他在那里读的是应用数学专业。

1923年，保罗成为剑桥大学的研究生，在这里，腼腆的性格成了他真正的障碍。他对体育不感兴趣，几乎没有朋友，也完全不接触女性。他大多数时间都泡在图书馆里。1920年夏天，他曾和哥哥雷金纳德在同一家工厂上班。两人经常会在街上相遇，却从来不会停下来交谈，足见家人之间沉默的习惯是多么根深蒂固。

保罗很快声名鹊起。来剑桥后不到6个月，他就写出了自己的第一篇研究论文，另外几篇也接踵而至。1925年，他接触到了量子力学。秋天，他有一次在剑桥郡的乡间散步，走了很长时间，发现自己一直在思考海森堡的"数表"。它们是矩阵，但矩阵是不可对易的，这是最初困扰海森堡的问题。狄拉克知道李的思想——在这种情况下，真正重要的量是对易子 $AB - BA$，而不是乘积 AB。他突然间冒出了一个新奇的想法，想到在哈密顿力学中，有一个与对易子非常相似的概念，叫作泊松括号，但狄拉克想不起来具体的公式了。

这个想法让他彻夜难眠，第二天早上，他"一开门就赶快跑进一所图书馆，然后在惠特克的《分析动力学》中查找泊松括号"。"（我）发现它们正是我想要的。"他的发现是这样的：两个量子矩阵的对易子，等于相应的经典物理量的泊松括号乘以一个常数 $ih/2\pi$。这里 h 是普朗克常数，i 是 $\sqrt{-1}$，而 π 就是圆周率。

这是一个激动人心的发现。它告诉物理学家如何把经典力学系统转换为量子力学系统。其中的数学非常优美，将两种深刻的、此前却毫无关联的理论联系在一起。海森堡大受震动。

狄拉克对量子理论做出了很多贡献，在这里我只介绍他最重要的贡献之一，就是提出了电子的相对性理论。这一理论的建立可以追溯到1927年。当时，量子理论学家们已经知道电子具有"自旋"——类似于球体绕轴的自转，但电子的自旋还有一些奇怪的特征，不能简单地做这种类比。如果你把一个自转着的球旋转360°，球和自转都会回到开始时的状态。但如果你把一个电子旋转360°，它的自旋会发生翻转。你必须旋转720°才能让自旋回到初始状态。

这其实和四元数非常相似，把四元数解释为空间的"旋转"时，也会出现同样的奇怪之处。数学上，空间旋转构成的群是SO(3)群，而与四元数和电子相关的群则是SU(2)群。这两个群大体上是相同的，但SU(2)是SO(3)的两倍大，某种程度上可以说是由两个SO(3)构造而成。SU(2)被称为SO(3)的"二重覆盖"，结果就是把一个360°的旋转扩展成了一个两倍角度（即720°）的旋转。

狄拉克既没有用到四元数，也没有用到群论。但在1927年年底的圣诞节期间，他提出了具有同样作用的"自旋矩阵"。数学家后来将狄拉克的矩阵推广为"旋量"，这一概念在李群的表示论中非常重要。

利用自旋矩阵，狄拉克构造出了电子的相对论量子力学模型。这个模型实现了他所期望的一切——甚至更多。除了预期中正能量的解，它还预测了负能量的解。最终，在经历过几次失败之后，狄拉克根据这个令人费解的特征提出了"反物质"的概念——每个粒子都有一个与之对应的反粒子，它们具有与该粒子相同的质量和相反的电荷。电子的反粒子是正电子，在狄拉克预测它存在之前，人们对它一无所知。

如果把所有的粒子都替换成它们的反粒子，物理定律（几乎）保持不变——所以这个操作是大自然的一个对称。从来没有在意过群论的狄拉克，发现了自然中最迷人的对称群之一。

从1935年开始，直到1984年在塔拉哈西去世，狄拉克一直极其注重物理学理论的数学美感，并以这一原则作为检验自己研究的试金石。他认为，如果一个理论不美，那么它就是错的。当他1956年访问莫斯科国立大学，要遵循传统在黑板上写下一句留给后人的箴言时，他写道："物理定律必须具有数学美。"他还提到过自然界中的"数学性质"。但他似乎从来都不认为群论是美的，可能因为物理学家大多是通过大量的计算接触到群论的。好像只有数学家才能感知到李群精妙的美。

✳

不论美或不美，群论很快就成为量子理论学家的必修课，而这要归功于一个皮革商人的儿子。

19世纪末20世纪初，皮革是一项热门的生意。现在也是如此，不过在那时，一个小商人通过制革和售革就足以过上好日子。制革厂厂长安陶尔·维格纳就是一个很好的例子。他和妻子伊丽莎白都是犹太裔，但并不奉行犹太教。他们生活在当时奥匈帝国的佩斯市。佩斯与相邻的布达合并后，成了现在的匈牙利首都布达佩斯。

耶诺·帕尔·维格纳出生于1902年，在他们的三个孩子中排行第二，5到10岁期间，一直在家中由家庭教师教导。耶诺开始上学后不久就被诊断为肺结核，被送到一家奥地利的疗养院进行康复。他在那里待了6周，结果发现这其实是一场误诊。如果诊断正确，他几乎肯定活不到成年。

由于每天大部分时间都必须躺着，这个男孩就在头脑中做数学题来打发时间。"我必须整天躺在躺椅上，"他后来写道，"那时候我就在很努力地思考，如果给定三角形的三条高线，该如何作出这个三角形。"三角形的高线指的是经过顶点、与对边垂直相交的三条线段。给定了三角形，很容易作出它的高线。但反过来则明显要难得多。

离开疗养院后，耶诺继续思考数学问题。1915年，在布达佩斯路德教高中，他遇到了另一个男孩，后来将成为世界上最顶尖的数学家之一：亚诺什（后来改名约翰）·冯·诺伊曼。但这两人一直都只是点头之交，因为冯·诺伊曼喜欢独处。

1919年，共产党人夺得匈牙利政权，维格纳一家逃往奥地利。后来在同一年，共产党人被赶下台后，他们又回到了布达佩斯。维格纳全家改信了路德宗，但耶诺后来说，这对他几乎没有什么影响，因为他"只是温和的信徒"。

1920年，耶诺以差不多全班第一的成绩从学校毕业。他希望成为一名物理学家，但父亲想让他加入家族的制革生意。所以耶诺没有选择物理专业，而是修读了化学工程，因为父亲认为这个专业会有助于发展业务。大学的第一年，耶诺是在布达佩斯理工学院读的；后来他转学去了柏林高等理工学院。4年下来，他把大部分时间都花在了化学实验室里（他也很喜欢做实验），只有珍贵的极少数时间用于理论课程。

不过，耶诺并没有放弃物理。他离柏林大学不远，那里聚集着像普朗克、爱因斯坦这样的巨星，以及其他一些不那么耀眼的著名学者。耶诺利用了距离近的便利，听了很多场不朽大师的讲座。他以一篇关于分子构成和分解的论文完成了博士学业，如期进入了制革厂。可以想象，制革厂的工作不适合他："我在制革厂和人相处得并不顺利……那里没有家的感觉……我觉得这不是我要的人生。"数学和物理才是他的人生。

1926年，威廉皇帝研究院的一位晶体学家联系耶诺，希望他来担任研究助理。这份工作可以将维格纳对于实验和理论二者的兴趣在化学的场景中结合起来。这项研究对维格纳的职业生涯，进而对核物理的发展都产生了巨大的影响，因为它让他接触到了群论——关于对称性的数学。群论在物理学上的第一次重要的应用是对所有230种可能的晶体结构进行分类。维格纳写道："我收到了一位晶体学家的来信，希望可以弄清楚为什么原子在晶格中占据的位置是按照对称轴排列的。他还告诉我这个问题一定与群论有关，我应该去读一本群论的书，把问题研究出来，然后告诉他结果。"

可能是对儿子涉足制革生意以来的表现太过失望，安陶尔·维格纳同意耶诺接受这个研究助理的职位。耶诺从阅读海森堡关于量子理论的论文开始，发展出了一套计算核外有三个电子的原子光谱的理论方法。但是他同样意识到，他的方法在超过三个电子时会变得非常复杂。此时，他向旧相识冯·诺伊曼征求意见，后者建议他学习群表示论。这一数学领域充斥着当时最前沿的代数概念与技巧，尤其是矩阵代数。但是多亏了维格纳研究晶体学，并且熟悉当时的优秀代数教材——海因里希·韦伯的《代数教程》，矩阵对他来说完全是小菜一碟。

冯·诺伊曼的建议奏效了。如果一个原子拥有一定数量的电子，那么由于所有的电子都是相同的，原子无法"知道"哪个电子是哪个。换句话说，描述原子发出辐射的方程必须在所有电子的置换下都是对称的。利用群论，维格纳发展出了一套描述带有任意数目电子的原子光谱的理论。

直到此刻，他的工作仍然局限于经典物理学的传统范畴，但量子理论才是激动人心的所在。现在，他开始着手进行毕生最伟大的研究，就是群表示论在量子力学中的应用。

讽刺的是，他做这些研究并不是为了他的新工作。德国数学界的元老大卫·希尔伯特对量子理论背后的数学原理产生了浓厚的兴趣，需要一位研究助理。1927年，维格纳去哥廷根加入了希尔伯特的研究小组。他表面上的职责是为希尔伯特丰富的数学专业知识提供物理上的见解。

但是事情并不如计划的那样顺利。一年中，两人只见过五次面。希尔伯特年老体衰，也越发地离群索居。所以维格纳回到了柏林，教授量子力学课程，并继续完成他最著名的著作：《群论及其在原子光谱的量子力学中的应用》。

他曾经一定程度上被赫尔曼·外尔（Hermann Weyl）抢占了先机，因为外尔也写了一本关于量子理论中的群论的著作。但外尔主要关注基础概念，而维格纳则是要解决具体的物理问题。外尔追求的是美，维格纳追求的是真。

※

我们可以用一种简单、经典的情境来理解维格纳的群论方法，这种情境就是鼓的振动。乐器鼓一般都是圆形的，但原则上它们可以是任何形状。当你用鼓槌敲鼓时，鼓皮振动，就发出了声音。不同形状的鼓会发出不同的声音。鼓发出声音的频率范围，被称为它的频谱，是由鼓的形状以一种复杂的方式决定的。如果鼓是对称的，我们会期望这种对称性也能体现在频谱中。实际上它确实显现了出来，只不过不太容易被察觉到。

想象一个长方形的鼓——在数学系之外你一般见不到它。这种鼓典型的振动模式把它分割成了若干个更小的长方形，如图12-1所示。

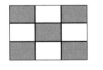

图 12-1　长方形鼓的两种振动模式

这里我们可以看到两种不同的振动模式，分别具有不同的频率。图 12-1 是这两种模式在一瞬间的抓拍。黑色的区域鼓面向下移动，白色向上移动。

鼓本身的对称会影响它的振动模式，因为鼓的任何对称变换都可以被施加到一种可能的振动模式上，从而得到另一种可能的振动模式。所以这些模式构成了通过对称性而相互关联的集合。但是，单独的模式并不一定具备和鼓相同的对称性。例如，长方形在 180° 的旋转下对称。如果我们把这个对称变换施加到图 12-1 的两个模式上，它们会变成：

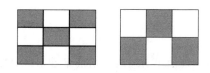

图 12-2　图 12-1 的两种模式在鼓旋转 180 度之后

左边的模式没有变化，所以它具有和鼓相同的旋转对称。但在右边的模式中，黑色和白色的区域相互交换了。这种效应被称为自发对称性破缺，在物理系统中十分常见：当对称系统处于不够对称的状态时，就会出现这种现象。对称性在左边的模式中并没有被破坏，但在右边则被破坏了。我们来关注右边的模式，看看对称性破缺会带来什么样的后果。

虽然旋转前后的模式不同，但它们的振动频率依然相同，因为鼓具有的旋转对称决定了描述鼓振动的方程也具有旋转对称。所以在鼓的频谱中，这个特殊的频率会出现"两次"。这种效应看上去很难在实验中探测到，但如果你对鼓做一些细微的改动，破坏掉它的旋转对称性——比如沿着一条边刻下一个口子——那么这两个原本相同的频率就会出现微小的偏差，你就会在频谱中发现两条相距非常近的谱线。如果这个频率在对称的鼓的频谱中只出现一次，是不会发生这种谱线分裂的现象的。

维格纳意识到，同样的效应也会在对称的分子、原子和原子核当中出现。在这里，鼓的声音变成了分子的振动，声音的频谱则换成了辐射或吸收光谱。在量子世界中，光谱是由不同能级间的跃迁产生的，原子发射出光子，而光子的能量（也就是频率，这是普朗克发现的）对应于能级间的能量差值。现在我们可以用光谱仪来探测光谱。同样，由于分子、原子或原子核的对称性，其中的一些频率——实际观测到的是光谱线——在光谱中可能是双重的（或者更多重）。

我们该如何探测这种多重性呢？我们不能像在鼓上那样，也在分子上刻一个口子。但我们可以把分子放进磁场中。这同样会破坏掉隐含的对称性，把重合的光谱线分开。现在你就可以用群论——更严格地说，是群表示论——来计算这些频率，并研究它们是如何分裂的了。

表示论是最优美、最强大的数学理论之一，但它对技术的要求很高，还布满了隐藏的陷阱。维格纳把它变成了一门高雅的艺术。其他人则在后面艰难地跟随着他的脚步。

✳

1930 年，维格纳在美国拿到了普林斯顿高等研究院的兼职职位，在普林斯顿和柏林之间往返工作。1933 年，纳粹通过了禁止犹太人担任大学职位的法律，所以维格纳永久地移居到了美国——他主要生活在普林斯顿，还把自己的名字改成英语拼写，变成尤金·保罗·维格纳。他的妹妹玛吉特来到普林斯顿投奔他，她在那里结识了正在访问的狄拉克，1937 年两人结婚，令所有人都大吃一惊。

玛吉特的婚姻很幸福，但尤金的工作却并不圆满。1936年，维格纳写道："普林斯顿把我解雇了。他们从来没有解释过为什么。我抑制不住心里的愤怒。"事实上，维格纳是自己辞职的，而且显然是因为他晋升得不够快。他大概认为普林斯顿拒绝给他升职实际上是在强迫他辞职，所以才觉得自己好像是被解雇的一样。

他很快就在威斯康星大学找到了新工作，获得了美国国籍，还遇到了一个物理系学生阿梅莉亚·弗兰克（Amelia Frank）。他们结了婚，但阿梅莉亚患上了癌症，不到一年就去世了。

在威斯康星，维格纳把研究重点转向了核力，并发现这种力遵循对称群SU(4)。他还做出了一项关于洛伦兹群的基础性发现，于1939年发表。但群论当时还不属于物理学科的标准学习内容，它主要的应用仍然集中在相对专门的晶体学领域。对大多数物理学家而言，群论看起来复杂而陌生，这两点加在一起是致命的。量子物理学家们被闯入自己领地的群论吓坏了，将群论的发展描述为"群体疾病"。维格纳发起了这场"流行病"，他的同僚却不愿意"被感染"。但维格纳的观点是前瞻性的。在对称性无孔不入的影响下，群论的方法逐渐主导了量子力学。

1941年，维格纳和一位名叫玛丽·安妮特的老师再婚。他们有两个孩子，名叫戴维和玛莎。二战期间，维格纳和冯·诺伊曼以及很多顶尖的数学物理学家一样，都参与了制造原子弹的曼哈顿计划。他于1963年获得了诺贝尔物理学奖。

尽管在美国生活了很多年，维格纳却始终思念着他的家乡。"在美国60年，"他在晚年写道，"我仍然更像一个匈牙利人，而不是美国人。很多美国文化与我无关。"他在1995年去世。物理学家亚伯拉罕·派斯形容他是"一个非常奇怪的人……20世纪物理学的巨擘之一"。他开创的视角在21世纪也是革命性的。

五维的人

到了20世纪末，物理学已经取得了惊人的进展。宇宙的大尺度结构似乎已经被广义相对论描述得很完善了。一些引人注目的预测也已经获得了观测结果的支持，比如黑洞的存在——黑洞是由大质量恒星在自身引力作用下坍缩形成的时空区域，光永远无法从中逃脱。而另一方面，宇宙的小尺度结构则被现代形式下的量子理论——纳入了狭义而非广义相对论的量子场论——描述得极其详尽而精确。

但是，在物理学家的伊甸园中还盘踞着两条蛇。一条是"哲学"之蛇：这两种大获成功的理论是不一致的，它们对物理世界的假设互不相容。广义相对论是"决定论"的——它的方程中无法容纳任何的随机性；而量子理论却具有固有的不确定性，在海森堡的不确定性原理和很多现象当中都有体现，比如放射性原子随机发生的衰变等。另一条是"物理"之蛇：基于量子理论的基本粒子理论还留有一些重要的问题尚未解决，比如，为什么粒子具有特定的质量，或者干脆说，为什么它们具有质量。

很多物理学家相信，可以用同一种大胆的举措把这两条蛇一并驱逐出伊甸园：统一相对论与量子理论。也就是创造一个逻辑自洽的新理论，在大尺度上符合相对论，而在小尺度上符合量子理论。这正是爱因斯坦尝试做了半辈子的事——他失败了。物理学家怀着一贯的"谦卑"，将这种统一的观念命名为"万有理论"。这一理论希望能把整个物理学归纳为一组简单到可以印在T恤上的方程。

这并不是异想天开。你完全可以把麦克斯韦方程印在T恤上，而我现在就有一件印有狭义相对论方程的T恤，上面还印着希伯来语的口号"要有光"，是我的一个朋友在特拉维夫机场买给我的。正经来说，将看似不同的物理理论相统一，物理学家在此前已经实现过了。磁与电曾经被认为是两种截然不同的自然现象，由完全不同的自然力引发，而麦克斯韦理论将二者统一为同一种现象：电磁。这个名称可能有些蹩脚，但它准确地反映了统一的过程。还有一个更晚近的例子，在物理学界之外没有那么出名，就是统一了电磁力和弱核力的电弱理论，我们在后文中会提到。在更进一步完成与强核力的统一之后，距离最终的大一统只差一种力了：引力。

有了这样的先例，我们完全有理由希望将这最后一种自然力也纳入其余的物理学之中。不幸的是，引力的一些棘手的性质让这一进程变得困难重重。

✳

也许万有理论根本就不存在。虽然作为"自然法则"的数学方程迄今为止都非常成功地解释了我们的世界，但我们仍然无法保证这种情况一定会继续下去。也许宇宙并不像物理学家想象的那样数学化。

数学理论可以很近似地描述自然，但并不一定数学的每一部分都能完全反映现实。如果不能的话，对相互抵触的理论进行修补，或许能够给出适用于不同范围的可行近似——可能并不存在某一种统治一切的原理，能够把所有的近似都结合起来，并且在所有的范围内都适用。

但是，这种不值一提的"如果/那么"法则是万万不行的："如果速度慢、尺度大，那么就采用牛顿力学；如果速度快、尺度大，那么就采用狭义相对论"，等等。这种混搭的理论极其丑陋：如果美的事物才是真实的，那么混搭就只可能是错误的。但是也许宇宙从根源上就是丑陋的。也许宇宙就没有根源。这样的想法并不吸引人，但我们凭什么将自己狭隘的审美强加给宇宙呢？

认为万有理论必然存在的观念让人想起一神教，其中，千年来原本各显神通的众神逐步被一个掌管一切的神所取代。人们普遍认为这一过程是一种进步，但它与一种被称为"单因谬误"的哲学错误很相似，它指的是把所有的神秘现象都归结为同一种原因。正如科幻作家艾萨克·阿西莫夫所言，如果你不明白什么是飞碟、心灵感应和幽灵，那么最直接的解释就是——飞碟是由会心灵感应的幽灵驾驶的。像这样的"解释"会给人带来一种取得进展的错觉——我们本来有三个神秘现象需要解释，现在只剩下一个了。但这个新的神秘现象是由三个不同的现象合并而成的，而它们很可能各自有着完全不同的解释。合并蒙蔽了我们的双眼，让我们看不到这种可能性。

当你用太阳神解释太阳、用雨神解释雨的时候，你可以赋予每个神独有的特性。但如果你坚持认为太阳和雨是由同一个神掌管的，可能就会强行把两个不同的事物硬套进同样的桎梏里。所以在某种意义上，基础物理学更像是宗教激进主义物理学。T恤上的方程代替了无所不在的神，而方程的运算结果代替了神对日常生活的影响。

尽管有这些限制，我还是发自内心地支持物理学的激进主义者。我希望能够见到一种万有理论，如果它同时具备数学性、美感与正确性，我会非常欣慰。我想宗教人士也会同意，因为他们会认为，这一理论证明了自己信奉的神所具有的高雅品位与无上智慧。

※

当今对于万有理论的探寻，发源于统一电磁学与广义相对论的早期尝试。当时，这两个理论就是已知的物理学的全部内容。在爱因斯坦第一篇关于狭义相对论的论文发表的14年后，也就是他预测引力会使光弯曲的8年后、广义相对论完成并面世的4年后，这种尝试就开始了。这是非常有益的尝试，它本来可以将物理学轻易地引向全新的道路，但对爱因斯坦来说不幸的是，他的研究正好赶上了另一套理论的出现，而后者真的将物理引向了新的征程：量子力学。随后在量子领域的"淘金热"中，物理学家逐渐失去了对统一场论的兴趣：量子世界中的潜在成果要丰富得多，做出重大发现的机会也多得多。60年后，最初的尝试背后的思想才得以重见天日。

这一思想发端于柯尼斯堡，当时是德国东普鲁士州的首府。柯尼斯堡就是现在的加里宁格勒，后者是俄罗斯位于波兰和立陶宛之间飞地的行政中心。这个城市对数学发展起到的惊人影响是从一个谜题开始的。柯尼斯堡位于普列格河（现在的普列戈利亚河）沿岸，七座桥连接着河的两岸与河中的两座小岛。是否存在一条路线，可以让柯尼斯堡市民依次而不重复地经过每座桥呢？其中一位市民，莱昂哈德·欧拉，提出了一个针对此类问题的通用理论，表明在这种情况下这样的路线不存在，从而向如今被称作拓扑学的数学领域迈出了第一步。拓扑学研究的是一个图形在弯曲、扭转、挤压等连续性的形变——撕裂和切割不算——前后保持不变的几何性质。

拓扑学已经成为当今进展最快的数学领域之一，在物理学中的应用十分广泛。它可以告诉我们多维空间可能具有的形态，而这个问题在宇宙学和粒子物理学中都变得越来越重要。在宇宙学中，我们想要知道的是最大尺度——也就是整个宇宙尺度的时空形态。而在粒子物理学中，我们想要知道的则是小尺度的时空形态。你可能会觉得答案显而易见，但物理学家并不这么认为。他们的怀疑同样可以追溯到柯尼斯堡。

1919年，柯尼斯堡大学默默无闻的数学家西奥多·卡鲁扎（Theodor Kaluza）有了一个十分奇怪的想法。他把自己的想法写信寄给了爱因斯坦，后者显然吃惊到说不出话来。卡鲁扎发现了一种把引力和电磁力结合为一个一致的"统一场论"的方式，而爱因斯坦对此探索多年却徒劳无功。卡鲁扎的理论优美而自然，只有一点有些棘手：二者的统一要求时空必须是五维的，而不是四维。时间没有变化，但空间却不知怎的多出了第四个维度。

卡鲁扎本来并没有打算统一引力和电磁力。出于某种他自己才知道的原因，他一直在捣弄五维引力的问题，这是数学家的一种热身练习，计算当空间具有荒唐的第四个维度时，爱因斯坦场方程会是什么样子。

在四维时空中，爱因斯坦方程具有10个"分量"——它们可以归结为10个独立的方程，分别描述10个独立的数。这些数共同组成了描述时空曲率的度规张量。而在五维时空中，一共有15个分量，所以也就有15个方程。其中有10个就是爱因斯坦标准的四维理论的重现，没有什么可奇怪的：四维时空本身就内嵌于五维时空之中，所以你自然会推想四维引力也应内嵌于五维引力之中。而剩下的5个方程呢？它们可能只是一些在我们的世界中无关紧要的特殊的结构，但事实并非如此。实际上，我们非常熟悉它们，正是这一点让爱因斯坦大受震撼。卡鲁扎剩下的5个方程中，有4个完全就是麦克斯韦的电磁场方程，适用于我们的四维时空。

余下的最后一个方程描述了一种非常简单、微不足道的粒子。但所有人——尤其是卡鲁扎——都没有料到，只要把引力推广到五维，爱因斯坦的引力理论和麦克斯韦的电磁理论都会自然出现。卡鲁扎的计算似乎表明，光是在一个额外的、隐藏的空间维度上的振动。你可以把引力和电磁力天衣无缝地合为一体，但必须要假设空间是四维的，时空是五维的。

卡鲁扎的论文让爱因斯坦非常纠结，因为想象时空多出一个维度来完全不可理喻。但最终他决定，不论这一思想看上去多么奇怪，它实在太过优美，而且潜在的影响也太过深远，以至于它应该被发表。在跨踏了两年之后，爱因斯坦将卡鲁扎的论文发表在了一份重要的物理学期刊上。论文的标题是"关于物理学问题的统一"。

❋

这些对于额外维度的探讨可能听上去相当模糊而神秘。这一概念与维多利亚时代的唯灵论者息息相关，后者借用第四维的概念，把所有在我们熟悉的三维空间中不成立的事物都一股脑儿地归结于此。灵魂存在于哪里？存在于第四维。灵外质从哪里来？从第四维来。神学家甚至把上帝和他的天使们都放到了第四维中，直到他们发现第五维更好，然后是第六维，到最后只有无限的维度才能配得上一个无所不知、无所不在的实体了。

这些想法很有趣，但不太科学。所以，我们应该先偏一下题，来弄清楚维度背后的数学内涵。最主要的一点是，一个数学或物理学系统的"维度"指的是描述它所需的不同变量的数目。

科学家花了很多时间思考变量——会发生变化的量。实验科学家们则花了更多的时间来测量它们。"维度"只是对变量的一种几何表述，而事实证明，这种表述非常有用，现在已经作为一种标准的思考方式固定在科学和数学之中，变得毫不起眼了。

时间是一个非空间变量，所以它构成了一个可能的第四维，但温度、风速或者坦桑尼亚白蚁的寿命也可能成为第四维。三维空间中一个点的位置由3个变量决定——它在某个参照点东边、北边和上方的距离，如果是相反的方向就用负数来表示。以此类推，任何由4个变量决定的事物都存在于四维"空间"之中，而任何由101个变量决定的事物都存在于101维空间之中。

所有的复杂系统本质上都是多维的。你家后院的天气情况取决于温度、湿度、风速的3个分量、气压、降雨强度——这已经是7个维度了，而我们还可以纳入很多其他的因素。我敢打赌，你从来没有意识到你家后院是七维的。太阳系九大行星（好吧，其实是八大行星，唉，可怜的冥王星！）的状态由每个行星的6个变量决定——3个位置坐标和3个速度分量。所以我们的太阳系是一个54维（不算冥王星的话，就是48维）的数学对象；如果算上卫星和小行星，维度又会多出许多。一个经济体拥有100万种不同的商品，每种商品都有自己的价格，那么它就处于一个100万维的空间当中。而电磁学只需要用6个额外的数来表达电场和磁场的局域状态，与前者相比简直是小巫见大巫。像这样的例子还有很多。当科学越来越关注变量数目巨大的系统时，我们就不得不面对维数无比庞大的空间。

多维空间的数学形式是纯代数的，以对低维空间"显而易见"的推广作为基础。例如，平面（二维空间）上的每个点都可以用两个坐标来确定，而三维空间中的每个点都可以用3个坐标来确定。由此我们并不难得出，可以把四维空间中的一个点定义为由4个坐标组成的一列数，更普遍地，可以把n维空间中的一个点定义为由n个坐标组成的一列数。那么，n维空间（或者简写为n-空间）自身就是所有这些点的集合。

使用类似的代数手段，你可以计算出n维空间中任意两点间的距离、任意两条线的夹角等。再往后就要依靠想象力了：大多数在二维或三维空间中有意义的几何图形在n维空间中都有直接的类比，要想找出它们，就要先用二维或三维坐标的代数来描述这些熟悉的图形，然后再将描述推广到n维坐标上。

✳

想要感受一下n维空间的话，我们必须用某种方法给自己戴上一副"n维眼镜"。我们可以从英国牧师、校长埃德温·艾勃特·艾勃特那里学一招，他在1884年写了一本名为《平面国》的小书。这本书写的是A.正方形的冒险经历，他生活在一个欧几里得平面的二维空间当中。艾勃特没有告诉我们首字母"A"代表着什么：我认为它应该指的是"艾勃特"（Albert），原因在我为《平面国》写的续篇《二维国内外》（Flatterland）中阐述过，所以在这里我就直接这么假设了。艾勃特·正方形，一位有识之士，原本一直不相信存在第三个维度的荒谬观念，直到命运般的一天，一个球体穿过了他所在的平面宇宙，把他抛进了他从未想象过的高维领域。

《平面国》的内核是对维多利亚社会的讽刺，而包装它的外壳则是一个关于第四维的寓言，以一个跨越维度的类比作为基础。这里我们关注的是这个类比，而非其间的讽刺。如果你能够想象自己是一个生活在平面中的二维生物，对三维空间中更全面的真实浑然不知而自得其乐，那么就不难想象，你是一个生活在三维空间中的三维生物，对四维空间中更全面的真实同样浑然不知而自得其乐。假设开心地坐在平面国里的艾勃特·正方形想要"看见"一个实心球体。艾勃特实现了这一点——他让这样一个球体垂直地穿过平面国所在的平面，这样艾勃特就可以看到过程中所有的横截面。最开始他看到的是一个点，这个点逐渐变大，形成一个圆盘。圆盘继续扩张，直到他看到这个球体的赤道，随后圆盘又会收缩回一个点，最终消失不见。

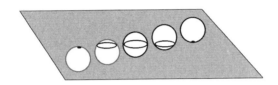

图 13-1　球体穿过平面国

事实上，艾勃特是从侧面看到这些圆盘的，他看到的是带有渐变阴影的线段，但他的视觉可以把这样的图像理解为圆盘，正如我们的立体视觉可以把一个平面图形理解为立体图形一样。

以此类推，我们也可以"看见"一个"超球体"——实心球体在四维空间中的类比。我们首先会看到一个点，点逐渐形成一个球，球继续扩张，直到我们看到"赤道"，随后再逐渐收缩回一个点，最后消失。

图 13-2　超球体穿过"空间国"

空间真的可以有超过三个维度吗？不是对应于非空间变量的华丽的数学构想，而是真正的物理空间，有可能吗？毕竟，你该如何把第四维装进来呢？一切都已经填满了。

如果你这么想，那你就没有听取艾勃特·正方形的经验，他对平面世界的辩护如出一辙。抛开我们狭隘的偏见，似乎从原则上来讲，空间可能是四维的，也可能是百万维的，什么维数都可以。但是日常的观察告诉我们，在我们这个特定的宇宙中，上帝选定了三维的空间与一维的时间。

但确实如此吗？不论物理学教会了我们什么，其中一定有一条，就是要对日常观察保持警惕。一把椅子感觉上是密实的，但它的绝大部分其实都是空的。空间看起来是平直的，但根据相对论，它其实是弯曲的。量子物理学家认为在非常小的尺度下，空间是某种量子泡沫，其中的绝大部分都是空洞。而支持量子不确定性的"多世界"诠释的人们则认为，我们的宇宙是无限多个共同存在的宇宙之一，而我们只占据了广袤的多元宇宙中薄如蝉翼的一层而已。如果常识有可能在这些事情上误导我们，那么由常识得出的空间或时间的维度也有可能是错误的。

✳

卡鲁扎为自己的理论给时空赋予的额外维度给出了一个简单的解释。传统的维度都是沿直线延伸的，它们的长度足够长，事实上长达几十亿光年，完全可以被观测到。而卡鲁扎提出，新的维度则大不相同：它紧密地卷曲成了一个远比原子小得多的圆。构成光波的波纹可以绕着这个圆运动，因为它们同样远比原子小得多；但物质无法沿着这个方向运动，因为空间不够。

这种想法并不愚蠢。如果你从远处看一根水管，它看起来就像一条一维的曲线。只有离得很近时，你才能清楚地看到水管其实是三维的，有一个很小的二维横截面。这个隐藏在新的维度中的结构解释了你从远处能够观察到的现象：水管能输水。这个横截面只需要具备中心有孔的正确形状就可以了。现在想象一下，水管的厚度比原子的尺寸还要小。你必须要离得极近，才能够观察到额外的维度。这根极细的水管虽然无法输水，但只要是足够小的东西，就可以从中通过。

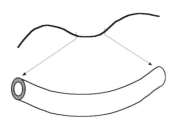

图 13-3　从远处看（图中上半部分），水管看起来是一维的。
从近处看（图中下半部分），它多出了两个维度

所以，我们或许并不需要感知到额外维度本身，就可以感知到它们产生的效果。这意味着提出时空具有隐藏维度是完全符合科学的：它们的存在原则上是可以被检验的——只不过是通过推论，而不是直接利用感官去感知。大部分的科学检验都是通过推论进行的——如果你可以直接看到某种现象的成因，你就不需要理论或者实验了。例如，没有人曾经看到过电磁场。人们看到了电火花，观察到小磁针指向北方，于是他们（如果是科学家的话）就推论出，场一定是造成这些现象的原因。

卡鲁扎的理论得到了一定程度的传播，因为它是唯一已知的让人们对统一场论抱有希望的理论。1926年，另一位数学家奥斯卡·克莱因（Oskar Klein）改进了卡鲁扎的理论，他提出，量子力学或许可以解释为什么第五个维度卷曲得如此紧密。事实上，第五维度的大小应当与普朗克常数同属一个量级："普朗克长度"，约为 10^{-35} 米。

这一理论后来被称为卡鲁扎–克莱因理论，一度吸引了很多物理

学家的兴趣。但额外维度的存在无法被直接证明，这让物理学家伤透了脑筋。根据定义，卡鲁扎–克莱因理论符合所有已知的引力和电磁现象，你永远无法用标准的实验证伪它。但它也没有带来任何其他的东西：它没有做出任何可以被验证的新的预测。很多统一现有定律的尝试也经受着同样的困扰：能被检验的都是已知的，而新的预测又都无从检验。于是，最初的热情便逐渐消散了。

对卡鲁扎–克莱因理论的致命打击并不在于它正确与否，而在于是否值得为它投入宝贵的研究时间。与之形成鲜明对比的是一种远比它更有吸引力的理论的蓬勃发展，利用这一理论，你真的可以做出新的预测，还可以通过实验来验证它们。这就是量子理论，当时正处于第一波高速发展的阶段。

但是到了20世纪60年代，量子力学的发展势头也停滞了。早前的进展已是明日黄花，取而代之的则是深入本质的难题和无法解释的观测结果。量子理论的成功是毋庸置疑的，而且它很快就会发展出基本粒子的"标准模型"。但想要找到有可能存在答案的新问题变得愈发困难。真正新颖的想法很难检验，而可以被检验的想法又只是已有想法的延伸。

所有的研究都揭示了一个非常优美的原理：理解极小尺度下物质结构的关键在于对称性。但基本粒子的重要对称既不是欧几里得空间中的刚性运动，甚至也不是相对论时空中的洛伦兹变换。这些对称中包括"规范对称"和"超对称"。其中也还包括其他的对称，更类似于伽罗瓦研究的那些，它们的作用是对一系列离散的物体进行置换。

怎么会有不同种类的对称呢？

对称总是会构成一个群，但群可以有很多种不同的作用：可能是像旋转这样的刚性运动，或者是对各部分进行置换，或者反转时间。通过粒子物理，人们发现了对称的一种新的作用方式，被称为规范对称。这个名称是历史上的偶然结果，更好的叫法应该是局域对称。

假设你在另一个国家旅行——我们就叫它"二倍国"吧——而你需要钱。二倍国的货币是凡尼（pfunnig）①，汇率是两凡尼等于一美元。一开始你觉得这很难理解，不过你随后发现，可以用一种非常简单的法则把美元交易换算成凡尼，即：买每样东西所花费的凡尼数值都是用美元支付的两倍。

这就是一种对称。如果你把所有的数值都乘以2，买卖交易的"法则"保持不变。不过，为了弥补数值上的差额，你必须用凡尼支付，而不能用美元。这种"货币按比例变化下的不变性"是买卖交易法则的一种全局对称。如果你对交易中涉及的所有金额都做出同样的改变，法则是不变的。

但现在……在国界另一边的邻国三倍国，当地的货币是布德尔（boodle），三布德尔与一美元等值。如果你去三倍国游览一天，相应的对称就会要求所有的金额都乘以3。但交易法则仍然是不变的。

于是现在，我们得到了一个在每个地方都不一样的"对称"：在二倍国乘以2，在三倍国则乘以3。毫无意外，到了五倍国，相应的乘数就会变成5。所有的这些对称操作都可以同时进行，但每一种都只在相应的国家适用。交易法则依然不变，但你必须依据正确的当地货币来表达交易中的数字。

---

① 对原来德国货币芬尼（pfennig，一马克的百分之一）的变体。——译者注

货币兑换的这种局域性的按比例变化，就是交易法则的一个规范对称。原则上讲，汇率在任何的时间和空间点上都可以是不同的，但只要你用当时当地的"货币场"的值来表达所有的交易，法则就依然保持不变。

✳

量子电动力学把狭义相对论和电磁学结合了起来。这是物理学继麦克斯韦之后的第一次统一，而它的基础正是电磁场的一个规范对称。

我们已经知道，电磁场关于狭义相对论的洛伦兹群是对称的。而洛伦兹群的对称都是全局时空对称，也就是说，如果我们想要保持麦克斯韦方程不变，就必须把洛伦兹变换一致地施加到整个宇宙当中。但是，麦克斯韦电磁场还有一个对于量子电动力学至关重要的规范对称。这个对称就是光的相位变化。

所有的波都是由规律性的摆动构成的，摆动的最大幅度就是波的振幅。波的振动到达最大幅度的时间点叫作它的相位，相位可以告诉我们波峰会在何时何处出现。真正有意义的并不是任意给定的波的绝对相位，而是两个不同的波之间的相位差。例如，如果两个其他方面完全相同的波的相位差是半个周期（周期即两个波峰的时间间隔），那么它们的步调就会恰好相反，当其中一个到达波峰时，另一个刚好到达波谷。

当你在街上行走时，你的左脚和右脚的相位就相差半个周期。而如果是一头大象在街上行走，它的四只脚依次触地的相位分别是 0、$\frac{1}{4}$、$\frac{1}{2}$ 和 $\frac{3}{4}$ 个全周期：首先是左后脚，然后是左前脚，接着是右后脚，最后是右前脚。你会发现，如果我们在另一只脚触地时开始从

0计算相位，会得到不同的相位值，但相位差依然是0，¼，½和¾。所以相对的相位定义明确，且具有物理意义。

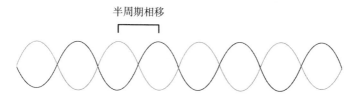

图 13-4　波的相移的影响

　　假设一束光经过了某个由透镜和面镜组成的复杂系统。事实上，它的行为并不太会受到整体相位的影响。相位变化相当于短暂地延迟了观测，或者重置了观测者的时钟，对系统的几何或者光路都没有影响。即使两列光波相互重叠，只要它们都移动了相同的相位，就不会有任何变化。

　　到现在为止，"改变相位"都是一种全局对称。但如果位于仙女星系①某处的外星实验科学家在某次实验中改变了光的相位，我们在地球的实验室中是不会看到任何影响的。所以在时空中的任何位置，光的相位都可以被随意改变，而物理定律则应当保持不变。可以随意改变时空中任一点的相位而不需要受到全局约束，即不需要在所有地方都做出同样的改变，这就是麦克斯韦方程的一个规范对称。量子化后的麦克斯韦方程也同样具备这一对称，而这就是量子电动力学。

　　相位移动一整个振动周期就相当于完全没有移动，这意味着抽象来讲，相位的变化就是一种旋转。所以这里的对称群——"规范群"——是SO(2)，即二维旋转群。但是，物理学家希望他们的量子坐标变换是"酉（也称幺正）"的——由复数而非实数定义。幸运的是，SO(2)还可以化身为酉群U(1)，即复平面上的旋转。

简而言之：量子电动力学具有U(1)规范对称。

以规范对称为线索，我们迎来了接下来的两次物理学统一，即电弱理论和量子色动力学。这几次统一共同构成了"标准模型"，这是当前被普遍承认的基本粒子理论。在介绍这一过程之前，我们必须要确切地解释：被统一的并不是理论，而是力。

当今的物理学发现了四种不同的自然力：引力、电磁力、弱核力和强核力。这四种力具有截然不同的性质：它们在不同的时空尺度下发生作用，有的使粒子相互吸引，有的使其相互排斥，有的根据粒子的不同来决定是吸引还是排斥，有的则是依据粒子间距离的远近来决定是吸引还是排斥。

乍看上去，这四种力彼此几乎没有相似之处。但在这一表象之下，有迹象显示，它们之间的区别并没有看起来那么显著。物理学家已经梳理出了它们之间具备更深层次统一性质的证据，他们提出，所有的这四种力都有一种共同的解释。

我们无时无刻不在感受着引力的作用。当一个盘子掉到厨房地板上摔成碎片时，我们看到引力把它拉向地球中心，而地板挡住了它的去路。多亏了磁力的作用，冰箱门上的塑料小猪（这的确是你会在我家看到的东西）才能够待在原位不掉下来。根据麦克斯韦理论，磁力只是统一的电磁力的一个方面；而正是另一个方面，也就是电力，使冰箱得以运行。不太明显的是，摔碎的盘子也显示出了电磁力的影响，因为电磁力正是将物质结合在一起的化学键间的主要作用力。当盘子上的压力超过使分子聚集在一起的电磁力时，盘子就会破碎。

其余的两种力作用于原子核层面，不是那么显而易见；但如果没有它们，任何物质都根本不会存在，因为是它们将原子聚合在一起。正是因为它们，盘子、小猪、冰箱、地板和厨房才得以存在。

原则上，其他的力也可以创造出其他类型的宇宙，但我们几乎完全忽视了这种可能性。人们常常声称，一旦失去了我们所拥有的特定的力，生命就不会出现，以此来证明我们的宇宙具备无比精妙的、适合生命发展的条件。这一论调是无稽之谈，是对于生命构成的狭隘认知带来的过度夸张。如果没有了力，像我们这样的生命的确不会出现，但假定我们这种生命是唯一有可能存在的、组织化的复杂生命体，就是傲慢至极了。这里的错误在于混淆了生命的充分条件（在我们的宇宙中，那些像我们一样的生命赖以生存的因素）和必要条件。

这四种力中，最早被科学描述的是引力。牛顿观察到，这是一种吸引力：他表示，宇宙中的任何两个粒子都在万有引力的作用下相互吸引。引力是一种长程力：它随着距离的增大而缓慢减弱。而另一方面，引力比其他三种力都弱得多：一块微小的磁铁就足以将塑料小猪牢牢吸在冰箱上，即便整个地球的引力都在把它往下拽。

第二种被独立描述的力是电磁力，在它的作用下，粒子可能相互吸引，也可能相互排斥，这是由粒子的电荷或磁极相同与否决定的。如果相同，电磁力就是排斥力；如果相反，则是吸引力。电磁力与引力一样，也是长程力。

原子核由比它更小的粒子——质子和中子构成。顾名思义，中子不带电荷，而所有质子都带正电荷。按道理来讲，质子之间的电磁斥力会让原子核爆炸。是什么把它们聚在一起呢？引力太微弱了——想想塑料小猪吧。其间一定存在另一种力，即物理学家所称的强核力，也称强力。

但是如果强力能够克服电斥力，那么为什么宇宙中所有的质子没有被全部吸到一起，形成一个巨大的原子核呢？显然，强力的作用在粒子间距离增大到超过原子核的大小时，一定会迅速减小。所以强力是短程力。

强力无法解释放射性衰变，即某些元素的原子"吐出"粒子和辐射，转变成其他元素的现象。例如，铀具有放射性，最终会转变成铅。所以一定还存在另外一种亚原子力。这就是弱力，比强力的作用距离更短：它只在质子大小千分之一的距离中发挥作用。

如果物质只由质子、中子和电子构成，物理学要简单得多。这些"基本粒子"是原子的组成部分——虽然"原子"这个名字的意思是"不可分的"，但事实上，它确实可以分解。在尼尔斯·玻尔的早期模型中，原子被形象化为中间是一团紧密结合的质子和中子，比它们轻得多的电子在远处围绕着它们转动。质子带有一定量的正电荷，电子带有同等数量的负电荷，而中子不带电。

后来，随着量子理论的发展，这个太阳系一般的图像被一种更精细的模型所取代。电子不再是沿着明确的轨道围绕原子核转动的粒子，而是在原子核周围形成了模糊的、奇形怪状的云。我们最好把这些云理解为概率云，即电子所处位置的概率分布。如果你想寻找一个电子，在云比较浓密的区域会比稀薄的区域更容易找到。

物理学家发明了新的方法来探测原子，将它分解成各个部分，再探测每个部分的内部结构。现在依然在使用的最主要的方法，就是用另一个原子或粒子来撞击它，然后观察撞出了哪些产物。随着时间的推移——其中的故事太过复杂，我们无法讲清细节——人们发现了越来越多不同种类的粒子。比如中微子，它们可以畅通无阻地穿越厚达百万英里的铅，因此很难被探测到。还有正电子，它们和电子很像，却具有与之相反的电荷，是狄拉克的物质/反物质对称性所预测的结果。

随着"基本"粒子的数量逐步增长，乃至超过了60种，物理学家开始寻找更深层次的秩序原则。最基本的构成要素不可能有这么多。每一种粒子都可以根据一系列性质进行分类：质量、电荷，以及一种叫作"自旋"的东西，因为粒子都表现出好像围绕着某个轴旋转的样子（只不过这个图像已经过时了，无论自旋是什么，它都不会是这样的）。粒子并不像地球或陀螺那样在空间中自转。它们在更奇异的维度上"自旋"——随便它是什么意思吧。

和量子世界中的所有东西一样，这些性质大部分都是一些基本而微小的量——量子——的整数倍。所有电荷都是质子电荷的整数倍。所有自旋也都是电子自旋的整数倍。但我们并不清楚质量是否也是像这样量子化的，基本粒子的质量是一团无序的乱麻。

由此，不同的粒子之间显现出了一些可以归类的相似性。把自旋分别是电子自旋奇数倍与偶数倍的粒子区分开来是非常重要的，原因来自对称性：如果你让粒子在空间中旋转，它们（在奇异维度上）的自旋也会发生变化。通过某种方式，自旋的奇异维度和空间的平凡维度之间产生了关联。

自旋是电子自旋奇数倍的粒子被称作费米子，而偶数倍的粒子则被称为玻色子，分别以两位粒子物理学巨擘恩里科·费米和萨特延德拉·玻色的名字命名。由于某种曾经看似合理的原因，电子自旋的值被定义为$\frac{1}{2}$。所以玻色子具有整数自旋（$\frac{1}{2}$的偶数倍是整数），而费米子具有$\frac{1}{2}$、$\frac{3}{2}$、$\frac{5}{2}$等，以及它们对应的负值，$-\frac{1}{2}$、$-\frac{3}{2}$、$-\frac{5}{2}$等数值的自旋。费米子遵循泡利不相容原理——在任何规定的量子系统中，两个不同的粒子不可能同时处于同一种状态。玻色子则不遵循泡利原理。

费米子包括了所有我们熟悉的粒子：质子、中子和电子都是费米子。此外，费米子还包括一些更加深奥的粒子，比如μ子、τ子、Λ粒子、Σ粒子、Ξ粒子，以及Ω粒子等，它们的命名都来自希腊字母。分别与电子、μ子和τ子相关的三种中微子也是费米子。

玻色子则更为神秘，有着像π介子、K介子、η介子之类的名字。

粒子物理学家已经知道了所有这些粒子的存在，并且可以测量它们的物理性质，但问题是如何理解这一堆粒子大杂烩。宇宙是由随便什么刚好在手头的东西构造的吗？还是说，背后有什么隐藏的计划？

仔细考察后的结论是，很多人们原本以为的基本粒子其实都是复合的。它们都由夸克组成。夸克（这个名字来自《芬尼根的守灵夜》①）有6种不同的"味"，命名得很随意：上（up）夸克、下（down）夸克、奇（strange）夸克、粲（charm）夸克、顶（top）夸克和底（bottom）夸克。它们都是费米子，自旋为 $\frac{1}{2}$。每个夸克都有一个对应的反夸克。

夸克有两种结合方式。第一种是用三个普通的夸克结合成一个费米子。质子由两个上夸克和一个下夸克组成，中子由两个下夸克和一个上夸克组成，一种被称为 Ω^- 的奇特粒子则由三个奇夸克组成。第二种组合方式则是用一个夸克和一个反夸克结合成一个玻色子。由

---

① 《芬尼根的守灵夜》是詹姆斯·乔伊斯的最后一部长篇小说。物理学家默里·盖尔曼原本希望采用发音类似于"阔克"（quork）的名字，在看到书中的一句话"向麦克老人三呼夸克"（Three quarks for Muster Mark）后，认为"夸克"（quark）这一拼法既符合自己设想的发音，也与它们常常以三个为一组的特点相符，便采用了"夸克"这个词作为名字。——译者注

于被核力分开，它们不会相互湮灭。

为了符合粒子的真实电荷，夸克所带的电荷不可能是整数。有些的电荷是 $\frac{1}{3}$，有些是 $\frac{2}{3}$。夸克还有三种"色"。这样就有了 18 种夸克，以及 18 种反夸克。哦，对了，不止这些，我们还得再加入一些"携带"弱核力的粒子，正是它们把夸克聚合在一起。由此得到的理论，尽管粒子的数量大大增加了，但在数学形式上却极为优美。这就是量子色动力学。

✳

量子理论用粒子的交换解释了所有的物理作用力。各个粒子传递电磁力、强力和弱力，就像网球把比赛中站在球场两端的运动员联系起来一样。电磁力由光子传递；强力由胶子传递；弱力则由中间矢量玻色子传递，又被称为"弱子"（不要怪我——这些名字不是我起的，大部分都是出于历史的偶然）。最后，人们普遍猜想，引力一定也是由某种被称为"引力子"的假想粒子传递的，但它还没有被发现。

所有这些载体粒子在大尺度下的作用，就是用"场"充满了整个宇宙。引力相互作用形成引力场，电磁相互作用形成电磁场，而两种核力共同形成所谓的杨-米尔斯场——以物理学家杨振宁和罗伯特·米尔斯（Robert Mills）的名字命名。

我们可以将这些基本作用力的主要特点总结到一张物理学家的"购物清单"里：

· **引力**：强度为 6×10^{-39}，作用范围无限，由引力子（尚未被发现，质量应为 0，自旋应为 2）传递，形成引力场。

- **电磁力**：强度为 10^{-2}，作用范围无限，由光子（质量为0，自旋为1）传递，形成电磁场。

- **强力**：强度为1，作用范围为 10^{-15} 米，由胶子（质量为0，自旋为1）传递，形成杨–米尔斯场的一个分量。

- **弱力**：强度为 10^{-6}，作用范围为 10^{-18} 米，由弱子（质量很大，自旋为1）传递，形成杨–米尔斯场的另一个分量。

你可能会觉得36个基本粒子，再加上各种各样的胶子，与原来的超过60个相比并不算是多大的进步，但夸克组成了严密的结构，具有极高的对称性。它们都是同一个主题的变奏曲，而不是像发现夸克之前那样，是一堆等着物理学家对付的杂乱无章的粒子。

用夸克和胶子来描述基本粒子的模型就是我们所知道的标准模型，它与实验数据吻合得非常好。为了与观测相符，其中一些粒子的质量必须要进行调整，而一旦调整完成，所有其他的质量就与模型严丝合缝地匹配上了。这并不是循环论证。

夸克是紧紧结合在一起的，你从来不会看到单独的夸克，只能观察到两个或三个夸克的复合体。即便如此，粒子物理学家也已经间接证明了夸克的存在。它们不仅仅是对原先那一堆混乱的粒子的巧妙数学变化：对于那些相信天地有大美的人而言，夸克所具备的对称性质一锤定音，直接为标准模型锁定了胜局。

根据量子色动力学，质子是由三个夸克构成的——两个上夸克和一个下夸克。如果你把夸克从质子中拿出来，打乱顺序，然后再放回去，你依然会得到一个质子。所以质子的法则对于构成它的夸克的置换应该是对称的。更有趣的是，事实证明，法则对于夸克类型的改变也是对称的。比如说，你可以把一个上夸克变成一个下夸克，而法则仍然成立。

这也就意味着，在这里实际上的对称群不仅仅是由三个夸克的6个置换所组成的群，而是一个与之紧密相关的连续群SU(3)，正是基林列出的一个单群。SU(3)中的变换不会改变与自然法则相对应的方程，但可以改变方程的解。比如，通过SU(3)，你可以把一个质子"旋转"成一个中子。你只需要把质子的所有夸克都颠倒过来，让两个上夸克和一个下夸克变成两个下夸克和一个上夸克，就得到了中子。费米子具有SU(3)对称，它的对称作用就是把一种费米子变成另一种。

还有两个对称群也在标准模型中起着重要的作用。弱力的规范对称群SU(2)可以把电子变成中微子，它也是基林列出的单群之一。而我们的老朋友电磁场则具有U(1)对称——不是麦克斯韦方程的洛伦兹对称，而是相位变化的规范（即局域）对称。这个群没有进入基林的单群列表，因为它不是SU(1)，但它与SU(1)紧密相关，所以大体上也算是进入了。

电弱理论通过结合二者的规范群统一了电磁力与弱力。而标准模型又纳入了强力，为所有的基本粒子提供了一套统一的理论。它采用的方式十分直接：只要把三个规范群合成SU(3) × SU(2) × U(1)就可以了。这种构造方式虽然直截了当，却不太优美，而且显得标准模型好像是把几个部分松散地拼凑起来的一样。

假设你有一个高尔夫球、一颗扣子和一根牙签。高尔夫球具有球对称SO(3)，扣子具有圆对称SO(2)，而牙签只具有（比如说）单一的反射对称O(1)。你能找到一个同时具备这三种对称的物体吗？当然可以：把它们三个都放进一个纸袋里就行了。现在，如果要对袋子里的内容物施加SO(3)的变换，你就可以旋转高尔夫球；SO(2)就旋转扣子；O(1)就把牙签掉个头。袋子里内容物的对称群就是SO(3) × SO(2) × O(1)。标准模型就是这样把各种对称结合在一起的，但它用到的不是旋转，而是量子力学中的"酉变换"(也称幺正变换)。它也有着同样的缺点：只是把三个系统单纯拼凑到一起，结合其对称的方式也显而易见，而且平平无奇。

把这三个对称相结合的另一种有趣得多的方式，就是构造出某个依然包含球、扣子和牙签，但比纸袋更加优美的结合体。也许你会把牙签放在高尔夫球上保持平衡，再把扣子粘在牙签的一端。你甚至可以用一大堆牙签做成车轮的辐条，再把扣子放在轮毂处，在高尔夫球的顶上旋转这个轮子。如果你足够聪明，可能你构造出的这个结合体会具有很多种对称性，比如K(9)群(现实中并没有这个群，它是我为了讨论编造出来的)。单独的对称群SO(3)、SO(2)和O(1)可能会有幸成为K(9)的子群。那样的话，这种统一高尔夫球、扣子和牙签的方式就要厉害得多。

物理学家也想朝着上述的方向改善标准模型，并且他们希望K(9)要么是基林单群列表中的一员，要么就和其中的群非常接近，因为基林的群是对称性的基石。所以他们以SU(5)、O(10)和基林神秘的例外单群E_6这样的群为基础，发明了一整套的大统一理论(GUT)。

大统一理论似乎和卡鲁扎–克莱因理论有着相同的缺陷——缺乏可验证的预测。但后来，一个十分有趣的预测出现了。这个全新的预测太过新颖，以至于似乎不可能实现，可它确实是可验证的。所有的大统一理论都预言质子可以通过"旋转"变成电子或中微子，所以质子是不稳定的，并且长远来看，宇宙中所有的物质都终将衰变成为辐射。计算表明，一个质子的平均寿命大约是10^{29}年，比宇宙年龄长得多。但个别的质子有时会衰变得很快，如果你有足够多的质子，你就有可能观察到其中某个的衰变。

只要有一大箱水，其中的质子数量就足够每年有一些质子发生衰变了。到20世纪80年代末，有6个观察质子衰变的实验在进行。最大的水箱容纳了超过3 000吨极纯的水，但是没有人看到过质子衰变。一次都没有。这也就意味着，质子的平均寿命至少有10^{32}年，比大统一理论预测的寿命至少长了1 000倍。大统一理论对此束手无策。回头想一想，如果人们探测到了质子衰变，那反倒有些尴尬了，因为大统一理论漏掉了一个非常重要的部分：引力。

❋

任何万有理论都必须解释为什么会有四种基本力，以及为什么它们会具有如此奇怪的形式。这有点儿像在一头大象、一只袋熊、一只天鹅和一只小飞虫中寻找某种可以归类的相似性。

如果这四种力都可以呈现为同一种力的不同方面，那用理论把它们组织起来就容易得多了。在生物学中这已经实现了：大象、袋熊、天鹅和小飞虫都是生命之树的分支，由DNA统一起来，再通过对DNA的一系列漫长的历史演变得以分离。这四种生物都是从一个生活在10亿或20亿年前的共同祖先一步一步演化而来的。

比如说，大象和袋熊的共同祖先比大象和天鹅的出现得晚。所以，大象和袋熊的分化构成了这四种生物的进化树上最晚近的分支。在那之前，大象和袋熊的共同祖先脱离了天鹅的某个祖先。更早的时候，这三种生物的共同祖先脱离了飞虫的祖先。

图 13-5　四个物种如何随着时间分化

物种的形成可以被看作一种对称性破缺。单一的物种对于它内部生物体之间的任意置换是（近似）对称的：每一只袋熊都和其他袋熊非常相似。当有两个不同的物种——袋熊和大象——时，你可以让袋熊与袋熊互换，也可以让大象与大象互换，但你不能把大象变成袋熊而不被人发现。

物理学家对四种力内在统一性的解释也与之类似。不过，在这里扮演DNA角色的是宇宙的温度，也就是宇宙的能量等级。尽管自然的内在法则永远不会改变，但它们在不同的能量下会引发不同的表

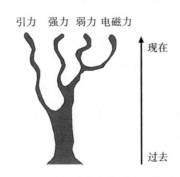

图 13-6　四种基本力如何随着时间分化

现形态——就像同样的法则让水在低温时是固体，在温度适中时是液体，在高温时是气体一样。在非常高的温度下，水分子分解形成等离子体，由单独的粒子构成。温度再高一些，粒子自身又会分解，形成夸克胶子等离子体。

130多亿年前宇宙在大爆炸中形成时，温度非常高。最初，全部四种力的表现都是一样的。但随着宇宙的冷却，对称性发生破缺，也就分离出了具有独特特征的单独的力。我们现在这个拥有四种力的宇宙，是那个优美的源头遗留下的不完美的影子——这是三次对称性破缺的结果。

14.

政治记者

1972年6月，美国大选前夕，一名保安注意到水门综合大厦的一道门虚掩着，门缝间被粘上了胶布。他本以为这是工人意外留下的，于是他取下了胶布。但是当他回来时，又有人把胶布粘了上去。保安起了疑心，并报了警。警察逮捕了五名潜入民主党全国委员会的嫌疑人。后来警方发现，这五人与尼克松总统的连任委员会有关联。

这个发现对选举本身影响很小，尼克松以压倒性优势获胜。但是故事并没有结束，水门事件的触须在尼克松政府里越探越深。《华盛顿邮报》的两位记者——鲍勃·伍德沃德（Bob Woodward）和卡尔·伯恩斯坦（Carl Bernstein）——在一名化名为"深喉"的秘密线人的协助下，坚持不懈地追踪报道此事。没人知道深喉是谁，但是毫无疑问，他是一位高级官员。2005年，深喉的身份被揭开了，他就是美国联邦调查局副局长马克·费尔特（Mark Felt）。

深喉透露的信息极具爆炸性。1974年4月，尼克松被迫要求两名高级助手辞职。事后证明，总统对自己的办公室也实施了窃听，并留有记录敏感对话的录音带。通过一系列法律斗争确保拿到了录音带之后，人们发现一些录音里存在空白。显然，这是故意擦除录音的结果。

人们普遍认为，尝试掩盖窃听和白宫的关系是比窃听本身更加严重的罪行。众议院在参议院之前发起了一项可能导致总统被弹劾的正式程序。弹劾是对总统是否犯有重罪和不端行为的审判，如果罪名成立，总统将被罢免。当弹劾和定罪在所难免时，尼克松辞职了。

尼克松的竞选对手是乔治·麦戈文参议员。麦戈文宣布在南达科他州苏福尔斯竞选民主党候选人时，发表了一番具有预见性的演说：

> 今天，我们的公民不再觉得他们能与其他公民一起塑造自己的生活。不仅如此，我们对领导人的诚实品性与直觉判断力也失去了信心。美国的政治词汇中最令人痛苦的新词是"信誉隔阂"，即花言巧语和现实之间的隔阂。直白地说，就是人们不再相信他们的领导人告诉他们的事了。

麦戈文的竞选团队中有一位想做政治记者的小人物，他也许会因为麦戈文当选而飞黄腾达。在平行世界的历史里，政治界会变得更加丰富多彩，而基础物理和高等数学界则会变得黯然失色。而在真实的历史里，这位记者则被列为《时代》周刊2004年最有影响力的百人之一，但不是因为他的新闻事业。

相反，他因对数学物理的突破性贡献入选。他贡献了一些世界上最有原创性的数学工作——因此获得了菲尔兹奖，媲美于诺贝尔奖的数学界的最高荣誉——但他不是数学家。他是世界上最顶尖的理论物理学家之一，曾获得美国国家科学奖章，但是他的第一个学位是历史学。他是如今致力于统一整个物理学领域的领军人物背后重要的推动者，尽管这一领域并不完全由他首创。他是普林斯顿高等研究院——爱因斯坦工作过的地方——的查尔斯·西蒙尼数学物理学教授。他的名字叫爱德华·威滕（Edward Witten）。

同伟大的德国量子理论学家们一样（不同于可怜的狄拉克），威滕成长于一个知识分子家庭。他的父亲路易斯·威滕也是一位物理学家，研究领域是广义相对论与引力。威滕生于马里兰的巴尔的摩，他在布兰迪斯大学攻读了第一个学位。在尼克松连任后，他重返学术界，在普林斯顿大学获得了博士学位，并在美国的几所大学从事研究和教学工作。1987年，他接受了高等研究院的职位，在那里，所有的学者只需将精力集中在研究上，他在那里工作至今。

威滕的研究始于量子场论，这是第一个融贯了量子理论和相对论的成果。这一理论考虑了运动的相对论效应，不过仅限于平直时空中（需要引入弯曲时空的引力则不在考虑中）。在1998年的吉布斯讲座中，威滕说，量子场论"包含了我们知道的大部分物理定律，除了引力。在它诞生到现在的70年中有许多里程碑，从'反物质'的理论……到原子的精细描述……再到'粒子物理的标准模型'等"。他指出量子场论大多由物理学家发展，因此其中大多数理论缺乏数学上的严格性，相应地也缺乏数学上的影响力。

威滕说，弥补这一缺陷的时机已经成熟了。纯数学的几个主要领域背后实质上就是量子场论。威滕自己的贡献是发现并分析了"拓扑量子场论"，这一理论就可以通过纯数学中几个在完全不同的场合里已被发现的概念来直接诠释。其中包括英国数学家西蒙·唐纳森（Simon Donaldson）关于四维空间的传奇发现：四维空间是仅有的有许多不同的"微分结构"——可以计算微积分的坐标系——的空间。其他方面则有扭结理论的新突破——琼斯多项式、一个关于高维复曲面的被称为"镜像对称"的现象，还有现代李理论的诸多领域。

威滕做了一个大胆的预言：21世纪数学的一个主题就是把量子场论中的思想融入主流数学。

> 这里有一座广袤的山脉，其中大多数仍然被迷雾笼罩，只有几座最高耸的山峰穿破云层被如今的数学理论看到。这些壮美的山峰被孤立地研究着……而隐没在迷雾之下的山体，以量子场论为基石，山间埋藏着大量数学宝藏。

威滕的菲尔兹奖旨在表彰他发现了几个这样的隐藏宝藏。其中之一是"正质量猜想"的一个新的改进证明，这个猜想讨论了这样一个效应：一个具有正的局部质量的引力系统必须有正的总质量。这听上去太过明显，但在量子世界里，质量是一个微妙的概念。理查德·舍恩（Richard Schoen，中文名为孙理察）和丘成桐在1979年证明了这个令人期待已久的结果。这帮助丘成桐获得了1982年的菲尔兹奖。威滕的新的改进证明则使用了"超对称"，这是这个概念第一次被应用在重要的数学问题中。

※

有一个古老的谜题可以帮助我们理解超对称——我们需要找到一个软木塞，使得它同时适合圆形、正方形和三角形开口的瓶子。神奇的是，这样的形状竟然真的存在。传统的答案是这个塞子的底是圆形的，而上方则像楔子一样越来越细。从底面看，它看起来是圆形；从正面看，它是一个正方形；从侧面看，它看起来是一个三角形。单独一个形体就可以满足三种要求，是因为三维空间中的物件在不同的方向有几个不同的"影子"，或者说投影。

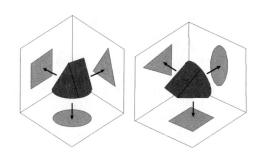

图 14-1　超对称如何运作。

左：适合三种形状的瓶口的软木塞。右：旋转这个软木塞的效果

　　现在，想象一个生活在图中"地板"上的平面国人，他能看到这个软木塞在地板上的投影，但感知不到其他的投影。有一天，他发现这个圆形竟然以某种方式变成了正方形。这怎么可能呢？这不可能是一个对称。

　　在平面国里，这确实不可能是一个对称。当一个平面国人背过身去时，一个三维人把这个塞子转了一下，它在地板上的投影就变成了正方形。而旋转在三维空间中是一种对称变换。因此，高维空间中的对称有时可以解释低维空间中一些莫名其妙的变化。

　　超对称与刚刚这个例子非常相似，但它并非把圆形变成了正方形，而是把费米子变成了玻色子。这相当惊人，它意味着你可以对费米子做计算，再对所有对象施加超对称变换，就能直接得到关于玻色子的结论，无需任何额外的操作。反之亦然。

　　我们希望真正的对称具有这种性质。如果你站在镜子前抛接几个球，那么无论你这一侧发生了什么，它都决定了镜中发生的事情。在那里，你的镜像会对球的镜像做同样的事情。如果你在现实的一侧用3.79秒完成了一系列杂耍，那你无须计时就知道，在另一侧你的镜像也用3.79秒完成了一系列杂耍。这两种情境被反射对称联系了起来，无论一边发生了什么，都被反射到了另一边。

超对称并没有这么直观，但也有类似的效果。它们让我们从一种粒子的特征推断出一种完全不同的粒子的特征。它差不多就类似于，你可以进入宇宙中的一个高维区域，然后把费米子扭转成玻色子。超对称中涉及的粒子——超对称粒子——都是成对出现的，一个通常的粒子和它的超对称伙伴成双成对：电子与标量电子成对，夸克则与标量夸克成对。出于历史原因，光子的超对称伙伴不叫标量光子，而叫光微子。超对称粒子组成了一个"影子世界"，它和通常的世界仅仅有着微弱的相互作用。

这个想法产生了非常美妙的数学理论，然而理论预言的影子粒子的质量实在是太大，以至于无法被实验观测到。超对称很美，但是它可能不是真的。尽管直接验证无从谈起，然而间接验证仍然是有可能的。科学主要通过理论有什么推论来验证其真伪。

威滕是超对称理论热情的倡导者。1984年，他写了一篇名为"超对称与莫尔斯理论"的论文。莫尔斯理论是拓扑学的一个领域，因其先驱马斯顿·莫尔斯（Marston Morse）而得名，它把整个空间的形状与空间的峰和谷联系了起来。迈克尔·阿蒂亚爵士（Sir Michael Atiyah）——可能是在世[①]最伟大的英国数学家——这样描述威滕的论文："这是对理解现代量子场论有兴趣的几何学家的必读论文。它也包含了经典莫尔斯不等式的一个精彩证明……这篇论文的真正目标是为以无穷维流形来描述的超对称量子场论做准备。"紧接着，威滕

---

① 阿蒂亚爵士已于2019年1月11日去世，享年89岁。——编者注

把这些技术应用到了拓扑学和代数几何的其他前沿热门课题上。

显而易见，我说威滕不是一个数学家，意思并不是说他欠缺数学能力。事实上恰恰相反，基本上可以说，这个星球上没人数学比他强。但威滕令人惊讶的物理直觉令他如虎添翼。

与数学家不同的是，物理学家从来不羞于在论文中应用充满数学逻辑漏洞的物理直觉。数学家已经学会了用怀疑的眼光看待思想中的跳跃，无论有多么强的证据支持：对他们来说，证明就是一切。威滕的独到之处在于，他可以以数学家能理解的方式把自己的直觉同数学联系起来。阿蒂亚这样说："他用数学来解释物理的能力实在太过独特。他用他无与伦比的物理直觉产生的新的、深刻的数学定理，一次次地惊艳了数学界。"

但是这种直觉能力还有另一面。威滕的大多数源于物理学原理或是类似东西的重要想法，是在没有证明的情况下得出的，甚至其中一些直到今天都还没有被证明。这不是说他不能给出证明，毕竟他是得过菲尔兹奖的人，但是他有能力进行逻辑上的跳跃，并得到深刻且正确的数学，看起来好像不需要证明一样。

一个大问题是，威滕美妙优雅的数学与基础物理学有什么样的联系？或者说，对优美数学的探寻是否走向了一个与物理学真理失去关联的死胡同？

至1980年，物理学家已经统一了自然界四种力中的三种：电磁力、弱力、强力。但是大统一理论却对引力只字不提。那个顾名思义把我们的双脚吸引到地面上的，我们在日常生活中体验最直接的力，在统一场论中尴尬地缺席了。

写下一个看起来有意义的融合了引力和量子理论的理论其实很容易，可是但凡试图解出得到的方程，我们就会得到一些没有意义的结果。典型的情况是，他们得到的描述有意义的物理量的值是无穷大。而无穷大量在物理理论里是表明有地方出错了的信号。普朗克提出光的量子化就是受到辐射定律里的一个无穷大量的启发。

一些物理学家认为，这些无穷大的结果主要来源于将粒子视为点这一根深蒂固的习惯。只有位置没有大小的点是一种数学抽象。量子粒子是一种以概率形式模糊了的点，但这仍然不够，我们需要一些更激进的想法。早在20世纪70年代，几位先驱已经开始设想，把粒子看作一个微小的振动着的圈——"弦"——是一个更有意义的模型。而在20世纪80年代，当超对称登上了舞台，它们就进化成了超弦。

超弦这个主题值得写一整本书，并且有些人已经这样做了。但是我们仍然可以只简单粗略地描述一下它。我希望把对弦论的介绍集中在以下四点：相对论和量子图像的融合方式、对额外维数的需要、将量子态诠释为额外维数中的振动及额外维数的对称性——或者，更精确地说，额外维中不同场的对称性。

我们的起点是爱因斯坦的想法，他把一个粒子在时空中的轨迹看作一条曲线——被称作世界线。本质来说，这是粒子在时空中的运动曲线。相对论里，爱因斯坦场方程的形式决定了世界线是光滑曲线。它们不分叉，因为在相对论里任何系统的未来完全由其过去（实际上由其现在）决定。

量子场论中有一个类似的概念叫作费曼图。费曼图以一种非常简略的方式描绘了粒子在时空中的相互作用。例如，图14-2的左边是一个费曼图，描述了一个电子发射出一个光子，该光子随后被第二个电子吸收的过程。传统上习惯用波浪线表示光子。

费曼图有点儿像相对论中的世界线，但是它有尖角也有分叉。

1970年，南部阳一郎意识到，如果把粒子是点的假设替换为粒子是小圈的假设，那么费曼图就可以变成光滑曲面——世界面——就像图14-2的右图那样，被管子包裹起来。一个世界面可以被解释为修正过的时空里的世界线，这个时空有额外的维数来容纳这些圈。

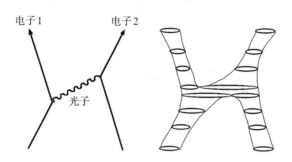

图 14-2　左：相互作用粒子的费曼图。右：对应的世界面，切片为弦

　　除了不再是点，这些圈的一个重要的好处是它们可以振动。或许每个振动模式对应了一个量子态，这就解释了为什么量子态总是取某个基本量的整数倍——例如自旋总是1/2的整数倍，因为圈上能容纳的波长数一定是一个正整数。在一根小提琴弦上，这些不同的振动模式就是基音及其高阶泛音。因此可以说，弦论把量子理论变成了一种用超弦代替小提琴弦奏成的音乐。

　　南部的思想并非横空出世。它的根源是加布里埃莱·韦内齐亚诺（Gabriele Veneziano）在1968年推导出的一个重要公式。这一公式表明，看起来截然不同的费曼图展示了相同的物理过程，而一旦忽视了这一点，就会导致量子场论计算得出错误答案。南部注意到当费曼图被管子包裹起来的时候，不同的图产生的管子网络带有相同的拓扑，即这些网络可以通过形变互相转化。也就是说，韦内齐亚诺的公式似乎和管子的拓扑性质有关。

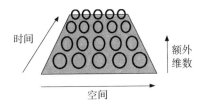

图 14-3　弦把通常的时空撑出新的维数

　　这就暗示，量子粒子及它们如电荷一样的离散量子数，或许来自光滑时空的拓扑性质。数学家已经观察到一些基本的拓扑性质——比如曲面上洞的个数——是离散的。看起来一切都吻合得天衣无缝。但是魔鬼通常隐藏在细节之中，而细节往往极难攻克。弦论是让细节和现实世界保持一致的首次尝试。

⚹

　　弦论一开始并不是作为通往万有理论的"潜力股"出现的，它的提出是为了解释一类被统称为强子的粒子。强子囊括了原子核里发现的大多数常见粒子，比如质子和中子，以及很多更为奇特的粒子。然而，这个理论有个缺陷：它预言有一种零质量、自旋为2的粒子存在，但这一粒子从未被发现（并且迄今仍未被发现）。更离谱的是，它也不能预言任何1/2自旋的粒子——差不多一大类强子，包括质子和中子，它们的自旋都是1/2。这就像盛夏的天气预报预言会下直径达一尺的冰雹，但不能解释为何天气如何炎热。所以物理学家们对此不为所动。1974年，当量子色动力学横空出世并解释了所有已知强子，甚至成功预言了新的强子——Ω^- 时，弦论的命运看起来暗淡无光。

　　然而，在那时，约翰·施瓦茨（John Schwarz）和乔尔·舍克（Joel Scherk）注意到，弦论里那个讨人厌的零质量、自旋为2的粒子可能是物理学家期待已久的引力子，一个被认为携带引力的假想粒子。难道弦论并不是强子的理论，而是引力的量子理论？如果这样，弦论将会是万有理论的一个强有力的候选者——好吧，不是万有理论而是多有理论，因为还有很多粒子不属于强子。

就在此刻，超对称走上了舞台，因为它可以把费米子转换成玻色子。强子既包含了费米子也包含了玻色子，但是还有其他粒子（比如电子）不属于强子。如果弦论融合了超对称，那就意味着已有粒子的超对称伙伴也自动被纳入弦论的范畴，也就是说弦论可以解释更多的新粒子。

这个组合理论叫作超弦理论。它由皮埃尔·拉蒙（Pierre Ramond）、安德烈·内沃（André Neveu）和施瓦茨创建。这个理论确实包含了自旋为1/2的粒子，并且消除了原始弦论一个讨厌的特性——有一种比光还快的粒子。这种粒子的存在现在被认为是理论不稳定的证据，因此出现它的理论会被即刻排除。

从1980年起，英国物理学家迈克尔·格林（Michael Green）用李群理论和拓扑学的方法推导出了越来越多超弦中的数学。因此，人们越来越清楚，无论超弦的物理价值是什么，它在数学上都有无与伦比的美。但物理上的问题仍然棘手，1983年，路易斯·阿尔瓦雷茨–高梅（Luis Alvarez-Gaume）和威滕发现了一个意外障碍：弦论，包括超弦理论，甚至我们的老朋友量子场论里，通常带有反常。当把经典理论转换成其对应的量子理论的过程中改变了重要对称性的时候，反常便出现了。

格林和施瓦茨曾经发现，在非常偶然的情况下，反常会奇迹般地消失，但仅限于时空的维数是26（在被称为玻色弦论的第一版弦论中）或者是10（在其后的修正中）的情况下。为什么？在他们对玻色弦论的计算中，导致反常的数学项是 $d - 26$ 的倍数，其中 d 是时空的维数。因此在 $d = 26$ 的时候这些项消失了。与之类似，在其修正版本中，这个因子是 $d - 10$。时间总是一维的，因此，要使这些反常奇迹般消失，就意味着（原本是三维的）空间需要以某种方式额外增加6个或者22个维度。施瓦茨如此评论：

> 1984年，迈克尔·格林和我对其中一种超弦理论做了个计算，想看看是否真的会有反常发生，得到的结果令我们非常惊讶。我们发现，一般来说确实会出现反常，让这个理论变得不尽如人意。我们可以自由地选择定义理论所要用到的特定对称结构，这种选择有无穷多种。但是，只有其中一种让反常被魔法般地消去了，而其他所有的选择都做不到。也就是说，在这无穷多种可能性里，只有那么独特的一种，有可能让理论具有一致性。

这个发现非常令人兴奋，除了10或26这两个数字有些奇怪。一定有某种数学原因迫使时空具有一个特定的维数。这个数不是4或许令人失望，但这一发现是个开始。物理学家一直想知道为什么时空的维数正好是4，现在这个问题有了一个看起来更好的答案："也许维数可以是任何数，但在我们的宇宙里，它就是4。"

或许有其他理论可以导出一个四维时空。这将会是最理想的结果，但是任何朝着它做出的努力都没成功，这些滑稽的维数拒绝消失。因此，可能这些维数确实存在。这是卡鲁扎曾经提出过的想法：时空可能存在我们看不到的额外维数。这样的话，弦也许也仍然是一维的圈，但是这些圈得在另一个看不到的高维空间里振动。粒子的量子数，像荷或者粲数，将由振动的模式决定。

一个基本的问题是，这个隐藏的空间长什么样？时空的形状是什么？

起初，物理学家希望这个额外维空间有一些简单的形状，比如六维的环形等。但是在1985年，菲利普·坎德拉斯（Philip Candelas）、加里·霍罗威茨（Gary Horowitz）、安德鲁·斯特罗明格（Andrew Strominger）和威滕证明，最合适的形状是一类叫作卡拉比–丘流形的东西。这种空间数以万计，图14-4是一个典型的例子。

图 14-4　一个卡拉比–丘流形（示意图）

图片来源：安德鲁·J. 汉森（Andrew J. Hanson），印第安纳大学教授及计算机科学系主任

卡拉比–丘流形的一个重要优势是，承载10维时空的通常四维时空自然地继承了10维时空的超对称。

例外李群头一次成为前沿物理学中的重要角色，而且正变得越来越重要。大概20世纪90年代，有差不多五种可能的超弦理论，它们的时空维数都是10。它们分别被称为I型、IIA型和IIB型，还有"杂交"的HO型和HE型。有趣的规范对称群也出现了，例如，在I型和HO型里，我们发现了32维空间中的旋转群SO(32)，而在HE型中例外李群E_8以$E_8 \times E_8$的形式出现了，两个不同的E_8分别以两种不同的方式起着作用。

例外李群G_2也在故事的最新转折里出现了，威滕把这一新理论命名为M理论。他说这个"M"可以指魔法（magic）、奥秘（mystery），或者矩阵（matrix）。M理论设想了一个11维的时空，它统一了所有五种10维弦论，只需把M理论中的一些常数固定成特定的值就可以得到这五种弦论中的任意一种。而在 M 理论中，卡拉比-丘流形被一种叫作 G_2 流形——因为它们的对称群和基林的例外李群 G_2 密切相关——的七维空间取代。

*

现在，有些人强烈反对弦论。他们的理由并非是弦论有错，而是我们还不知道它是不是对的。很多杰出物理学家，尤其是实验物理学家，对超弦从来都漠不关心——很大程度上是因为超弦没有什么东西可以让他们做实验。没有需要观察的新现象，也没有需要测量的新数据。

我并不觉得弦论一定是理解宇宙的钥匙，但是我认为这个批评是不公平的。弦论学家被要求自证清白，而更合乎情理的是谁主张谁举证。提出一套思考物理世界的全新模式需要付出大量的时间和努力，而弦论在技术上又非常困难。原则上来说，它可以做出关于我们世界的新预言，但问题是做出必要的计算却非常困难。40 年前，量子场论也本应受到同样的抱怨，但是借助更好的计算机和更好的数学技巧，物理学家算出了结果，发现它与实验结果高度吻合——吻合程度比我们在任何其他科学领域中发现的都要高。

而且，针对几乎所有有希望的万有理论，人们都可以提出同样的指控，而两难的是，理论越好，就越难证明它是对的。这是万有理论的固有属性。为了取得成功，当它应用于任何结果与量子理论相一致的实验时，它都需要和量子理论相吻合；当它应用于任何结果与相对论相一致的实验时，它都需要和相对论相吻合。因此万有理论必须通过目前为止被设计出来的每一个实验的检验。要求万有理论做出可与现有物理学相区分的预言，就相当于要求一个理论产生的结果与描述所有已知物理现象的理论所预测的结果相同，但又是个不同于以往的新理论。

当然，弦论迟早得做出一个新预言，并经受观测的检验，以实现从思辨理论到真实物理学理论的转变。与一切已知结论相一致的需求并没有排除这种预言存在的可能，但也解释了为什么它们并不会轻易出现。现在已经有了一些关键实验的初步提议。比如，最近对遥远星系的观测表明，宇宙不仅在膨胀，而且还在加速膨胀。超弦理论为宇宙的加速膨胀提供了一个简单的解释——引力正逐渐耗散到额外维度中。然而，还有其他方式来解释这种特殊效应。不过很显然，如果理论物理学家停止关于超弦的探索，我们永远也不会有机会知道它正确与否。即使存在可以验证超弦理论的关键实验，验证它也需要耗费大量的时间和精力。

我不想给读者留下超弦理论是统一量子理论和相对论唯一的候选者的印象。还有很多有竞争力的提议——尽管它们都和超弦理论一样缺乏实验支持。

一个想法来自法国数学家阿兰·孔涅（Alain Connes），叫作"非交换几何"，它依赖一个关于时空几何的新概念。多数大统一的尝试都始于时空是爱因斯坦相对论模型的某种扩展这一理念，然后再试图将亚原子物理学的基本粒子以某种方式融入其中。孔涅则与之相反，他从一个叫作非交换空间的数学结构（其中包含标准模型中出现的所有对称群）出发，之后再从中推导出类似于相对论的特征。这种空间的数学可以追溯到哈密顿和他的非交换四元数，但这是一个极大的推广和改进。我们再一次看到，这个替代理论牢牢地扎根于李群理论。

另一个引人注目的想法是"圈量子引力"。在20世纪80年代，物理学家阿贝·阿希提卡（Abhay Ashtekar）研究了在一种空间为"颗粒状"的量子环境中，爱因斯坦方程会是什么样。李·斯莫林（Lee Smolin）和卡洛·罗韦利（Carlo Rovelli）进一步发展了他的想法，得出一种像中世纪的锁子甲那样的空间模型——由大约10^{-35}米大小的块组成，并用链环连接。他们注意到，当链环形成纽结或者编织（在数学上称辫子）的时候，这个锁子甲的具体结构会变得非常复杂。但是，物理学家还不清楚这些可能性意味着什么。

图 14-5　以纽结表示的一个电子

2004年，圣丹斯·比尔森-汤普森（Sundance Bilson-Thompson）发现，其中的某些编织恰好重现了夸克的组合法则。夸克的电荷由相应编织的拓扑得出，而组合法则则来自编织的一些简单的几何运算。这个想法仍处于起步阶段，但已能产生标准模型中观察到的大多数粒子。圈量子引力产生的一系列推测中最新的一例表明，质量——这里表现为粒子——或许可以表达为空间中的"奇异性"，例如纽结、局域波，或者其他使空间不再光滑规整的更复杂的结构。如果比尔森-汤普森是对的，那物质就不过是扭曲的时空。

数学家已经花了多年时间研究辫子的拓扑，并且知道它们构成了一个群——辫子群。在讨论鲁菲尼对三次方程的研究时，我们把置换的两端连了起来，与此类似，辫子的"乘法"运算也由把两个辫子的两端连起来得出。物理学再次建立在了已经存在的数学发现之上，而这些数学发现的诞生不是为了其他任何目的，仅仅是因为它们自身看起来很有趣。在此过程中，对称再一次成为重要的组成部分。

✳

最新版本的超弦理论的最大问题是，它有一种"富裕的尴尬"。它不是做不了预测，而是做了太多。根据超弦理论，真空能量，也就是空白空间的能量几乎可以取任意值。真空能量取决于弦在额外维空间中的缠绕方式，而可行的缠绕方式大约有 10^{500} 种，实在太多了。不同的选择产生了真空能量的不同值。

而现实是，真空能量的观测值非常非常小，大约为 10^{-120}，但不是 0。

这个值刚好适合生命的存在。这就是宇宙学中经常提到的"精细调节"问题。如果这个值大于 10^{-118}，局部时空就会膨胀并爆炸；而如果这个值小于 10^{-120}，时空就会随着宇宙的坍缩而最终消失。因此生命的"机会窗口"非常小。而我们的宇宙刚刚好就在其中，真是一个奇迹。

"弱人择原理"指出，如果我们的宇宙不是以这种方式构成的，我们就不会在这里作为观察者注意到这一事实，而这又带来了一个问题：为什么有一个"这里"能让我们出现？而"强人择原理"则声称，我们之所以在"这里"，是因为宇宙是特意为了生命的存在而设计的——一句带有神秘主义色彩的废话。没人知道如果真空能量和它事实上的数值显著不同的话，宇宙可能会怎样。我们知道有些事情会出错，但我们却不知道哪些事情不会出错。大多数基于精细调节的论证都是站不住脚的。

2000年，基于弦论有10^{500}个可能的真空能量，拉斐尔·布索（Raphael Bousso）和约瑟夫·波尔钦斯基（Joseph Polchinski）提出了一个不同的答案。尽管10^{-120}非常小，但是可能的真空能级以10^{-500}为单位分隔开，这更小了。所以，还有很多种弦论能让真空能量处在"正确"的范围里。随便选一个就恰好在其中的可能性仍然很小，但布索和波尔钦斯基指出这没有什么大碍，"正确的"真空能量值最终会不可避免地出现。他们的想法是：宇宙会遍历所有可能的弦论，从某一个弦论开始，最后坍塌成碎片，然后量子"隧穿"到其他弦论。如果你等得足够久，在某个阶段，宇宙的真空能量值终究会进入适宜生命的范围。

2006年，保罗·斯坦哈特（Paul Steinhardt）和尼尔·图罗克（Neil Turok）提出了"隧穿"理论的一个变体：每隔万亿年尺度的时间，宇宙都会在大爆炸中扩张，又在大挤压中收缩，如此往复。在他们的模型中，每一个周期的真空能量都会低于上一个周期，因此宇宙最终的真空能量会变得非常小，但是不等于0。

在两种模型中，都会有一个真空能量足够低的宇宙在很长一段时间里徘徊着。这样的条件适宜生命出现，它们有充分的时间发展智力，最终开始好奇为什么自己会存在于此。

一群混乱的数学家

鹅群喧闹，狮群骄傲，燕雀叽叽喳喳，云雀欣然高歌。那一群数学家可以用什么词语来形容呢？伟大？太自以为是了。神神秘秘？又过于精准了。我曾有许多机会观察数学家成群结队聚集在一起时的行为，我觉得最恰当的词是"混乱"。

这么一群混乱的数学家发明了整个学科中最离奇的结构之一，还在令人困惑的表象背后发现了一个隐藏统一体。尽管他们的探索一开始只是出于好奇的试探，但他们的发现已经开始渗透到理论物理中，他们可能还掌握了理解超弦理论中一些奇怪特性的钥匙。

超弦理论的数学实在是太新了，以至于其中大多数还没被发明出来。但神奇的是，数学家和物理学家发现，位于现代物理学前沿的超弦，和维多利亚时代的代数学成果有一些神秘的联系。在今天，这类代数结构实在是太过陈旧，以至于几乎不会在大学数学课上被提及。它现在被称作八元数，是沿着实数、复数、四元数这一思路发展到下一步得到的结构。

八元数是1843年被发现的，它们在1845年被另一个人发表，而后就一直被错误地归功于这个人，但是没关系，因为没有人注意到这一工作。到1900年，它们甚至在数学里也湮没无闻。1925年，当维格纳和冯·诺伊曼尝试将其作为量子力学的基础时，它们得到了短暂的复兴，而在尝试失败之后，它们再次无人问津。20世纪80年代，因为被认为在弦论中有潜在应用，八元数再次浮出了水面。1999年，它们成为10维和11维超弦理论中的关键组成部分。

八元数告诉我们数字8有一些非常奇怪的特性，而物理的空间、时间和物质还有更加奇怪的特性。维多利亚时代的奇思妙想重获新生，成为一把钥匙，试图揭开数学和物理的共同前沿——尤其是基于时空拥有不止传统上的四维，以及引力和量子理论能够融合的想法——的奥秘。

八元数的传奇在令人陶醉的抽象代数领域中流传，它也是美国数学家约翰·贝兹（John Baez）在2001年发表的一篇优美的数学综述的主题。我在这里对八元数的介绍主要基于贝兹的见解。我会尽力描述这个在数学和物理的神奇交互中出现的，超乎寻常而又优雅的奇观。正如哈姆雷特父亲的幽灵以舞台后一个无形的声音形式出现一样，大部分的数学工作发生在观众的视野之外。请读者稍做忍耐，不要太担心文中未解释的术语。有时候我们只是需要一个方便的词语来标记主要的角色。

在大幕拉开之前，先简要回顾一下历史可能会有好处。数系的逐步扩张，与我们对对称的探求如影随形。第一步是16世纪中期，人们通过给-1开平方，发现（或者说发明）了复数。在那之前，数学家一直认为数是上帝赐予的独特而完备的存在，没有人试图发明一个新的数。但是在1550年左右，卡尔达诺和邦贝利通过写下一个负数的平方根做到了这件事。人们花了400年的时间去弄清楚这到底是什么意思，但是只用了300年就说服了数学家们：复数实在是太有用了，不容忽视。

到19世纪初，卡尔达诺和邦贝利的"巴洛克式鸡尾酒"逐渐形成一种新的数，还有一个新的符号：i。复数可能看起来很怪，但对于理解数学物理而言，它是一个堪称奇迹的工具。热、光、声音、振动、弹性、引力、磁性、电力，还有流体，都拜倒在复数武器下，但仅限于二维的物理学过程。

然而，我们自己的宇宙空间是三维的——或者直到最近我们都这么认为。因为二维的复数系对二维的物理实在是太有效了，数学家与物理学家就想知道，是否有一种类似的三维数系可以被用于真实的物理学过程呢？哈密顿花了很多年的时间寻找，但是完全没有进展。直到1843年10月16日，他灵光一闪：不要只看三维，要看四维，然后他把他的四元数方程刻在了布鲁姆桥的石柱上。

✳

哈密顿有一个大学时的老朋友，约翰·格雷夫斯（John Graves），他是一位代数学家。格雷夫斯可能是第一个让哈密顿对数系扩张感兴趣的人。在石桥上刻下字的第二天，哈密顿就给他的好友写了一封长信。格雷夫斯一开始很困惑，他不知道就这样凭空发明乘法规则是否合理。"对于我们能在多大程度上自由地创造虚构事物，并赋予它们超自然的性质，我还没有一个清晰的看法。"他回复道。但他看到了新想法的潜力，也想知道能把它推进到什么程度："如果用你的炼金术可以得到三磅金子，那为什么要止步不前呢？"

这是个好问题，格雷夫斯开始尝试回答它。在两个月内，他回信说他发现了一个八维数系，他称之为"八度数"。与之相关的是一个关于八平方和的伟大公式，我们等一会儿会回来介绍它。他试着定义一个十六维的数系，但是遇到了他所谓"意想不到的拦路虎"。哈密顿说他会宣传一下他朋友的发现，但他太忙于探索四元数了，以至于没有这样做。之后，他注意到一个尴尬之处：八度数的乘法不满足结合律。即，三个八度数做乘法的两种方式，$(ab)c$ 和 $a(bc)$，结果通常是不一样的。此前，经过大量深思熟虑，哈密顿愿意放弃交换律，但是丢掉结合律似乎太过分了。

后来，格雷夫斯又遇到了倒霉的事。在格雷夫斯发表之前，凯莱独立发现了同样的东西，并在1845年发表了它，作为一篇关于椭圆函数的论文的附录，而这篇论文关于八元数之外的部分糟糕透顶。这篇错漏百出的论文最终没有出现在凯莱的文集里。凯莱称他的数系为"八元数"。

格雷夫斯对成果被抢发非常郁闷，而碰巧他自己的一篇论文不久后就要发表在凯莱声明其发现的杂志上。于是格雷夫斯在他的论文里添加了一个注释，指出他早在两年前就想出了同样的点子。哈密顿也发表了一个简短的声明，证实他的朋友应该享有优先权，以作为支持。尽管有记录直接表明先发现的是格雷夫斯，但很快，八元数还是被命名为"凯莱数"，而且沿用至今。现在很多数学家都在使用凯莱的术语，把这个数系叫作八元数，虽然还是将其发现归功于格雷夫斯。起码这个名字比"八度数"好点儿，因为它与先前的"四元数"一脉相承。

八元数的代数可以用法诺平面来描述，这是一种非常著名的图像表示。法诺平面由7个点组成，其中3个点连成一条线，总共7条，它看起来如图15-1所示。

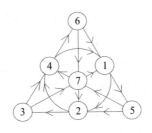

图 15-1　法诺平面，有 7 个点和 7 条线的一个几何

其中一条线在这个平面里必须被画成一个圆，但这没关系。在这个几何里，每两个点都被一条线连起来，每两条线都交于一点，没有平行线。法诺平面原本是为完全无关的其他目的设计的，但是从结果上看，它完整体现了八元数乘法的规律。

八元数有 8 个单元，其中一个是通常的数 1，其他 7 个被记为：e_1，e_2，e_3，e_4，e_5，e_6 和 e_7，其中每一个的平方都是 -1。而图 15-1 展示了这 7 个单元的乘法规律。如果你想把 e_3 和 e_7 相乘，就看看图里的点 3 和 7，找到连接他们的线。这条线上有第三个点，在这个例子里是 1，而图中的箭头说明，顺序是从 3 到 7 到 1，因此 $e_3e_7 = e_1$。如果相乘的顺序倒过来，就加上一个负号，$e_7e_3 = -e_1$。对每对单元做同样的操作，你就知道怎么对八元数做运算了。（加法和减法是很简单的，而除法由乘法决定。）

格雷夫斯和凯莱并不了解八元数同有限几何的这一联系，因此他们只能写出八元数的乘法表。法诺平面这一图像是后来才被发现的。

在很长一段时间里，八元数几乎无人问津。不像四元数，八元数既没有几何解释也没有科学应用，甚至在纯数学中也没有发展出什么新内容，难怪它们落入了无人问津的境地。但是当人们意识到八元数是数学中最离奇的代数结构的源头后，一切都变了。八元数可以解释基林的 5 个例外李群——G_2、F_4、E_6、E_7，还有 E_8——到底从何而来。而且其中最大的例外李群 E_8 在奠定 10 维弦论基础的对称群里出现了两次。10 维弦论拥有非比寻常的优美性质，被许多物理学家视为迄今为止万有理论的最佳候选者。

如果如狄拉克所说，宇宙根植于数学之中，那我们就可以说，由于八元数存在，E_8 群必定存在，而由于 E_8 群存在，合理的万有理论必定存在。这一观点开启了一个耐人寻味的哲学上的可能性：宇宙背后如此特殊的结构之所以被选中，是由于它和一个独特的数学对象之间的关联。这个数学对象就是八元数。

美即是真，真即是美。看到这种数学模式在我们世界的结构上起到了关键作用的证据，毕达哥拉斯和柏拉图主义者会很高兴。八元数具有令人难以忘怀的超现实数学美，因此狄拉克可能会接受 10 维弦论的正确性。或者，如果 10 维弦论不幸被证伪，狄拉克也会认为它比正确的东西更有趣。但是我们已经领教过了，优美的理论不一定是正确的，在超弦理论的真伪被判定之前，这种可能性就只能是纯粹的猜想。

但无论它在物理中的重要性如何，围绕八元数展开的许多想法都是数学中的瑰宝。

※

四元数的诸多推广和当今物理学前沿之间存在许多奇怪的联系，八元数和例外李群的关联仅仅是其中一例。我想深入探索其中的一些关联，让你可以欣赏它们是多么不同凡响。我将从平方和公式谈起，它是数学中一类最古老的例外结构。

一条平方和公式可以由复数自然导出。每个复数都有一个"范数"，就是它与原点距离的平方。毕达哥拉斯定理告诉我们，$x + iy$ 的范数是 $x^2 + y^2$。韦塞尔、阿尔冈、高斯和哈密顿所规定的复数乘法法则告诉我们，范数有一个漂亮的性质：如果你把两个复数相乘，乘积的范数也等于两个复数范数的乘积。用符号来说，就是 $(x^2 + y^2)(u^2 + v^2) = (xv + yu)^2 + (xu - yv)^2$。一个二平方和乘上一个二平方和还是一个二平方和。这个事实在约 650 年被印度数学家婆罗摩笈多所知，于 1200 年为斐波那契所知。

早期数论学家对二平方和很感兴趣，因为它们可以区分两类不同的素数。可以证明，若一个奇数是二平方和，那它一定可以写成 $4k + 1$ 的形式，其中 k 是整数。而剩下的奇数，形如 $4k + 3$ 的那些，则不能被表示为二平方和。然而并非每个形如 $4k + 1$ 的数都是二平方和，即使允许其中某个平方为 0 也不行。第一个例外是 21。

费马做出了一个很漂亮的发现：这些例外不可能是素数。他证明，与之相反，每个形如 $4k + 1$ 的素数都是二平方和。而使用上面的二平方和的乘法公式，我们可以得出，一个奇数是二平方和，当且仅当每个形如 $4k + 3$ 的素因子出现偶数次。例如，$45 = 3^2 + 6^2$ 是一个二平方和。它的素因子分解是 $3 \times 3 \times 5$，形如 $4k + 3$ 的素因子 3（$k = 0$）出现了两次——一个偶数。而另一个因子 5 只出现奇数次，但它是 $4k + 1$ 形的（$k = 1$），因此没有什么麻烦。

而另一方面，这个例外 21 等于 3×7，两个因子都是 $4k + 3$ 形的素数，并且每个都只出现了一次，也就是奇数次。这就是为什么 21 不是二平方和。还有无穷多其他形如 $4k + 1$ 的数因为同样的原因而不是二平方和。

后来，拉格朗日用类似的方法证明了每个正整数都是一个四平方和（允许平方为 0）。他的证明使用了欧拉在 1750 年发现的一个巧妙的公式。这个公式类似于上面的二平方和公式，但它是关于四平方和的：一个四平方和乘上一个四平方和还是一个四平方和。三平方和则没有这样的公式，因为存在两个三平方和，它们的乘积不是三平方和。然而，1818年德根发现了一个八平方和的乘积公式，它和格雷夫斯用八元数发现的公式一样。可怜的格雷夫斯，他首先发现了八元数，但这一发现被归功于其他人；而他的另一个发现——八平方和公式，却不是首创。

还有一个一平方和——即平方——的平凡乘积公式，即 $x^2y^2 = (xy)^2$。这个公式之于实数就跟二平方和公式之于复数一样：它证明了范数是"乘性"的——乘积的范数是范数的乘积。回忆一下，范数是复数到原点的距离的平方，一个数取负之后，范数保持不变。

那四平方和公式有何意义呢？我们可以对四元数做同样的事。毕达哥拉斯定理的四维类比（没错，确实有这么个东西）告诉我们，一个一般的四元数 $x + iy + jz + kw$ 的范数是 $x^2 + y^2 + z^2 + w^2$，一个四平方和。四元数范数也是乘性的，这就解释了拉格朗日四平方和公式。

你现在可能已经想到下一步了。德根的八平方和公式也可以类似地用八元数来解释。八元数范数也是乘性的。

现在，一个非常有趣的规律出现了。我们有四种精心构造的数系：实数、复数、四元数和八元数，还有一些公式：平方和乘上平方和还是一个平方和（针对一、二、四、八平方和）。这些公式和数系紧密相关。而更引人注意的是这些维数的规律。

1，2，4，8——那下一个呢？

如果延续这个模式，我们一定会期待一个有趣的16维数系。确实，有一种很自然的方法可以构造出一个16维的数系，叫凯莱-迪克森（Cayley-Dickson）过程。把它用在实数上，你会得到复数；用在复数上，你会得到四元数；用在四元数上，你会得到八元数。那么如果你继续下去，把它用在八元数上，你就会得到十六元数，一个16维数系。紧接着还有32维、64维的代数，以此类推，每一步都得到双倍的维数。

所以说，也会有一个十六平方和公式喽？

答案是否定的。十六元数的范数不是乘性的，平方和的乘积公式只存在于平方的个数是1、2、4或者8的时候。小数定律又来了：2的幂这个明显的规律戛然而止。

为什么呢？这是因为，凯莱-迪克森过程在逐渐摧毁代数运算律。每当你用一次，得到的数系具有的性质总是不如前一个良好。一步接一步地使用它，运算律就一个接一个地不成立了，优雅的实数系最终变得毫无规律可言。让我细细道来。

这四个数系除了范数外还有别的共同点。让它们有资格成为实数系推广的最突出的特征是，它们是"可除代数"。很多代数系统都有加法、减法和乘法的概念，但是在这四个代数系统里，你也可以做除法。而乘性范数的存在让它们成为"赋范可除代数"。格雷夫斯曾认为他从4维到8维的方法可以重复使用，从而得到16维、32维、64维，甚至2的任意次幂维的赋范可除代数。但是他在十六元数这里碰到了钉子，然后他开始怀疑，16维赋范可除代数或许并不存在。他是对的：我们现在知道只有四个赋范可除代数，维数分别是1、2、4和8。而且也没有像格雷夫斯的八平方和公式和欧拉的四平方和公式那样的十六平方和公式。

这是为什么呢？在维数以2的幂增长的每一步过程中，新的数系都会丢失一些特定的结构。复数不再有序地排列在一条线上；四元数不再遵循代数运算的交换律：$ab = ba$；八元数则不再遵循结合律：

$(ab)c = a(bc)$，尽管它们还遵循"交错律"$(ab)a = a(ba)$。而十六元数甚至不是可除代数，也没有乘性范数了。

这一现象的影响远比凯莱–迪克森过程的失败更加深远。1898年，胡尔维茨证明：仅有的赋范可除代数，就是咱们的四个老朋友。而1930年，马克斯·佐恩（Max Zorn）证明这四个代数也是仅有的交错可除代数。它们真是太特殊了。

有着柏拉图主义本能的数学家们自然青睐这一现象。但是对其他人来说，重要的仅仅是具有实用价值的实数和复数。四元数确实在一些艰深的课题上有其应用，但八元数就完全躲在了应用科学的聚光灯外。它们就像是纯数学的死胡同，是你能想象那些象牙塔里的人会讲出来的自命不凡的学术废话。

数学史一再证明，不要仅仅因为一些聪明或者漂亮的想法看起来没什么用，就忽视它们。不幸的是，人们一再地忽视这些想法，而且常常就是因为它们漂亮或者聪明。越"务实"的人越轻视那些仅仅是为了提出者自己的兴趣而诞生的抽象问题，因为它们不解决实际问题。而越优美的概念就越受鄙视，就好像长得漂亮就是原罪。

这些认为优美概念无用的断言是否正确，完全凭命而定。一旦有一个新应用，一个新的科学进展，那这个原本受鄙视的概念就一下子站在了舞台中央——不再无用，而且还变得极为重要。

这样的例子无穷无尽。凯莱说他的矩阵完全无用，但是今天，没有哪个科学分支不会用到矩阵。卡尔达诺声称复数"既渺小又没用"，但工程师和物理学家现在没了复数就没法工作。20世纪30年代的著名英国数学家戈弗雷·哈罗德·哈代对数论没有实际应用，尤其是它没法被用于战争感到非常高兴，但今天数论已经被用于把信息加密成编码，这对电子商务至关重要，而对军事更甚。

好了，现在轮到八元数了。它们可能还没变成数学中的必修课，当然更不是物理中的必修课，但现在，八元数在李群的理论——尤其是在物理学家感兴趣的那些——中起到了核心作用。特别是五个例外李群 G_2、F_4、E_6、E_7 还有 E_8，和它们奇怪的维数 14、52、78、133 还有 248，它们的存在实在令人困惑。曾有一名愤怒的数学家认为，这简直是上帝对世界的残酷惩罚。

✳

自然爱好者总是很喜欢重温优美的景点，并发现新的美——跨过瀑布半腰，沿着岩壁一侧的人行道向前，最终在一个海角远眺蔚蓝的大海。同样，数学家也喜欢反复审视旧课题，并从中发现新观点。随着我们对数学看法的变化，我们经常可以用全新的、有洞察力的方式重新诠释旧的概念。这不仅仅是一种数学上的旅途，人们从各种角度张大嘴巴欣赏不可名状的优美景色，它还提供了更新、更有力的方式来解决旧有的和新出现的问题。这一趋势最明显、最有说服力的体现就是李群理论了。

回忆一下，基林将差不多所有的单李群分成4个无限族，其中特殊正交群 SO(n) 被分为偶数维和奇数维两个族。剩下两个则是特殊酉群 SU(n) 和辛群 Sp($2n$)。

现在我们知道这几个族都是同一个主题的不同变奏。它们都由一些 $n \times n$ 矩阵组成，而且这些矩阵都满足一个叫作"斜厄米"的特定代数条件。唯一的不同是正交李代数由实数的矩阵组成，酉李代数由复数的矩阵组成，而辛李代数由四元数的矩阵组成。每个族都包含无穷多个矩阵，因为矩阵有无穷多种不同的大小。有趣的是，这些李代数对应着哈密顿版本的力学中自然的变换。哈密顿的第一个发现可以用他的最后一个伟大发现——四元数——来描述，这真是太奇妙了。

你肯定会好奇，如果用八元数作为矩阵的元素会发生什么？很不幸，由于缺少结合律，你没法得到一族新的单李代数。实际上，这不是不幸，而是幸运，因为我们知道这样的一个族根本就不存在。但是，如果你对八元数进行适当的操作，再辅以小数定律的威力，你就能看到李代数杀回来了。

八元数可能成功的最早迹象出现在1914年，当时，埃利·嘉当解答了一个显然的问题，并得到了一个有点儿意外的答案。数学和物理中有一个指导方针：如果你对一个东西感兴趣，不妨先看看它的对称群是什么样的。实数系的对称群是平凡的，只有一个恒等变换——"什么也没做"。复数系的对称群里除了有恒等变换，还有镜面反射变换，它把i变成−i。而四元数的对称群是SU(2)，它和实三维空间的旋转群SO(3)密切相关。

嘉当的问题是，八元数的对称群是什么？

如果你是嘉当，你也能回答这个问题。八元数的对称群是最小的例外单李群G_2。8维的八元数系有一个14维的对称群。这个例外的赋范可除代数也和第一个例外李群直接联系起来了。

要想更进一步，我们还需要一个想法。它源于文艺复兴时期的艺术家，而非数学家。

这段时期，数学和艺术的关系很近，后者不仅包括建筑学，还有绘画。文艺复兴的画家发现了如何把几何学应用在透视上。他们发现了一些几何规则，以便让纸上画的图像看起来像是真的三维景物。为此，他们发明了一种特别优美的新型几何学。

一些更早期的艺术家的画作在我们的眼中看起来并不是那么真实。哪怕是像乔托·迪·邦多纳（Giotto di Bondone）这样的画家创造出的像照相机般逼真的画作，经过仔细分析，在透视上也不完全成体系。菲利波·布鲁内莱斯基（Filippo Brunelleschi）在1425年制定了一套绘制精确透视关系的系统数学方法，之后他把这套方法传授给其他艺术家。到1435年，我们看到了这个主题的第一本书，莱昂·阿尔伯蒂（Leone Alberti）的《论绘画》（*Della Pittura*）。

这种技法在皮耶罗·德拉·弗朗切斯卡（Piero della Francesca）的画作中得到了完美的体现，他也是一位技艺精湛的数学家。皮耶罗写了三本书，讨论透视的数学原理。说到这里就不得不提一提达·芬奇，他在《绘画论》（*Trattato della Pittura*）的开头写道"不懂数学者，勿读此书"，响应了"不懂几何者，不得入内"的口号——传说中写有这句话的牌子被放在古希腊的柏拉图学园的门口。

透视的本质是所谓的"射影"概念，该过程可以把三维场景呈现在一张平展的纸上。你可以（概念性地）画出这个场景的每个点到观察者眼睛的连线，然后看到线条在纸上的哪里相交。一个重点是，射影会以欧几里得几何不允许的方式扭曲图形，比如会把平行直线变成相交直线。

我们每天都能观察到这种现象。当你站在桥上远眺时，你会发现，笔直的铁轨或者公路在远方消失了，直线聚拢起来，看起来就像在地平线相交一样。真实的直线之间的距离仍然保持不变，但透视造成的结果是，随着直线离我们越来越远，我们感受到它们之间的距离逐渐变小。数学上来说，只要你做适当的射影，平面上的无限长平行线也会相交在一起。但是它们相交的地方并不对应于平面上的任何一点——它们也不可能在平面内相交。平行线相交的点看起来位于"地平线"上,这是直线乃至直线所在的平面延伸到的位置。在平面上,地平线在无穷远处,但是它的射影是图15-2所示的射影平面正中一条完全可感知的线。

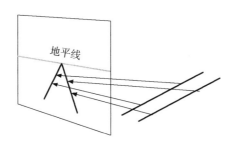

图 15-2　平行线在射影下相交于地平线

这条线被叫作"无穷远直线"。就像-1的平方根一样,它是虚构的,但非常有用。这种几何则被叫作射影几何。遵照克莱因的埃尔朗根纲领所指出的几何与群变换的关系,这是一种关于在射影下不变的特性的几何学。每个使用透视作画技法,并用地平线和消失点来让自己的画看起来更逼真的艺术家,都用到了射影几何。

在射影平面上,几何原理非常简洁。任何两点可以被唯一的直线相连,这和欧几里得几何一样。但是任何两条直线也会相交在唯一的一点。欧几里得几何频繁使用的平行概念,在此不复存在。

如果你想起了法诺平面,恭喜你想对了。法诺平面就是一个有限射影几何。

至此,从文艺复兴时期的透视到例外李群只有一步之遥了。隐含在阿尔伯蒂方法中的射影平面现在已经明确被视为一种新的几何。吉拉德·笛沙格（Girard Desargues）是一位军队官员，后成为一位建筑师和工程师，他在1636年出版了著作《试论锥面截一平面所得结果的初稿》。这听起来是一本关于圆锥曲线的书，事实也的确如此。但笛沙格使用了射影方法，而非传统的古希腊几何学。就像欧几里得几何可以用笛卡尔坐标（x, y）（其中x、y为一对实数）转换成代数一样，射影几何也可以用此法转换成代数，只需要允许x或y是无穷大（通过一种精巧的方式，引入三个坐标的比值并且令$1 \div 0 = \infty$）即可。

把对实数做的事移植到复数身上，就可以得到复射影平面了。既然这样可以的话，那么，为什么不试试四元数或者八元数呢？

这就会带来问题了——显而易见的推广方法并不可行，因为现在交换律不再成立了。1949年，数学物理学家帕斯夸尔·约当（Pascual Jordan）发现了一种有意义的方法，可以构造具有16个实数维的八元数射影平面。1950年，群论学家阿尔芒·博雷尔（Armand Borel）证明，第二个例外李群F_4是八元数射影平面的对称群——很像复射影平面，但用两个标着八元数（而非实数）的八维"标尺"生成。

现在，我们可以用八元数来解释两个例外李群了。那剩下的三个——E_6、E_7以及E_8又该如何解释呢？

例外李群一直被广泛认为是恶灵的暴行，直到1959年汉斯·弗罗伊登塔尔（Hans Freudenthal）和雅克·蒂茨（Jacques Tits）分别独立发明了"幻方"①，给了E_6、E_7和E_8一个诠释。

幻方的行和列对应了四个赋范可除代数。随便取两个赋范可除代数，看看对应的行和列，通过一个技术性的数学过程，就能从幻方得到一个李群（或等价的李代数）。其中一些群很直截了当，例如，对应实数行和实数列的群是三维空间的旋转群$SO(3)$。如果行和列都对应四元数，就会得到群$SO(12)$，十二维空间的旋转群。但是如果你考虑的是八元数的行或列，其中的元素则刚好是例外李群F_4、E_6、E_7还有E_8。唯一没出现的G_2也很容易和八元数关联起来——如前所述，它是八元数的对称群。

现在的普遍看法是，例外李群之所以存在，是因为神的智慧允许八元数存在。前面提到，爱因斯坦说，上帝难以捉摸，但并不心怀恶意。五个例外李群都是不同的八元数几何的对称群。

1956年前后，也许是经过了对幻方的一些思考，苏联几何学家鲍里斯·罗森菲尔德（Boris Rosenfeld）猜想剩下的三个例外李群E_6、E_7和E_8也都是射影平面的对称群，但是你需要用下列结构来替代八元数：

- 对E_6来说：用"复八元数"，由复数和八元数构建。
- 对E_7来说：用"四八元数"，由四元数和八元数构建。
- 对E_8来说：用"八八元数"，由八元数和八元数构建。

唯一的小缺点是没人知道怎么在上述数系组合上定义合理的射影平面。有一些迹象表明这些想法是有意义的。就现在来看，我们可

---

① 这里所说的幻方和通常所说的数字填写游戏不同，是一种关于赋范可除代数和李理论的构造。——译者注

以证明罗森菲尔德的猜想，但是只能用这些群来构造射影平面。这不是很令人满意，因为本来的思路是反过来的，从射影平面再到群。不过，这好歹也是个起点。实际上，现在对 E_6 和 E_7 都有其他独立的方式来构造射影平面，只有 E_8 仍然不清楚。

✳

如果没有八元数，李群的故事就会如基林所愿变得更加直截了当，但是反过来想，也就没那么有趣了。我们凡人没得选：八元数，还有一切可供使用的工具，都已经在那儿了。而且宇宙的存在也可能以某种不为人知的方式取决于此。

八元数和生命、宇宙还有一切事物的联系，都从弦论中涌现出来，其关键特征就在于需要额外的维度以容纳弦。额外维空间的形状原则上可以千变万化，所以核心问题是找到正确的形状。对称是传统量子理论里的一个主要原则，弦论仍然如此，因此弦论中自然有李群的角色。一切都有赖于这些关于对称性的李群，因此，孤悬在外的例外群并不突兀，而是一个让物理学得以成立的非凡的巧合。

让我们回到八元数。

这里有一个例子来彰显它们的影响力。20世纪80年代，物理学家注意到在3、4、6、10维时空中存在一个相当优美的关系。向量（有方向的长度）和旋量（由保罗·狄拉克在他的电子自旋理论中建立的代数工具）在这些维数（且只在这些维数）上有简洁的关系。为什么呢？因为向量–旋量关系恰好在时空维数比一个赋范可除代数的维数多2时成立。从3、4、6、10中减掉2，得到的正是1、2、4、8。

数学上，在3、4、6和10维的弦论里，每个旋量都可以用相应的赋范可除代数中的两个数来表示。这在其他维数上是不会发生的，而且这一结论在物理上有很多漂亮的推论。所以我们现在有四个候选弦论：实的、复的、四元数的和八元数的。而其中现在最有希望对应于现实的刚好是由八元数确定的10维弦论。如果这个10维理论真的对应了现实，那我们的宇宙就是用八元数建成的。

这些奇怪的"数字"——说它们"奇怪"实在有些牵强，因为它们满足足够多的代数规则——的用武之地不止于此。那个时髦的弦论新候选者——M理论，涉及11维时空。为了把时空中可感知部分的维数从11约化到我们熟悉的4，我们必须丢掉7个维数，让它们紧紧地卷曲在一起，以至于根本不能被探测到。那对11维的超引力，我们需要做什么呢？需要使用例外李群G_2，即八元数的对称群。

八元数又出现了：不再是维多利亚时代的别致装饰品，而是一条有力的线索，指向一种可能的万有理论。这是一个八元数的世界。

真与美的追寻者

济慈说美即是真，真即是美，他说得对吗？

这两者之所以紧密相连，可能是因为我们的大脑对它们有相似的反应。但是数学中有用的东西不一定在物理中有用，反之亦然。数学和物理的关系深刻、微妙，而又令人困惑。这是一个最高级别的哲学难题——科学如何揭示自然中显然的"定律"？为什么自然又选择数学作为语言？

宇宙真的是数学化的吗？它显而易见的数学特征仅仅是人类的发明吗？还是说，它在我们眼中如此数学化，正是因为数学是我们对宇宙无限复杂的本质所能理解的最深刻的部分？

数学并不像我们很多人曾经认为的那样，是终极真理的无形体现。从我们的故事里最容易得出的启示就是，数学是被人们创造的。我们很容易分辨他们的胜利与挫败。谁能不因为阿贝尔和伽罗瓦20多岁就英年早逝而扼腕叹息呢？一个爱情美满，却没有挣到足够的钱走入婚姻殿堂；另一个聪明而情绪多变，爱而不得，或许还因爱而死。现在的医学进步本可以救阿贝尔的命，也可以防止哈密顿沉迷于酒精。

数学家也是人，也过着普通人的生活，因此创造新数学，在部分意义上是一种社会过程。但是无论是数学还是自然科学，都不像社会相对论者经常声称的那样，完全是社会过程的结果。它们必须遵循一些外部约束：对数学来说是逻辑，对自然科学来说是实验。无论拼命的数学家们多么想用尺规来三等分一个角，事实是这在逻辑上不可能实现。无论物理学们多么希望牛顿引力定律是我们宇宙的终极描述，水星近日点的进动都证明了事实并非如此。

这就是为什么数学家对逻辑如此固执，对众人漠不关心的问题如此痴迷。能不能用根式解五次方程真的重要吗？

历史对这个问题的裁决非常明确：它确实重要。它可能与我们的日常生活并不直接相关，但是的确对人类整体而言很重要——这并非是因为有任何重要的事情有赖于五次方程可以用根式求解，而是因为理解"为什么不能用根式求解"为我们打开了一扇通往数学新世界的秘密大门。如果伽罗瓦和他的前辈们没有在理解方程的根式可解条件上坚持探索，人类可能再过很久都不会发现群论，甚至永远都不可能发现。

你在厨房里做饭或者开车去上班的时候可能用不到群论，但如果没有它，现代科学的威力会大大减弱，我们的日常生活也会与今天大为不同。没有群论，我们就不可能拥有从大型喷气式飞机到GPS（全球定位系统）这样的设备，但这还不是最重要的，最重要的是我们无法像如今这么深刻地理解自然。没人可以预料到，一个看似钻牛角尖的关于方程的问题能揭示出物理世界的深层结构，但事实就是如此。

历史给我们的启示简单而明确：不应该仅仅因为没有直接的实际应用，就拒绝或者贬低对深刻数学问题的研究。好的数学比黄金更有价值，它从何而来大多无关紧要，重要的是它把我们引向何处。

＊

一个令人惊讶的事实是，最好的数学往往能把我们引向一些意料之外的结果，而且它们大多数对科学和技术都至关重要，尽管它们最初是为一些完全不同的目的发明的。以椭圆为例，古希腊人把它作为圆锥的截线来研究，而它经由第谷·布拉赫的火星运动观测数据到牛顿引力定律的线索。矩阵理论的发明者凯莱曾为其无用而抱歉，但现如今矩阵已经成为统计、经济还有几乎每一个科学分支的重要工具。八元数则可能成为万有理论的灵感源泉。当然，超弦理论也可能只是一个与物理无关的漂亮的数学分支。即使这样，量子理论对对称性的使用仍然证明，群论提供了对大自然的深刻洞见，尽管它只是为了回答一个纯数学问题而诞生的。

为什么数学会在它的发明者从未想过的事情上如此有用？

古希腊哲学家柏拉图说："上帝是一位几何学家。"伽利略说过几乎一样的话："自然之书是用数学语言写成的。"约翰内斯·开普勒立志发现行星轨道的数学模式，他发现的一些模式引导牛顿发现了引力定律，而另一些则完全是神秘主义的胡说八道。

很多现代物理学家都对数学思想的惊人力量给出了评论。维格纳暗示数学在理解自然方面有一种"不合理的有效性"，这个说法出现在他1960年写的一篇文章的标题中。他在文章正文中说，他主要想解决两点：

第一，数学在自然科学中如此有用，简直近乎玄妙，而又没有合理解释。第二，正是数学概念的这种难以置信的有效性引出了我们物理理论的独特性问题。

他还说：

> 数学语言奇迹般地适于表达物理定律，这是一个我们既不理解，也不配拥有的美妙礼物。我们应心怀感激，希望它在未来的研究中仍然有效，并拓展到广泛的学术领域，不论这是福是祸，不论它是让我们愉快，还是让我们困惑。

保罗·狄拉克相信自然定律不仅是数学化的，也是美丽的。在他心中，美和真是同一枚硬币的两面，数学的美为物理的真提供了强有力的线索。他甚至说，他宁愿要一个美丽的理论，而不是一个正确的理论，他重视美更甚于简洁性："研究者在致力于把自然规律表达成数学形式时，应当主要考虑数学美。他也应该考虑简洁性，但必须服从对美的要求……在两者发生冲突时，应当首先考虑美感。"

有趣的是，狄拉克对数学美的观念和大多数数学家的不同。他并不在意逻辑严格性，而且他的工作中有很多逻辑上的跳步——最著名的例子是他的"δ函数"，这个函数有着自相矛盾的性质。尽管如此，他非常有效地运用了这个"函数"，而最终数学家重新将这个想法严格地表述了出来——到了此刻，它也确实成了一个相当优美的概念。

如狄拉克的传记[①]作者赫尔奇·克劳所述："狄拉克所有的重要发现都是20世纪30年代中期之前做出的，1935年之后，他基本没能产出有长期价值的物理贡献。值得指出的一点是，数学美原则仅在他生涯的后期才主宰了他的思考。"

---

① 《狄拉克：科学和人生》，赫尔奇·克劳著，剑桥大学出版社1990年出版，中译本由湖南科学技术出版社于2009年出版。——译者注

也许数学美原则让狄拉克误入歧途，但也许并非如此。狄拉克可能是在他生涯后期才明确指出了这个原则，但他早就使用了它。他所有最好的工作在数学上都非常优美，他也依靠优美与否来判断自己是不是朝着一个有丰硕成果的方向前进。以上的案例并不是说，数学的美和物理的真是一回事，只是想说，数学的美对物理的真是必要的。它不是充分条件：有许多优美的理论一旦遇到实验就变得完全没有意义。如托马斯·赫胥黎所说："科学是一种系统化的常识，很多优美的理论会被一个丑陋的事实击倒。"

尽管如此，还是有许多证据表明，大自然本质上是很美的。数学家赫尔曼·外尔——他的研究把群论和物理联系了起来——说："我的工作一直在尝试统一真和美。当我不得不选择其中之一的时候，我通常会选择美。"量子力学的奠基人之一维尔纳·海森堡，在给爱因斯坦的信中写道：

> 你可能会反对我引入简洁与优美这样的美学标准来判断真理。我坦率地承认，我被大自然呈现给我们的数学形式之简洁与优美强烈地吸引了。你肯定也感觉到了：大自然中的关系拥有近乎令人恐惧的简洁性和整体性，这一切都被突如其来地呈现在我们面前。

爱因斯坦则认为，仍然有很多基本的东西是我们一无所知的——时间的本质、物质有序性的源头、宇宙的形状等。我们必须提醒自己，我们离理解任何"终极"真理还有很远。就实用性而言，数学的优雅性仅仅给我们揭示了局部和暂时的真理。尽管如此，这仍然是我们前进的最佳方向。

纵观历史，数学从两个不同的方向汲取了养分。一个是自然界，另一个则是逻辑思考的抽象世界。是两者的结合让数学具备了探知我们宇宙的能力。狄拉克完美地理解了这个关系："数学家玩着他自己发明规则的游戏，而物理学家则玩着由大自然制定规则的游戏，但是随着时间推移，越来越多的证据表明数学家觉得有意思的那些规则和大自然选择的规则是一样的。"纯数学和应用数学互相补充，它们并非两极分化，而是一个连续的思想光谱的两端。

　　对称的故事告诉了我们，为什么对一个好问题（"能不能解五次方程"）的否定回答能指向深刻而基础的数学。重要的是为什么回答是否定的。得到这个结论的方法可以被用来解决很多别的问题——其中就有物理学中的很多深刻问题。而我们的故事也表明，数学的健康发展也得益于物理世界为其注入了新的生机。

　　数学的真正力量，恰恰就是这种人类对模式的感知（"美"）同物理世界的融合，后者既能帮助理论经受现实的检验（"真"），也是灵感的无限源泉。没有数学上的新想法，我们就无法解决科学提出的问题；但是自娱自乐的新想法如果走向极端，就会沦为毫无意义的游戏。科学的需求一直敦促着数学沿着富有成效的道路前行，并时常提出新的方向。

　　如果数学完全是需求导向的，是科学的奴隶，那不出所料，你得到的成果就会和奴隶做的一样——闷闷不乐、慢慢吞吞、怨天尤人。如果数学完全由内在的好奇心驱动，那你只会看到一个娇生惯养、自私自利的顽童——飞扬跋扈、目中无人、一意孤行。最好的数学需要平衡自身和外界的需求。

　　这就是其"不合理的有效性"的来源。平衡的人格能从自身的经验中学习，并将所学知识迁移到新的环境中。真实世界启发了伟大的数学，而伟大的数学则可以超越真实世界。

那位发现了如何解二次方程的无名巴比伦人，即使在他最大胆的梦里也绝不会意识到自己的遗产在3 000多年后会变成什么。没人能预料到方程的可解性问题引出了数学中最核心的概念之一，即群，也没有人预料到群其实是用来表达对称性的语言。更没有人能知道，对称性其实是解开物理世界奥秘的钥匙。

解二次方程在物理上用处有限，解五次方程就更无足轻重了，因为任何解都是一个数值，或者只是一个专门为此问题设计的符号，并没有象征意义，反倒掩盖了问题本身。但是明白为什么五次方程不可解，领会对称在其中的关键角色，并将其背后的思想尽可能地深入下去，则开启了整个新的物理学领域。

这个过程还在继续。对称性对物理学，甚至对整个科学的影响，都还有待发掘。我们对此知之甚少。但是我们清楚地知道，对称群是我们通向未知的必经之路——至少在下一个更强大的概念出现之前如此（也许它已经在某个晦涩的理论里等待我们发掘了）。

在物理学中，美的理论并不一定是真的，但它有助于我们发现真相。

在数学中，美的理论一定是真的，因为任何错误都是丑陋的。

故事源于三年前的春天，友人张旭成（系德国杜伊斯堡-埃森大学数学博士，也是《素数的阴谋》译者）跟我提起，有本科普书在寻找译者，书的内容和我的知识背景非常搭，不知道我有没有兴趣。确实如他所说，这本书的主题是我在数学中最喜欢的内容之一。于是我激动地联系了韩琨编辑，一拍即合。同时，我也很高兴因此认识了另一位译者李思尘同学，学到了很多物理学知识。我们很幸运能为数学传播贡献一份自己的力量。

历经诸多困难，这本书终于要和大家见面了。由于这是译者第一次参与翻译工作，水平所限，只能尽力将作者优美而生动的故事用中文展示给大家。如有错漏，皆为译者失误，我谨代表两位译者向读者表示歉意。

书归正传，作者伊恩·斯图尔特既是专业的数学家，又是文笔极佳的科普作家。他的研究广泛地涉及非线性现象、混沌以及其中的对称性等主题，自然他对本书的数学内容有深刻的理解。而在科普领域的笔耕不辍又让他对本书的文学性有极强的把控。我在初读时便被作者流畅的文笔所吸引，而在翻译和校对中又被作者对细节的安排和把握所折服。

这本书前8章以代数方程的可解性为主线。沿着时间的流逝，作者带领读者从巴比伦的泥板出发，走过欧几里得的《几何原本》和丢番图的《算术》，目击了文艺复兴时期卡尔达诺和鲁菲尼的争端，一路走到了伽罗瓦的悲情时刻。同时，作者又在故事的发展中为读者阐述了代数方程这个基础而又重要的概念。承上启下，借着鲁菲尼和阿贝尔的故事与他们的可解性定理，作者最终引入了置换的概念和伽罗瓦的深刻思想：用根的置换群来表达代数方程的对称。我虽是科班出身，对其中知识有所了解，但对其中故事只是略知一二。作者笔下丰富的细节给我补上了之前残缺的一堂历史课，让我受益良多。

随着群的出现，后8章逐渐走进了现代数学和物理学的大门。与代数方程一样，我们所处的世界也享有对称性所展现的美，这是几何学和物理学的对称。群即对称性的数学描述，让李的连续群（现在被称为李群）这一概念映入我们眼帘。而克莱因提出的"埃尔朗根纲领"更是给数学思想上百年间的发展带来了一个高潮。粗糙地说，这个纲领的内容可以概括为：几何学就是群论。

此时，方程可解问题早已得到了解决，但代数学却没有停下脚步。数系扩充问题是代数方程研究的一个副产物（尽管现在我们知道数系扩充问题的内涵远远超出了代数方程本身），高斯、哈密顿和凯莱在这个问题上做出了卓著的贡献，嘉当关于单李群分类的工作也非常引人注目。而嘉当分类中几个不起眼的例外和数系扩充问题竟交相呼应，尤为特别。出乎意料的是，数系扩充问题和李群的分类虽然是纯粹的数学问题，最终却在物理学的发展中起到了举足轻重的作用。无论是爱因斯坦的广义相对论还是后世的弦论，嘉当的例外李群对它们的对称性都起到了支配性的作用。这一现代几何学和物理学波澜壮阔的发展历程被作者娓娓道来，实在是非常精彩！

作为译者，我也想在后记中为这本书的内容做一个小小的补充。随着几何学内涵和外延的发展，人们逐渐意识到多元多项式的零点也拥有丰富的几何学内容，这也就是现在人们所说的代数几何学。而借由 20 世纪伟大数学家格罗滕迪克的洞见，伽罗瓦的思想和埃尔朗根纲领又发生了伟大的融合：代数方程解的对称性也是一种几何对称性！与此同时，代数几何和弦论之间的交叉——卡拉比-丘空间和格罗莫夫-威滕理论——同样在这个故事中扮演了自己的角色。如此，借助群论，代数学、几何学还有物理学完成了理论上的大一统。这也是一种大道至简。

毫无疑问，参与这样一本优秀科普书的翻译工作，是我的荣幸。其中第 1~13 章由思尘主译，第 14~16 章由我翻译。最后我通读了全稿，并做了专业上的把关。

希望我们这一份微小的工作可以帮助更多的读者体会到作者细致的安排和优美的语言，也能体会到对称性这一概念是如何在现代数学和物理中起到支配性作用的。

最后特别感谢中信出版社鹦鹉螺工作室对我们俩拖稿的极大宽容。只是很遗憾拖延症的治疗还是要比数学和物理困难一些。

张秉宇

2022 年 7 月

于格勒诺布尔的盛夏

John C. Baez, "The octonions," *Bulletin of the American Mathematical Society* volume 39 (2002) 145–205.

E. T. Bell, *Men of Mathematics* (2 volumes), Pelican, Harmondsworth, 1953.

R. Bourgne and J.-P. Azra, *Écrits et Mémoires Mathématiques d'Évariste Galois,* Gauthier-Villars, Paris, 1962.

Carl B. Boyer, *A History of Mathematics,* Wiley, New York, 1968.

W. K. Bühler, *Gauss: A Biographical Study,* Springer, Berlin, 1981.

Jerome Cardan, *The Book of My Life* (translated by Jean Stoner), Dent, London, 1931.

Girolamo Cardano, *The Great Art or the Rules of Algebra* (translated T. Richard Witmer), MIT Press, Cambridge, MA, 1968.

A. J. Coleman, "The greatest mathematical paper of all time," *The Mathematical Intelligencer,* volume 11 (1989) 29–38.

Julian Lowell Coolidge, *The Mathematics of Great Amateurs,* Dover, New York, 1963.

P. C. W. Davies and J. Brown, *Superstrings,* Cambridge University Press, Cambridge, 1988.

Underwood Dudley, *A Budget of Trisections,* Springer, New York, 1987.

Alexandre Dumas, *Mes Mémoires* (volume 4), Gallimard, Paris, 1967.

Euclid, *The Thirteen Books of Euclid's Elements* (translated by Sir Thomas L. Heath), Dover, New York, 1956 (3 volumes).

Carl Friedrich Gauss, *Disquisitiones Arithmeticae* (translated by Arthur A. Clarke), Yale University Press, New Haven, 1966.

Jan Gullberg, *Mathematics: From the Birth of Numbers,* Norton, New York, 1997.

George Gheverghese Joseph, *The Crest of the Peacock,* Penguin, London, 2000.

Brian Greene, *The Elegant Universe,* Norton, New York, 1999.

Michio Kaku, *Hyperspace,* Oxford University Press, Oxford, 1994.

Morris Kline, *Mathematical Thought from Ancient to Modern Times,* Oxford University Press, Oxford, 1972.

Helge S. Kragh, *Dirac—A Scientific Biography,* Cambridge University Press, Cambridge, 1990.

Mario Livio, *The Equation That Couldn't Be Solved,* Simon & Schuster, New York, 2005.

J.-P. Luminet, *Black Holes,* Cambridge University Press, Cambridge, 1992.

Oystein Ore, *Niels Henrik Abel: Mathematician Extraordinary,* University of Minnesota Press, Minneapolis, 1957.

Abraham Pais, *Subtle Is the Lord: The Science and the Life of Albert Einstein,* Oxford University Press, Oxford, 1982.

Roger Penrose, *The Road to Reality,* BCA, London, 2004.

Lisa Randall, *Warped Passages,* Allen Lane, London, 2005.

Michael I. Rosen, "Niels Hendrik Abel and equations of the fifth degree," *American Mathematical Monthly* volume 102 (1995) 495–505.

Tony Rothman, "The short life of Évariste Galois," *Scientific American* (April 1982) 112–120. Collected in Tony Rothman, *A Physicist on Madison Avenue,* Princeton University Press, 1991.

H. F. W. Saggs, *Everyday Life in Babylonia and Assyria,* Putnam, New York, 1965.

Lee Smolin, *Three Roads to Quantum Gravity,* Basic Books, New York, 2000.

Paul J. Steinhardt and Neil Turok, "Why the cosmological constant is small and positive," *Science* volume 312 (2006) 1180–1183.

Ian Stewart, *Galois Theory* (3rd edition), Chapman and Hall/CRC Press, Boca Raton 2004.

Jean-Pierre Tignol, *Galois's Theory of Algebraic Equations,* Longman, London, 1980.

Edward Witten, "Magic, mystery, and matrix," *Notices of the American Mathematical Society* volume 45 (1998) 1124–1129.

网站

A. Hulpke, Determining the Galois group of a rational polynomial: http://www.math.colosate.edu/hulpke/talks/galoistalk.pdf

The MacTutor History of Mathematics archive: http://www-history.mcs.st-andrews.ac.uk/index.html

A. Rothman, Genius and biographers: the fictionalization of Évariste Galois: http://godel.ph.utexas.edu/tonyr/galois.htm